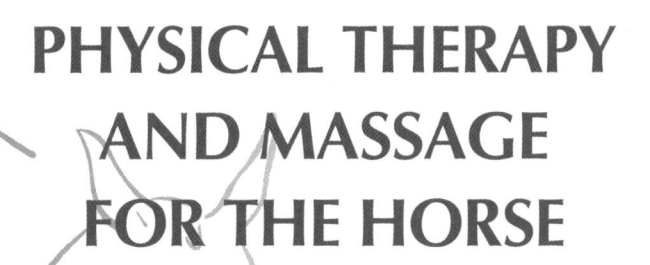

PHYSICAL THERAPY AND MASSAGE FOR THE HORSE

馬の理学療法とマッサージ

Jean-Marie Denoix
Jean-Pierre Pailloux

訳者／川喜田 健司

Originally published in French by Éditions Maloine, Paris, France under title:
Approche de la kinésithérapie du cheval 2nd edition © Maloine, 1997

Éditions Maloine より発行された Approche de la kinésithérapie du cheval の日本語独占翻訳権は株式会社アニマル・メディア社が保有します。

CONTENTS

1 神経筋の生理学の概要 — 9

1. 神経生理学 — 10
- 1.1　大脳辺縁系 — 10
- 1.2　不安と筋トーヌス — 10
- 1.3　空間認識と固有感覚の発達 — 11
- 1.4　固有受容器と感覚運動系 — 12

2. 神経生理学的反応の発達と適応 — 15
- 2.1　負傷後の運動神経のリハビリテーション — 15
- 2.2　準備としてのストレッチングと柔軟体操 — 16
- 2.3　競技能力の進歩 — 17

2 解剖学と基礎的生体力学の概念 — 22

1. 脊柱 — 22
- 1.1　構成要素 — 22
- 1.2　脊柱の関節 — 24
- 1.3　頚部および体幹部の筋 — 27
- 1.4　脊柱の生体力学 — 36
- 1.5　共力作用 — 53

2. 前肢 — 63
- 2.1　体表からの解剖学 — 63
- 2.2　関節 — 63
- 2.3　外筋 — 63
- 2.4　内筋 — 70

3. 後肢 — 75
- 3.1　体表からの解剖学 — 75
- 3.2　関節 — 75
- 3.3　外筋 — 75
- 3.4　内筋 — 79

3 共力と応用 — 88

1. 馬の背中は感情や体調を反映する — 88
- 1.1　背中の手入れや治療に関する基本的な3つの方法 — 88

2. 踏み込みと弛緩法 — 89
- 2.1　速歩と駆歩を用いての訓練 — 89
- 2.2　背中の病理学：故障の予防 — 90
- 2.3　肩を内へと肩を前へ — 90

		2.4 弛緩法	91
		2.5 2蹄跡運動による訓練	91
		2.6 結論：知ることと聴くこと	91
	3.	訓練に際してのその他の基準10項目	92
	4.	斜面での訓練	92

1 はじめに 97
1. 競技用馬：競技と故障 97
2. 若い馬における関節の発達と生体力学的な適応 98
3. 運動の習得 99
4. 障害飛越 99
5. 乗馬学校が引き起こす問題 100

2 方法とテクニック 101
1. マッサージ 101
   1.1 皮膚の生理学 101
   1.2 マッサージを始める前に 102
   1.3 テクニック 102
2. 理学療法 112
   2.1 電気療法 112
   2.2 超音波 113
   2.3 低エネルギーレーザー 115
   2.4 温熱療法 116
   2.5 水浴療法 116
   2.6 その他、理学療法の補助薬など 116

3 単純な損傷に対する理学療法 121
1. 関節の治療 121
   1.1 原因 121
   1.2 臨床的な徴候 121
   1.3 治療 121
2. 腱の治療 123
   2.1 解剖と構造の概要 123
   2.2 腱の病状：臨床的な様相 124
   2.3 理学療法 125
3. 筋の治療 131
   3.1 筋の生理学 131

3.2	症状の判断	131
3.3	筋力のリハビリテーション	134
3.4	特殊な治療テクニック	137

4 部位別の治療　　140

1. 頚と項　　140
1.1	全般的な取り組み方	140
1.2	損傷が起こる可能性の高い部位	143
1.3	補足的な治療	144
1.4	再教育のテクニック	147

2. 背中　　147
2.1	脊柱の理学療法入門	147
2.2	治療の進め方	147
2.3	病理	147
2.4	症状	148
2.5	背腰部の理学療法	149
2.6	脊柱の再教育	157

3. 体幹の脊柱周辺に見られるその他の損傷　　164
3.1	仙腸関節	164
3.2	疑似跛行（不規則な歩様）	164
3.3	背腰部の筋炎	164

4. 肩　　167
4.1	はじめに	167
4.2	肩のキーポイント	167
4.3	肩の手入れと治療	169

5. 骨盤と大腿　　177
5.1	一般的な症状	177
5.2	一般的な治療法	178
5.3	領域内の緊張しやすいポイント	178
5.4	ツボのマッサージ	181
5.5	大腿－膝蓋症候群	183
5.6	理学療法	183

5 特殊な競技に対する筋の準備　　184

1. 繋駕競走　　184
2. 障害飛越　　184
3. 馬場馬術　　184

訳者あとがき　　187
索引　　189

はじめに
INTRODUCTION

　馬術競技はますます過酷になっている。

　私たち関係者は馬術競技の高度な技術から一度離れて、最も大切なこと、つまり馬のコンディショニングとアフターケアについて真剣に考えるべき時に来ているのではないだろうか。

　我々の目指すところは、馬と我々にとって、自然に、楽しく、しかも良い成績を残こすことができる動きを作り出すことにあるはずである。

　人間の競技者は、そのパフォーマンスや故障の心配事などを話し合うことができる。しかし、その大切なパートナーである馬は命令に従うことを求められるだけで、不幸なことに話すことができない。人間が優位な立場にあって一方的に命令を下すような状況では、馬は誤解されていることが多いので、思うような競技成績が得られなくても不思議ではない。

　理学療法は身体の力学的な構造をよく理解した上で行われるもので、すでに運動選手の持久力や競技力の向上に大いに貢献している。しかし、ここに述べる理学療法は、単なる治療のテクニックだけではなく、接触や身振りを通して物言わぬ馬と騎乗者とをつなぐ感覚的コミュニケーションの手段となっている。

　この本は、経験豊かな馬術家と理学療法士の協力のもとに書かれたもので、歩き始めた子馬の頃からの世話の仕方や馬術競技の成績向上に果たす理学療法の役割について、新しい観点から解説されている。

　ジャン・マリ・デノ教授には特にお世話になった。教授の観察、正確な解剖学上の記述、詳細な挿し絵がなければ、この本の出版は不可能であったろう。

ジャン・ピエル・パイロ

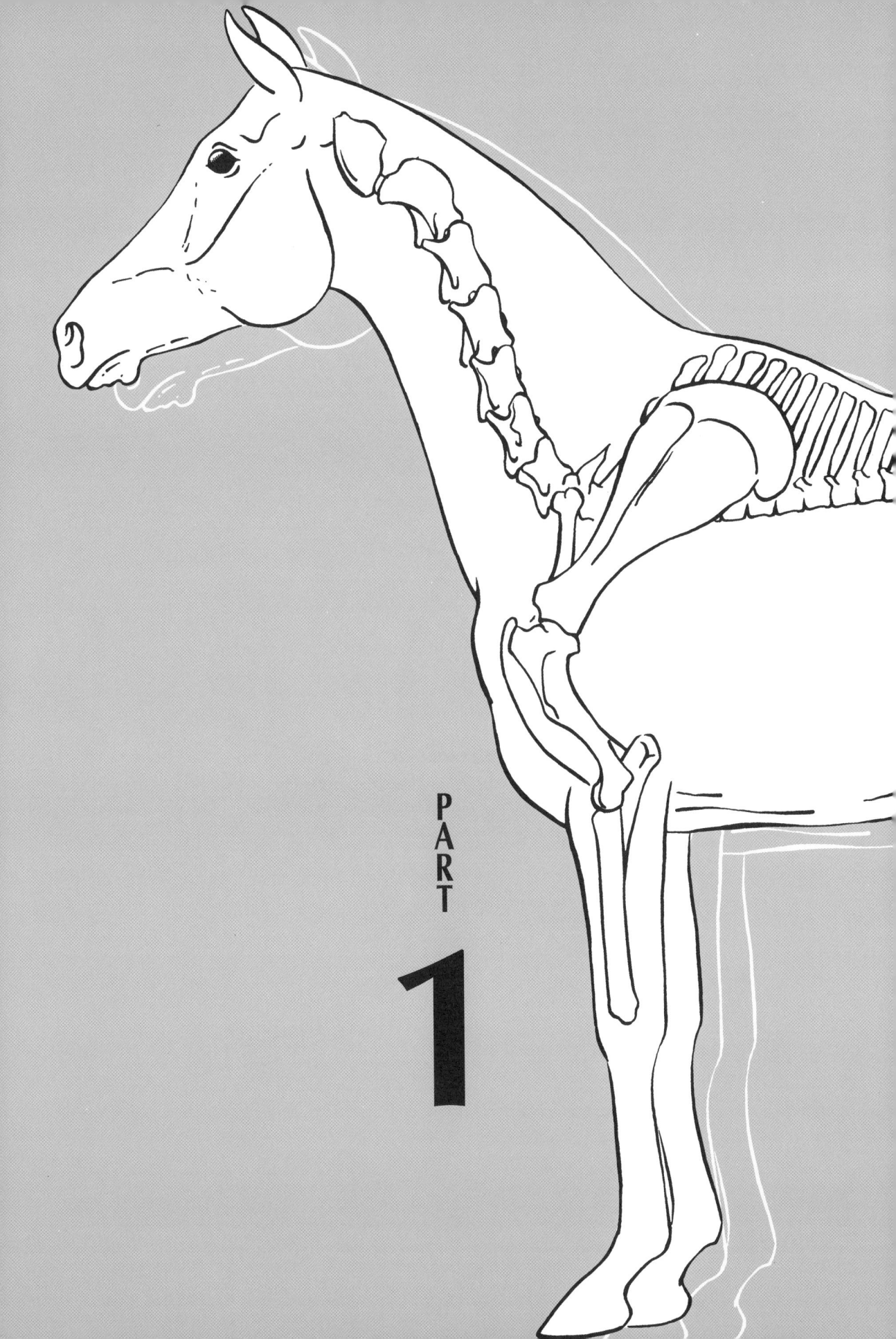

PART 1

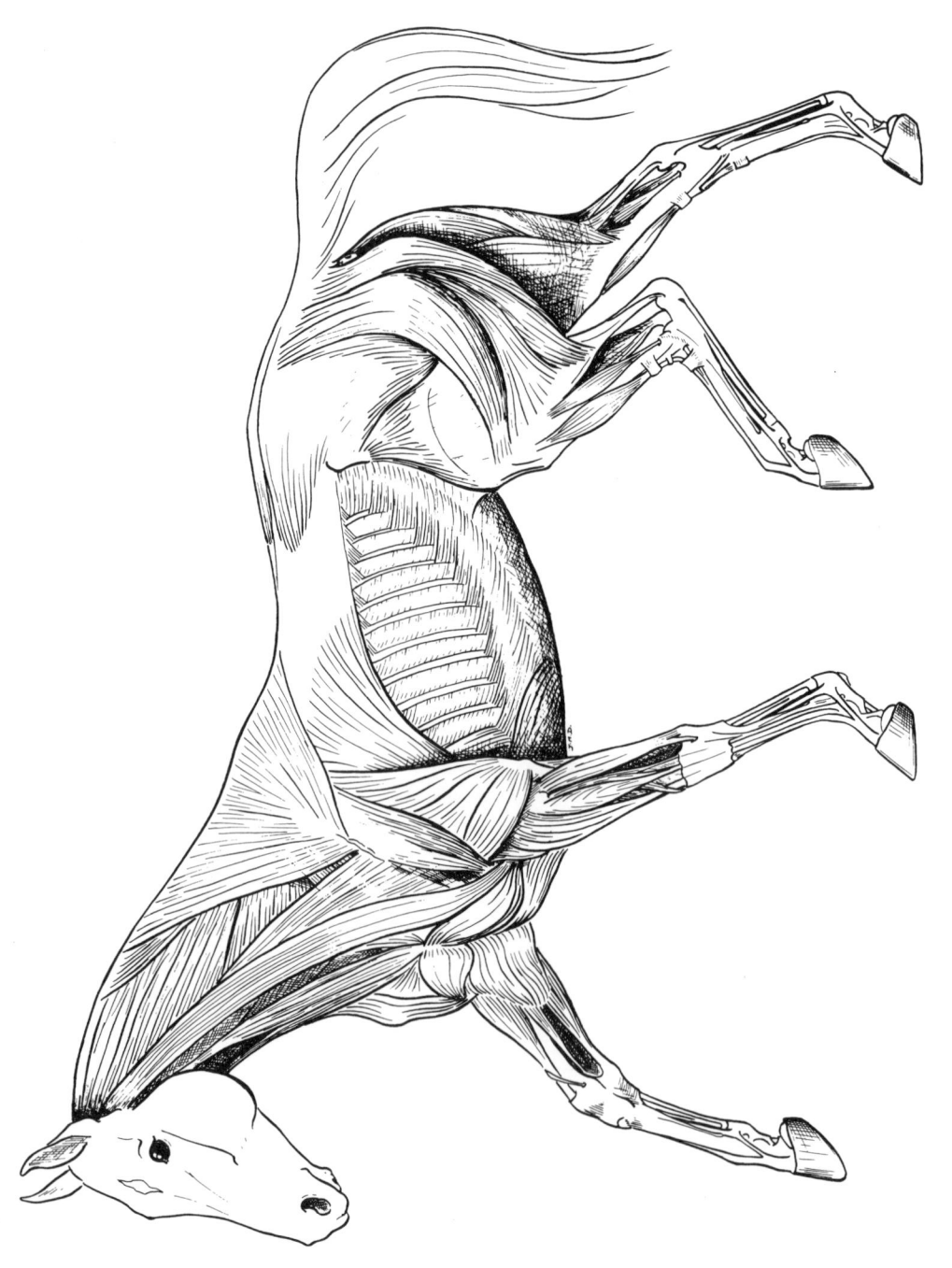

図1 馬の表在筋

1 神経筋の生理学の概要

　医療行為の大部分は観察や経験、類推などの産物である。古代エジプトやグレコ・ローマンの時代には、医療の上で人と動物の区別はなかった。ローマの詩人ベルギリウスの叙事詩には、羊飼いであり医者でもあったメランポスがアルゴス王の娘を治療する際に、動物の治療薬を飲ませたと書かれている。テオムネステは31種の薬効成分を含む軟膏を人と馬の治療に使った。治療家は人と動物に同じ知識を適用していたのである。

　理学療法は古代に始まり、経験主義的な面が残っている。しかし科学の時代である現在では、生理学をはじめマッサージや電気療法にも数学的な正確さが求められている。

　今日の医学、獣医学の学生は直感よりも科学的事実の記憶を頼りにしているが、治療そのものが数学的な正確さを伴うようになっている。数千年にわたる観察と治療の結果である治療行為も、現代の治療技術の進歩に合わせて変化している。

　理学療法は、人の医療現場において予防や治療にさまざまな解決法を提供しているが、スポーツの現場にも応用されてその有効性はすでに実証されている。また、研究者、医師、理学療法士たちの知識が集約され大きく発展もしている。したがって、理学療法は馬の治療に関しても新しい方法を見出すために役立つに違いない。

　獣医学の世界に入ってくる多くの若者たちはこの新しいアイディアに興味を持っているものの、科学と治療を切り離す従来の古い思考方法に失望している。彼らの熱意を無駄にすることなく、励ましながら想像力を高めることが大切である。医療現場におけるさまざまな専門家の間で交わされる会話と同じように、獣医師と理学療法士との会話をもっとオープンにする必要がある。

　人も馬も競技に参加できるようになるためには、才能をはじめとして、厳しい練習、体系的な訓練計画、予防と治療のための医学的環境を整備することなどが必要である。スポーツ馬術に関する医療はすでに十分確立されているとはいえ、まだ歴史も短く、適切なレベルで馬術界を支えていくためには、さらに向上させなければならない。理学療法はスポーツに直接関わる筋を治療するという意味で、これらの中心になるものである。

　馬の動きやスピード、その競技能力の維持や向上は常に観察や注目の対象になるが、力学的な観点ばかりに捉われるべきではない。スピードは神経調節系と無関係ではないのである。神経調節系は特定の動作の強弱に直接影響を及ぼすばかりでなく、興奮性あるいは抑制性の感覚運動インパルスの発生源となる。

　心理学的、神経調節的に好ましい環境は、馬に伸びやかですぐれた動作を発揮させる。逆に病気や苦痛の最初の徴候は、馬の協調性の低下したぎこちない動きの中に見つけ出すことができる。

　理学療法と生体力学は馬に関する次のような研究と関係している：

1．神経生理学
　1 ● 大脳辺縁系
　2 ● 不安と筋トーヌス
　3 ● 空間認識と固有感覚の発達
　4 ● 固有受容器と感覚運動系

2．神経生理学的反応の発達と適応
　1 ● 負傷後の運動神経のリハビリテーション
　2 ● 準備としてのストレッチングと柔軟体操
　3 ● 競技能力の進歩

1．神経生理学

1 ● 大脳辺縁系

　辺縁葉は脳幹をとり巻く脳回で、1878年にブローカによって発見された。進化の上では、爬虫類からの遺産であることは明らかだが、辺縁葉は脳のさらに原始的な部位のステレオタイプな行動パターンからは解放されており、より進んだ役割を与えられている。爬虫類以上のすべての高等脊椎動物において、辺縁系の主な機能の1つは、変わった、新奇な、予期しない現象を感知することである。

　哺乳類においては、辺縁系は特に情緒的な行動に関与しており、状況に応じて能動的、あるいは受動的反応を示す。また、辺縁系は情緒的な表現や不安の源であると同時に、論理と自信が発達する領域でもある。

　馬という動物は警戒心が強く臆病なので、注意深く近づいたり、取り扱わなくてはならない。この点において、騎乗者たちの中にも扱いの上手、下手がある。このような馬の生まれついた性質は変えられないかもしれないが、一方では彼らが不安であったり、理解してもらえなかったりするために、大変有望な馬たちの将来が損なわれている可能性がある。

　馬では情緒的な面が大きく支配的なので、賢明な騎乗者なら穏やかに自信を持って近づく必要があることに気付くはずである。ときどき馬と騎乗者との間にギクシャクした関係が見られることでもわかるように、馬と騎乗者とのコミュニケーションが大切なことは明らかである。

2 ● 不安と筋トーヌス

　馬の不安な心理状態はまずその筋に現れる。筋トーヌスはさまざまな心理状態に密接に関係している。スポーツで最高の能力を発揮するために、情緒的な平衡は、身体の力学的構造を生理的に最高の状態にもっていくのと同じくらい重要なことなのである。馬が快適と感じ、自信がなければ、馬は命令通りに動いてはくれない。トーヌス、姿勢、スピードは筋収縮と密接に関係している。

トーヌスの定義：馬と騎乗者の関係にとってその意味するもの

　トーヌスとは筋が軽く収縮して緊張している状態である。この状態は、骨格筋が特別な活動に参加することなく、休止状態にあることを意味している。基本的なトーヌスは、馬が目覚めた状態で姿勢を保ち、休息している時のもので、情緒を乱すものもなく、心理的、生理的に快適

な状態にある。
　トーヌスを変化させる要因は2つある：

外部要因
・その馬のすぐ近くで攻撃的な行動がとられる：筋トーヌスの亢進をもたらす。
・平穏な環境：基本的トーヌスを促進する。
・投薬：与えられた薬品によって、筋トーヌスの亢進、低下、基本的トーヌスへの復帰などが起こる。

内部要因
(a) 心理的
・攻撃性：筋トーヌスの亢進をもたらす。
・疲労：筋トーヌスの低下（ときには亢進）をもたらす。
・恐れ、ストレス、不安、競争：筋トーヌスの亢進（ときには低下）をもたらす。
(b) 病理的
・病気、疲労：筋トーヌスの亢進、あるいは低下

　筋トーヌスの変動に起因する不調があることは、その馬の競技中のパフォーマンスを見ればわかる。積極的な心構えと良好な心理状態にあってこそ、理想的なパフォーマンスを行うことができるのである。競技では騎乗者の心にもある程度の不安が生じており、それを馬が感じ取るために馬自身のストレスが増すことになる。馬が神経質になっている徴候は筋トーヌスの亢進として現れるが、これをうまく扱えば、逆にその馬の競技能力を向上させることができる。ただし、その際に拮抗筋がこわばったりしないという前提であるが。

　馬の筋トーヌスと騎乗者をより上手く調和させる方法として：

1.　筋トーヌスの相対的レベルを熟知していること。
2.　筋トーヌスの現れるポイントに注目すること：
　・騎乗者：手と大腿をリラックスさせ、背筋と肩をしなやかに保つ。
　・馬：背をゆったりさせ、脇や頚の動きを自由にさせる。
3.　馬をよく観察して訓練のスケジュールを変更すること。軽い刺激は筋トーヌスの低下を防ぐのに役立ち、長期のリラックスは興奮した神経を落ち着かせるのに役立つ。

　これらの方法は、馬と騎乗者にとって不必要な、かつ無駄な神経活動をコントロールするのに有益である。
　娯楽的な活動を取り入れるのも良いだろう。

──3● 空間認識と固有感覚の発達

　ボリ・ドルト[1]は、空間認識と固有感覚は馬においても人と同様に段階的に発達することを観察した。それらは誕生の時から始まって、最終的には身体が外界とは無関係に機能することを認識するようになる。子馬は自分の身体を見たり身近にある対象物に接触することによって自分の身体を意識していく。空間的な協調性は徐々に発達して、巧みな動作ができるようになる。この能力の発達が人よりも馬の方が早いのは、誕生した時点における随意運動能力が馬の方がずっと発達しているからである。子馬は誕生してすぐに歩くことができ、人と比べ母親に頼ることはほとんどない。知覚的な情報を得るために最も頻繁に用いられる身体の主な領域としては：

注1)　B. Dolto. Le corps entre les mains. Une nouvelle kinésithérapie. Herman.

1. 上唇：神経が密に分布しているので、鼻ねじが抑制的な働きをする。
2. 前肢：馬は早い時期から前肢を意識していて、地面を引っかいたり、踏みならしたり、物をもて遊ぶなど、しばしば前肢で意図的な動作を行う。

後肢や脊柱は子馬の直接的な視野の外にあるため、子馬にとっては不可解な未知の身体的感覚の発生源となる。したがって、その意識はゆっくり調整されていく。騎乗者の体重、背中の緊張や痛みなどは、この調整過程の進行を妨げる。

事故は固有感覚に影響する。肢の痛みは馬の心を乱し、おびえさせ、動作がぎこちなくなる原因になる。動いても痛くない状態に戻ったとしても、再教育の進み具合は遅くなる。競技中の事故からの回復にはゆっくり時間をかけなければならない。騎乗者が回復期の馬に協調機能が欠けていることを考慮せずに、無理な命令を出すと馬の心に消すことのできない不安感を残すことがある。

そうなると、次のようなことが起こる可能性がある：

1. 障害飛越や馬場馬術時の協調能力の欠如
2. 不安、過興奮、抑制、不十分なパフォーマンス、積極性の欠如

4 ● 固有受容器と感覚運動系

(a) 固有受容器と情報の処理

固有受容器（位置感覚受容器）は靭帯、腱、筋および関節に分布していて、姿勢や運動を調整するために必要な情報を発信している（図2）。すなわち、固有受容器は肢の位置が悪かったり、肢がよじれたり、あるいは急に引っ張られたりした時に生ずる、筋やあるいは靭帯の緊張に起因する不均衡の調整に必要な反応を支配している。脊髄や脳の中枢が、それらの受容器から送られてくる情報によって状況を察知し、適切に対応する。例えば、地面に穴があいていて、肢に触れる物がなかった時などに、瞬間的に肢が引っ込められる。

事故にあった後では、新しく加わった痛みや跛行時の感覚によって固有感覚が変更される。これら生体の動力学的メッセージに対処するために、行動を調整することにより身体を徐々に対応させていくのである。関節の動きを制限したり他の筋を使って補ったり、あるいはこれら両者を組み合わせることによって、痛みが増すのを避けようとする。

治療にはこれらの事実を考慮に入れなければならない。負傷箇所だけに注目するのではなく、傷からは離れていても、痛みで弱っている骨格筋の働きを補っている筋群に対する手当も不可欠であることを念頭に入れておく必要がある（例えば、肢の負傷によって生ずる傍脊柱筋の反射性収縮）。

さらに、馬は健全な動作を取り戻した後も数週間は事故の生々しい記憶を失わない。動くとまだ痛むのではないかとの心配から、慎重に行動するようになる。回復期にある馬に対しては、綿密な訓練計画によって馬に自信を回復させなければならない。さもないと、いつまで経っても心の傷は消えない。

(b) 運動神経の反応

筋や靭帯、腱などの深部にある固有受容器から出た情報は、筋を緊張させたり引き伸ばしたりするために分析され（図3）、引き続きその分

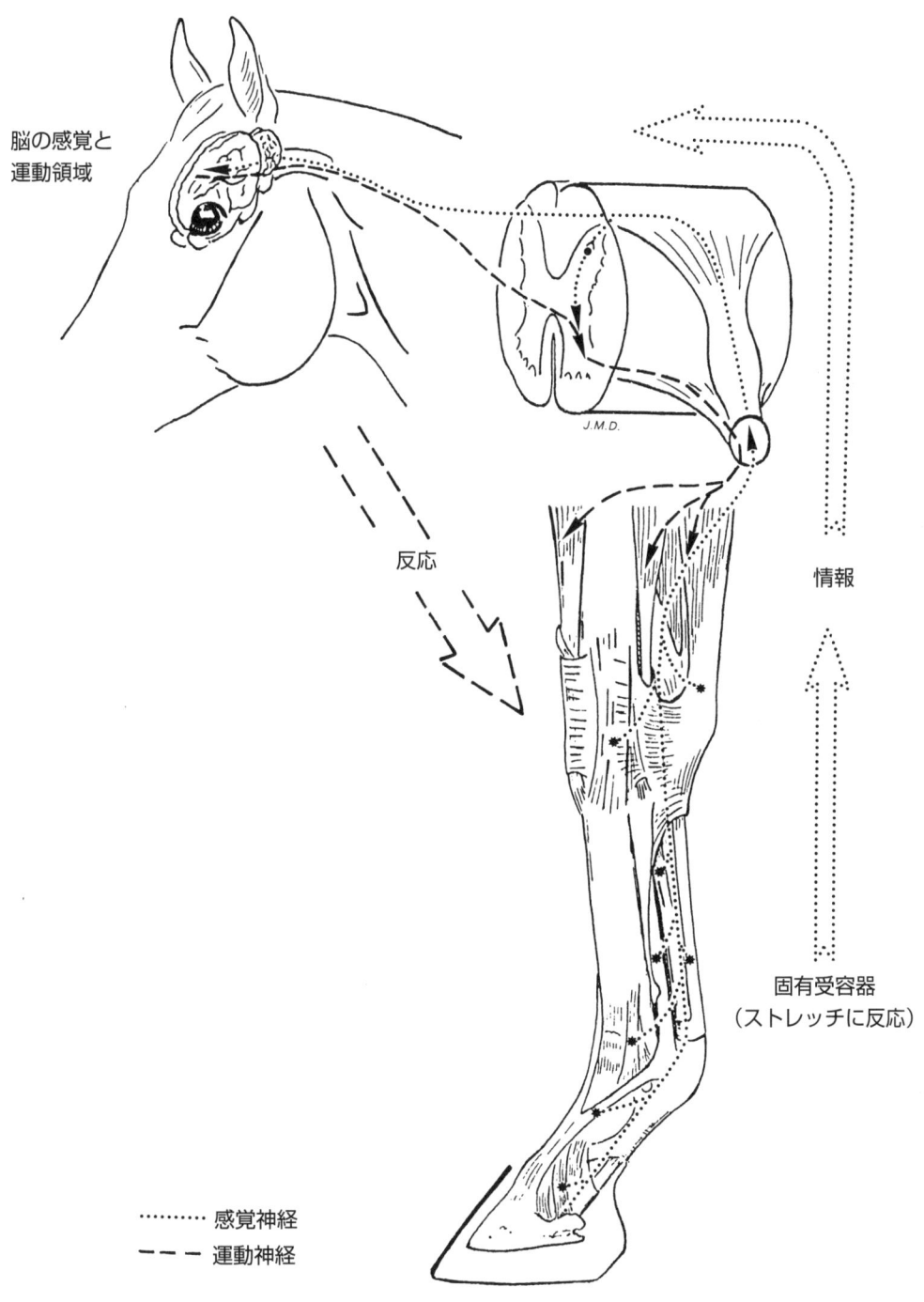

図2　腱や靱帯のストレッチによって調節されている筋の緊張

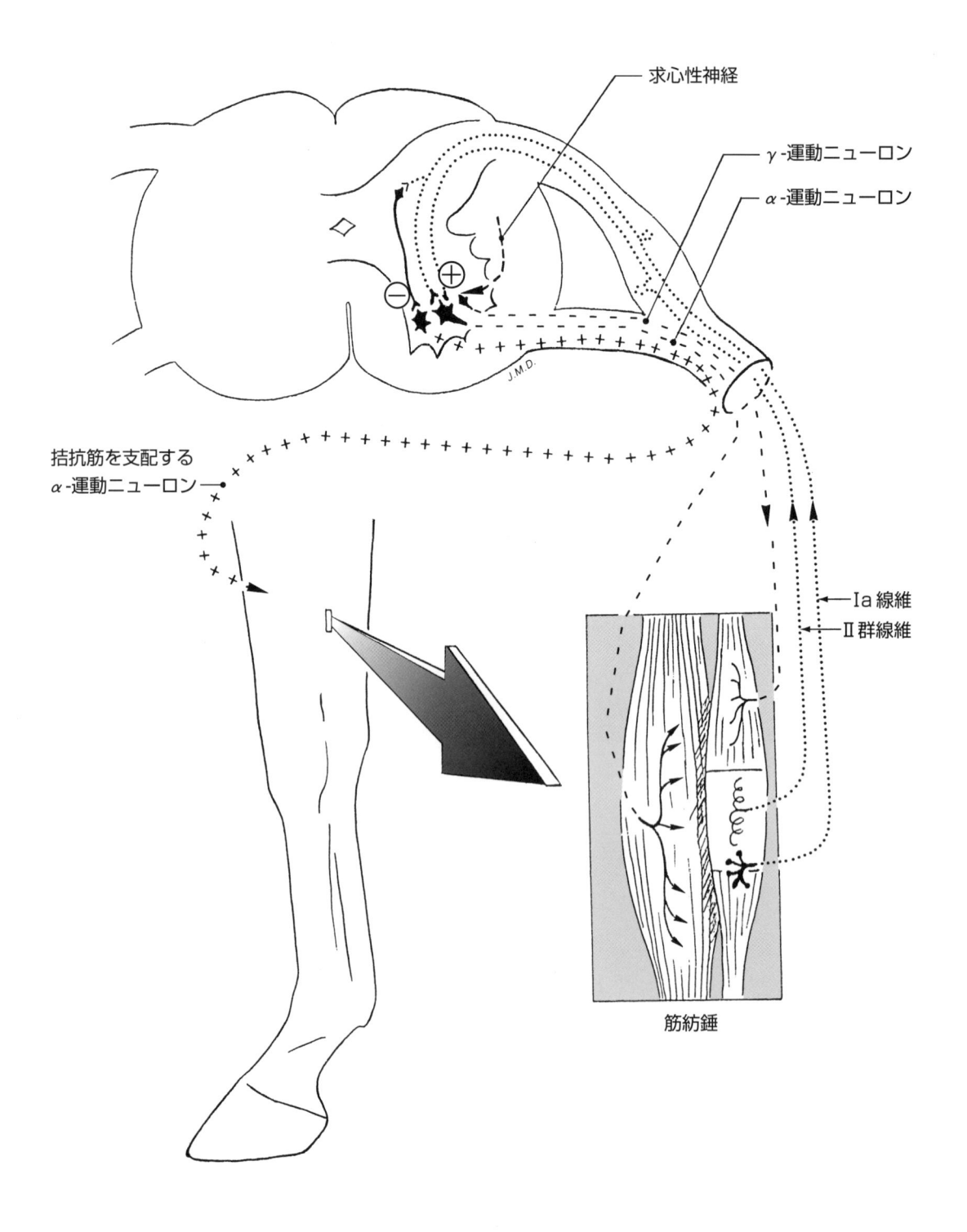

図3 フィードバック回路

析に従って姿勢や筋の緊張を正すための指示が出され、肢体の平衡が戻る。

長期にわたり休養していた馬が馬房を出される時には、その馬の感覚中枢は基本的に「目覚め」ていても、姿勢に関する情報の不足や全身の緊張のためにスピードが鈍っているのがわかる。これから必要とされる動作に身体を適応させていくために、行うべきことは沢山あり、段階的に進めていくようにする。その過程には球節、あるいは繋関節のストレッチや筋の収縮、靭帯の伸張などが含まれている。運動神経の反応に影響を与える要因は多く、馬のタイプ、形態、重量、年齢、全身状態などが含まれる。これらの要因を考慮するということは、とりもなおさず、その馬なりの生理やその馬自身の適応能力を尊重することにほかならない。

(c) 筋の反応に影響を与える要因

情報の知覚や反応の速さは、神経系内の伝導速度によって異なる。筋や靭帯が突然引っ張られた後、その姿勢の不均衡を立て直す速さや手際の良さに影響する要因として、次のようなものがある：

プラス要因

1. 良い血統
2. 軽い体重
3. 成熟度：成馬では反応やコントロールの機能が十分に発達している。
4. 遺伝学的原産地：アラブ、バルバリー、アメリカンポニーなどは固くて小石の多い山岳地形に慣れており、固有感覚機能がよく発達している。

マイナス要因

1. 悪い血統
2. 重い体重：関節に重量がかかるほど故障しやすい。
3. 年齢：加齢によって固有感覚機能は衰える。

2. 神経生理学的反応の発達と適応

神経や筋の生理を支配しているさまざまな要素は、決して不変なものでも限定されたものでもない。訓練に対する反応として、また、個々の馬の健康状態などに応じて、時と共に進化するものである。

1 ● 負傷後の運動神経のリハビリテーション

固有感覚機能の再教育は協調機能の回復に役立つので、運動神経のリハビリテーションの一種になっている。故障した馬の固有感覚機能は痛みを軽減する方向に適応している。負傷前の痛みのない楽な動作が、痛みと跛行と身体の不均衡という不慣れな感覚に置き代わったために、その馬の通常の行動が抑制される。そのため完全に回復しなかった例は沢山ある。積極的な励ましの言葉を与え、馬が以前の競技レベルにまで回復するのを助ける固有感覚機能の再教育には図り知れないほどの価値がある。

この再教育には2つの方法がある。その1つは、さまざまな地形の自然の中で馬を走らせ、足底にいろいろな感触や動きを体験させようと

するものである。

　もう1つは、感覚再教育通路(SRP: sensory re-education path)とでもいうべきもので、人工通路を作ることである(以後SRPと呼ぶ、図4)。そこでは馬が異なる地形に連続して出会うようにできており、この方法を用いれば、よりきめ細かな管理のもとにより変化の多い刺激を与えることになって進歩が加速される。深さや固さの異なった地表を隣り合わせで配置する。それぞれの部分(長さ3～6m)に来ると、馬は深い砂、浅い砂、固いアスファルト、砂利、水など異なった密度に素早く適応しなければならない。この方法は反応の速度を高め、関係する感覚受容器の機能を強化するので、その時の刺激が馬に記憶され、結果的に馬の動作が確実になる。

(a) SRP計画案

　馬の跛行がとれたらできるだけ早く訓練を始めるのが良いだろう。馬にSRPをゆっくりと歩かせ、自らの脚を置いている所をよく見せる。

　時間：初日は、それぞれの手前で3分間の常歩。以後毎日1分ずつ時間を延ばし、治療期間の終りには15分にする。広範で複雑な感覚系や制御系の全体像を無視して1つの関節の治療をしようとするのは理論的にも誤りであり、効率的でもない。同じような方法による感覚や固有感覚機能の教育によって、人の医療においては整形手術の必要性が50%も減っている。

2 ● 準備としてのストレッチングと柔軟体操

　プログラムを組んでしっかりとした指導下で行えば、ストレッチングによって固有受容器の能力の回復を促進することができる。こうして受容器を「目覚めさせる」ことは治療にもなり、馬に対する迅速な動作の準備にもなる。このストレッチングには、まだ馬が馬房の中にいる間に施す受動的なものと、それ以外の能動的なものとがある。

　ストレッチングは靭帯や腱にある固有受容器を即応状態に持っていくという点で基本的に重要なものである。それによって、準備もなく、トーヌスも不適当な状態にある筋に無理をさせるというリスクを冒さずにバランスを改善し、動作をスムーズに行えるのである。準備的なス

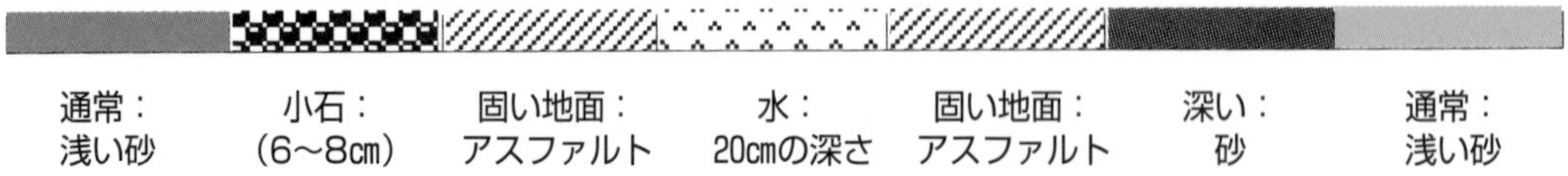

| 通常：浅い砂 | 小石：(6～8cm) | 固い地面：アスファルト | 水：20cmの深さ | 固い地面：アスファルト | 深い：砂 | 通常：浅い砂 |

図4　感覚を再教育するための通路(SRP)
各部分は長さを3～6mにすれば馬が新しい感覚に適応するのに十分である

トレッチングをせずにいきなり馬に運動をさせると、次のようなことが起こる：

1. 背腰部のスパズム
2. 背中がこわばっているための反射性の筋収縮；脊柱が後肢を動かそうとしているのに、伸筋が硬直し、動かなくなる。

飛越や伸長速歩のような運動に対してどの程度の準備運動をするかは、次のような条件によって左右される：

1. 姿勢のバランスや防衛的反射行動に関与する固有受容器の即応性
2. 動作を協調させる反射が起こる速さ
3. 筋トーヌスを適当なレベルに保持するための馬の準備態勢

適切な準備運動を怠るのが当たり前のようになっているが、トレーニングのしすぎや生体力学的健全さを支配する法則に対する無関心も同様の結果を生む。24時間馬房の中にいた馬が、最初の飛越を始める直前になって同じ手前の駆歩で3周も走らされるのを見ることも珍しくない。競技の前に筋および靱帯の調子を整えるように心掛ければ、どの馬でも脊柱系を調整することができて、その後の競技に適応できるようになる。それによって、脊柱の伸張に関与している背中や頚や脇腹の筋の自由度が増すのである。この運動には、体幹の正常な側方への動きに対して馬の鼻面を反対側の下方へ引くことなどがある。これは3種の歩様のいずれについても練習しておくべきである。

3 ● 競技能力の進歩

(a) 感受性の進歩

運動神経や感覚の影響は馬の身体運動に現れるので、感受性を育てることや馬と騎乗者の間のコミュニケーションを密にすることが必要である。感受性の高さと繊細さ−経験豊かな騎乗者と初心者との違いを表す特徴−これ抜きでホースマンシップは考えられない。

まだ未調教の子馬の鈍重で不正確な歩様は、一連の訓練を経て協調性のある推進力を獲得していく。訓練によって、馬は単純ではあるが綿密に考えられた命令を記憶していくのである。これらの命令を分析した結果は、騎乗者の意図と馬の理解力や反応性の両者を考慮する必要があることを示している。

クセノフォン（紀元前5世紀頃の軍人、歴史家、随筆家）からベルサイユ学派を経て今日に至るまで、何も持たずに馬に接しようと提案した人は数多くいたが、今日の調教施設では厳しい競技の要求に応えるためにほとんど実行されていない。身体的な活動が激しくなるほど、馬と騎乗者の間の明快さやコミュニケーションが損なわれるのである。最も高度なレベルの競技で女性騎乗者の成績が良いこともあって、すべての訓練における馬と騎乗者間の関係の重要性が強調されている。コンラッド・ホムフェルトは2つの対照的な態度、すなわち女性的な感受性と男性的な毅然とした態度の必要性を強調している。G.モリスもコミュニケーションに関する最近の著作の中で、この問題を取り上げている。

優れた競技能力は、それが人でも馬でも徐々に開発されていくものである。ぎこちない、不器用な動作が、時と共に制御され協調のとれた動作になっていく。これらの動作は神経生理学

的な発育および筋の役割の多様化によってもたらされるもので、適切な関節の動きとして徐々に馬の記憶に刷り込まれていく。コンサートホールを例にとってみると、ホール内に雑音が少ないほど、オーケストラの各楽器の音を容易に聞き分けられることがある。この弁別化には、ボリ・ドルトが明快に述べているように、ジムナスチック筋とサイバネチック筋とを区別することが含まれている。これらの筋の役割は相互に補足的だが、同時に、ある程度の独自性を許すものなのである。優れた競技能力が開発されていく陰には、以上のようなことが役立っている。ここで、綿密な訓練計画に欠くことのできない2つの原則を強調しておく価値があるだろう：

1. 推進力に関与する主要な筋を鍛錬することによって馬体を改造していくこと。
2. 馬が騎乗者の出す微かなサインにも反応するようになるまで、馬の筋系の感覚と固有感覚機能を開発すること。

若い馬の基本動作を敏感な動作へと持っていく訓練では、最初は大まかな初歩的なことから計画すべきである。まず、筋間の関係に焦点を当てる。ある程度運動と姿勢のコントロールができるようになったら、動作中における制止のメッセージを補強することに焦点を移す。シュタインブレヒトは彼の著書「馬の調教所」[1]の中で、このことについて論じている。

訓練が進むと、調教師はその若い馬に適した単純だが力強い命令を出す。命令は、初期の補助具を使った純粋に身体的なものから徐々に離れて、より微妙なものに変えていく。荒削りの初歩的なものから次々に洗練された繊細なものになっていくのである。初期の強制的な命令が相互の穏やかなコミュニケーションに置き換った頃には、動作中の筋や関節の効率的な使い方が行動の着実さと共に、しっかり身に付いて不変なものになり、その後の馬の抑制のきいた健全で苦痛のない推進力作りに役立つのである。

ひとたび感覚的な面が優勢になると、身体的な面は後退する。こうなると、騎乗者の意図を察知して適切な行動をとらせるのは、騎乗者が加えるさまざまな圧力や示す態度を（敏感なサイバネチック筋を通して）解釈するといった、その馬の能力である。微妙なコミュニケーションを行えるようになるためには、馬に苦しみ、疲れ、痛みがないようにしておくことが大切である。そうすれば、馬の喜びが積極的な生き生きとした動きとなって現れるはずである。優れた芸術的才能が加われば、コミュニケーションは驚くべき水準にまで達し、馬も騎乗者も会話の魅力に夢中になるほどだ。

(b) サイバネチック筋とジムナスチック筋の違い

ジムナスチック筋は骨格筋の中で最も強力で大切なもので、敏捷性と推進力のもとになる。神経の分布密度は比較的小さく、1本の運動ニューロンが約1,000本の筋線維を支配している。

これに対して、サイバネチック筋は神経分布が密で（1本のニューロンが20〜30本の筋線維を支配）、動作を精密なものにする働きがある。例えば、上唇の中の筋や瞼の眼輪筋がそれで、1本のニューロンがそれぞれ2本の筋線維を支配している。このような敏感な筋は身体の深部や関節の周囲（脊椎の周囲に顕著）にも存在し、関

注1) G. Steinbrecht. *Le gymnase du cheval.* 4ᵉ édition, 1935. Editions Elbé.

節包や靱帯の膜に接している。固有受容器はこの筋の緊張状態を情報として反射路を通じて脳に伝える。関節の近くにあること、姿勢に関する情報が豊富なこと、反応が多様であることなどが、サイバネチック筋をジムナスチック筋から区別する際の特徴である。騎乗者の微妙な命令に反応するのはサイバネチック筋なのである。

このような固有感覚的な筋が感受性の発達に特別な役割を果たしている。この発達を効果的に進めるには、馬の次のような面に注意する必要がある：

1. **心理面**：馬にストレスがあると、固有感覚が鈍くなる程までにジムナスチック筋が優勢になり、筋や関節の動きが悪くなる。
2. **生理面**：病気や痛み、あるいは何らかの力学的制約などがあると動作の健全性が損なわれる結果、馬の感覚や反応、特に固有感覚能力が悪影響を受ける。

この2種類の筋の働きに対立がみられるのは、若い馬が疲れていたり、罵倒されたり、乱暴に扱われた時など、特殊な状況にある時に限られる。原則として、馬と騎乗者の間でバランスがとれた関係にあれば、ジムナスチック筋とサイバネチック筋は互いに協調し合う。したがって、心理的、生理的に両者のコミュニケーションが不足していると、それだけ訓練の効果は上がらず、その馬のその後の競技能力にも影響してくるのである。

(c) 筋疲労に注意

適当な準備も小休止や休養もなしに若い馬に長距離の訓練を強制することは、その馬の感覚神経系の働きを完全に妨害する結果になり、主要な筋群にスパズムや疼痛をもたらす。洗練された動作と訓練のやりすぎとは両立しない。馬は、決して競技のためにがむしゃらに人に尽くす、単に筋でできた機械ではないのである。洗練された動作は、筋の働きの調和がもたらす曲芸とみなすべきものである。激しい筋労働の後で、疲労のためコントロールがきかず震えている曲芸師に見事な綱渡りの芸が期待できないのと同様に、疲れた馬に洗練された動作は期待できない。この章で取り上げた原則を図にしたのが次の図である。

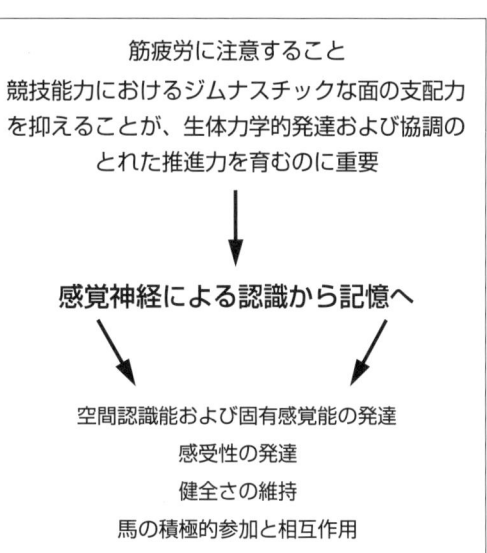

(d) 馬の年齢と進歩の速度を尊重すること

若い馬には十分な空間と時間を与えて、自分自身の体とうまく折り合いをつけさせたり、反射と協調することを学ばせたり、平衡感覚を発達させたりすることが大切である。その馬がまだ生体力学的なセルフ・コントロールの能力を獲得していない時期に、急いで人の要求のもとに置くと、感覚神経の発達や筋のコントロール能力の発達を抑えたり、発達のスピードを鈍らせるなど、正常な子馬が生まれつき持っている

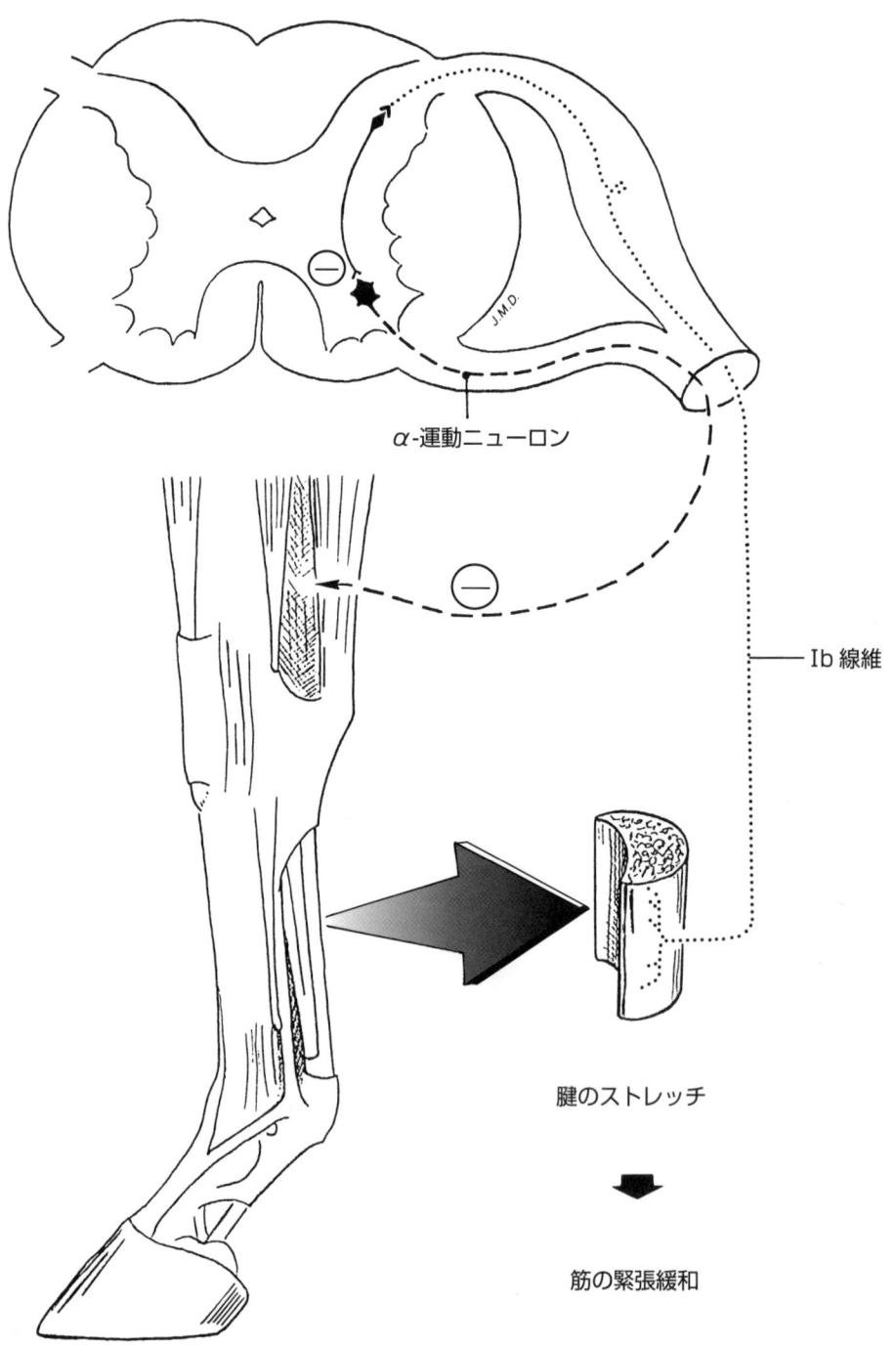

図5　ゴルジ受容器

可能性を害することになる。特殊な動作に集中することは、不自然な1つの運動学的な秩序を作ってしまうことになる。その子馬の固有感覚能力の獲得が、通常の自発的な発達経路を経て行われずに、束縛された方向に曲げられる結果、動作がばらばらで不完全なものになる。

若い馬が騎乗者に反抗するのは、それまでのコミュニケーションのない関係が原因で生じている場合が多い。子馬の頃の辛い記憶が残っていると卓越した技量は育たないのである。準備運動を軽視すると、若い馬の競技成績にそのことがはっきりと現れる。調教師は、教えている馬が初めて心を通わせた時と場所を記憶していなければならない。その時の馬は、苦痛もなく、うまく競技をできたという自覚を明確なサインを使って伝えてくるはずだ。その後はそれに類似した状況を利用して、コンピュータのアナロジーを使えば、その馬が独自の回路やプログラムを発達させていくのを助けるようにする。

障害飛越競技に参加する馬が競技場に入った時は、それが許されない場合が多いが、本当はゆったりと穏やかに駆歩をさせるべきである。素晴らしい飛越をするには、優れた事前のトレーニングが欠かせないが、事前の準備不足による生体力学的な問題を馬の興奮が埋め合わせしてくれる場合もある。

スポーツの競技能力を支配している法則は、人も馬も同じである。固有感覚とトーヌスの状態は密接に関連しており、優れた動作の優劣にも現れる。動作は単に「したい、なるだろう」という気持ちだけではなく、競技能力に関する神経生理学的な面を妨害しないことで行われる。「馬術の目標は動作にあって、そこにはその馬に関する創造、理解、管理、指導の努力の結果が、馬の身体と精神の調和となって現れる」と言われている。

2
解剖学と基礎的生体力学の概念

運動器系の障害の症状を診断して、それに対する適切な治療法や訓練法を考えるには、運動に関与する構造についての解剖学と生理学の知識だけでなく、それらの構造がどのように共同して働くかについての理解がないと不可能である。この分析的かつ総合的取り組みが重要なのだ。

筋系と骨格系が共力し合う様子を例にとると、複数の筋群が骨格で構成される「中継装置」の間に筋連鎖を形成しているが、これはある種の動作や運動には欠くことのできない構造である（53～59頁参照）。また、骨、筋、靭帯によって複合的に形成された背すじが、運動によって生ずる力に対する抵抗構造になっていることがわかる（60～61頁参照）。ここで大切なのは、多くの場合、互いに拮抗的に働く筋群が共同・共力的に働くことが可能であるという、グループ共力作用に注目すべきであるということだ。このようなグループ共力作用は、馬が飛越後着地する時に、屈筋群と伸筋群が共力して肢の関節をロックする場合などに見られる。

この章では、理学療法が有効と思われる運動器系の故障を診断する際に、読者が必要な初歩的な解剖学および生体力学の知識が得られるように工夫した。また、主要な解剖学的領域に関する図では、それらの領域の共力関係についても示し、本文でも解説した。

1. 脊柱

1 ● 構成要素

馬の脊柱は7個の頚椎（C1～7）、18個の胸椎（T1～18）、6個の腰椎（L1～6）、5個の仙椎（S1～5）、および18～22個の尾椎で構成されている（**図6**）。

1. 頚椎は大きく長い；椎骨骨頭が半球型をしていること、および関節窩が深いことが頚の可動性を大きくしている。
2. 胸椎には非常に高い棘突起があり、特にき甲の部分では30cmあるいはそれ以上に達する。この高さが強力なテコの働きをする。胸椎の始まりの部分では棘突起が尾部の方を向いているが、T13～T16の間で明確でなくなり、腰部では頭部の方を向いている。
3. 腰椎は大変長い横突起を持ち、また、その関節突起は互いにしっかり組み合わされている。特にL5、L6、S1の横突起は滑膜性関節に接している。このことが腰の可動性を大きく制限し、特に側屈と回旋が困難になっている。L6の棘突起の多くは頭部方向を向いていて、腰仙部を屈曲、伸展する際の可動性を助けているが、この棘突起が垂直ないしは逆の

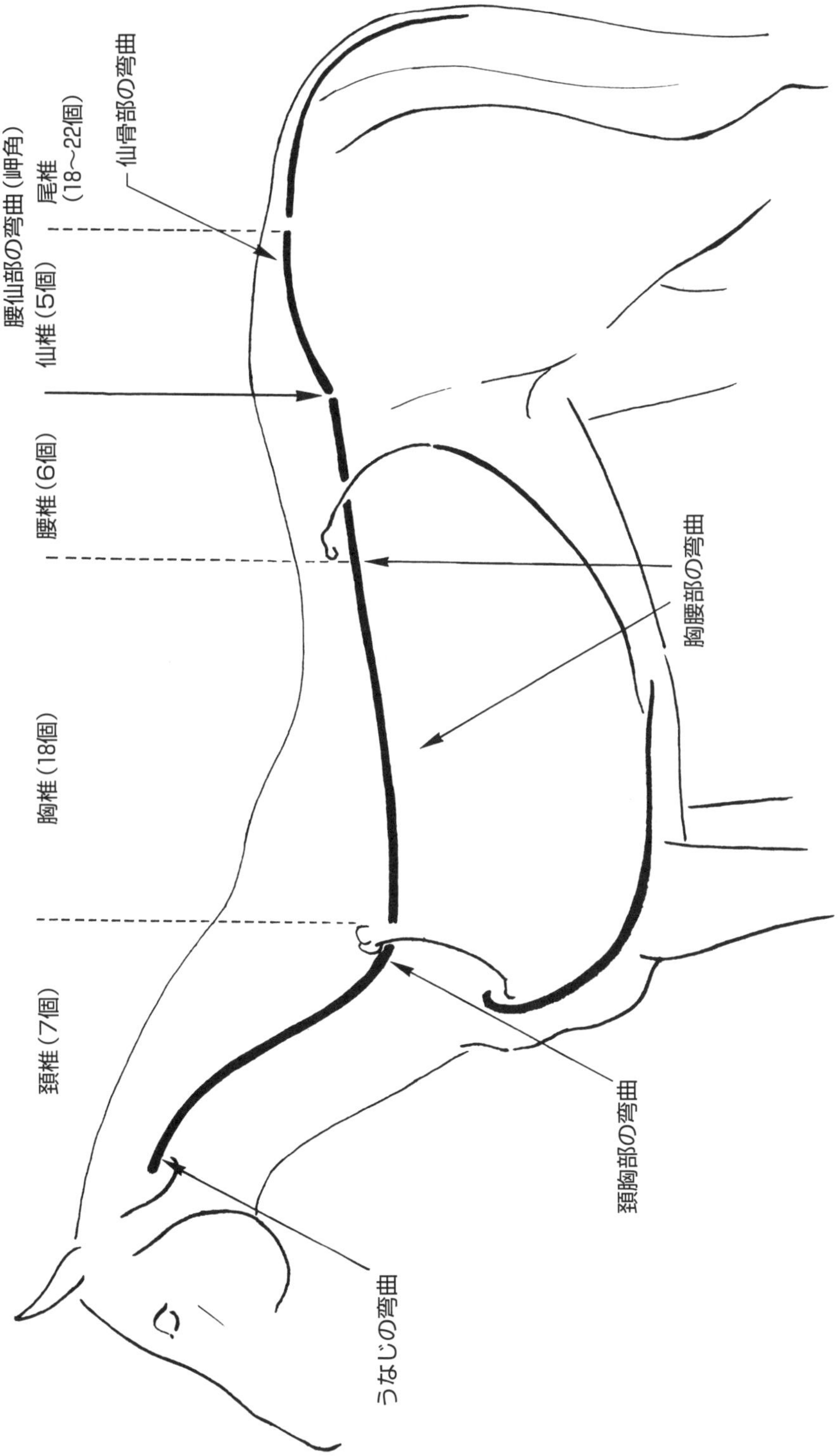

解剖学と基礎的生体力学の概念　23

図6　構成部分に分けられた脊柱

仙骨部の弯曲
尾椎（18〜22個）
腰仙部の弯曲（岬角）
仙椎（5個）
腰椎（6個）
胸腰部の弯曲
胸椎（18個）
頚胸部の弯曲
頚椎（7個）
うなじの弯曲

尾部方向を向いている馬も多い。
4. 仙骨は5個の仙椎が融合してできていて、丈夫な仙腸靭帯で腸骨と密に連結されている。

(a) 脊柱の弯曲

1つの単位として見た場合、脊柱は小さな弯曲の連続でできているが、その弯曲の強さは個体によって異なる：

1. 項（上部頚椎）の弯曲は背方へ曲がっていて、後頭骨からC3に至る。
2. 頚-胸部（下部頚椎）の弯曲は腹方へ曲がっていて、C4からT4に至る。
3. 胸-腰部の弯曲（あるいはブリッジ）は通常はまっすぐか、時にはわずかに背方へ曲がっている；鞍を着けた馬では逆に腹方へ曲がる。
4. 腰-仙部の弯曲ははっきりしているが、腰椎と仙骨の間のスペースに限られている。仙骨部の軸と腰部の軸とは15°から25°の角をなしている。これが馬の背の岬角である。
5. 仙骨部の弯曲は背方に曲がっていて、はっきりしているが、理学療法上の関わりは少ない。

2 ● 脊柱の関節

(a) 椎間関節

椎間関節の例を示したのが図7である。強力な筋と靭帯が付着することによって椎体および椎弓が互いに連結されている。

1. 椎体の結合

この結合は、椎間円板、腹側縦靭帯、背側縦靭帯による。

1. 椎間円板は、頚部および腰仙部以外の部分で厚さが薄くなっている。線維輪（外側の線維性の輪）を構成している線維は隣接する関節面に付着しており、2つの椎体を大きな力で結合している。馬の場合、中心にある髄核の線維の線維性弾力が他の動物より強いので、線維輪に近い力を持っている。
2. 腹側縦靭帯は環椎（第1頚椎）からT5までの間では欠如しているが、胸部、腰部、尾部では強力である。この靭帯は椎体から突き出ている腹側の稜に付着する。
3. 背側縦靭帯は厚さが薄く、機能上の役割は小さい。

2. 椎弓の結合

この結合は、関節突起間の滑膜性関節（可動関節）と靭帯による。

1. 滑膜性関節の様子は部位によって異なる。脊柱の軸との関係でみれば、頚部では軟骨性の関節面が外方へ放射状に広がっているのに対して、胸部では斜めになっている。腰部では滑膜性関節が鞘のような働きをして、回旋や側屈の可動性をかなり制限している。薄い関節包が層間靭帯につながり脊柱管への入り口を塞いでいる。
2. 棘間靭帯は短いが線維が斜めに走るので、屈曲や伸展を妨げることはない。
3. 棘上靭帯は丈夫で棘突起の上にしっかりと付着している。この靭帯の弾力性は腰部では小さいが、胸部と頚部では大きい。頚部では項靭帯に連続している。

3. 筋による支持

脊柱の安定性と堅固さは、筋群によって補強されている。そして、これらの筋群は機能的な

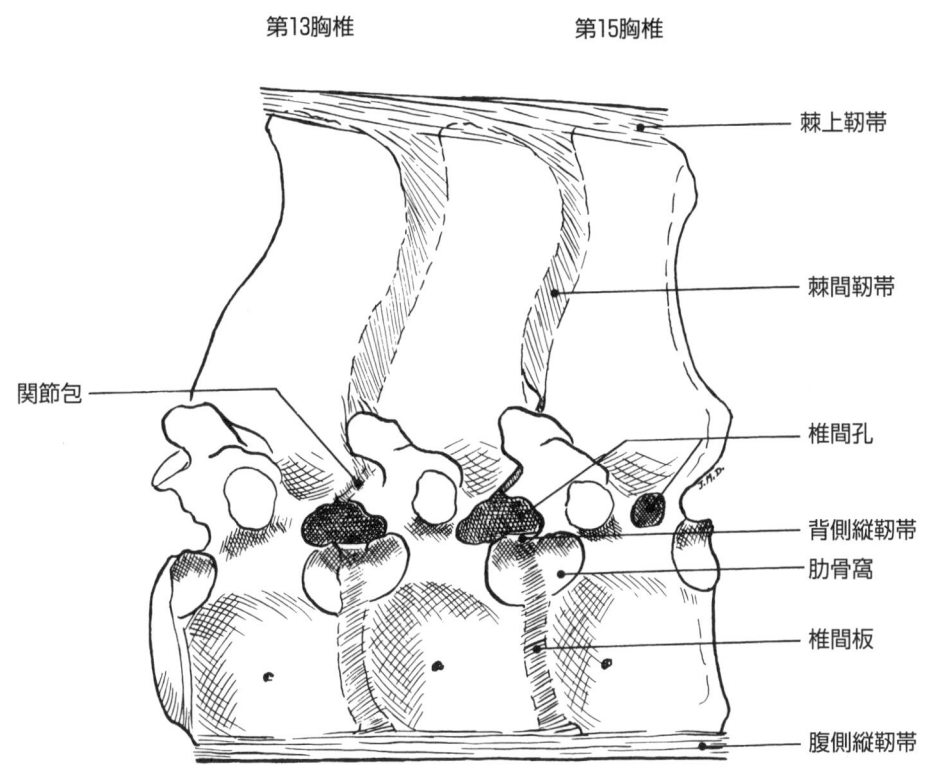

図7 椎間関節の例（T13 〜 T15）

能力を持っていると同時に、再教育を受け入れる能力も持っている。

1. 棘の近くにあるのが傍脊柱筋と呼ばれる筋で、多裂筋と横突間筋がそれにあたる。これらの筋には固有受容器が密に分布しており、常に脊柱の状態を再調整している。
2. 棘から少し離れたところにあるのが、軸上筋と軸下筋である。これらの筋は理学療法では通常拮抗筋とみなされているが、脊柱に関しては、馬の静止時も活動時も共力して働く。頸部では背側筋と腹側筋がそれを代表する。腰部では、一部の脊柱起立筋あるいは腸腰筋、腹壁の筋群がこの役割を果たす。

(b) 項靭帯

強力で、適度に弾力性を持ったこの靭帯は、脊柱の機能上重要な働きをしている。この靭帯は2つの部分からなる（図8）：

1. 項索；外後頭隆起からき甲部の棘突起先端に達している。そこから先は棘上靭帯に移行し、線維性を増している。
2. 項板；主な部分はC2、C3、C4から尾方のT2、T3、T4の棘突起に達している。

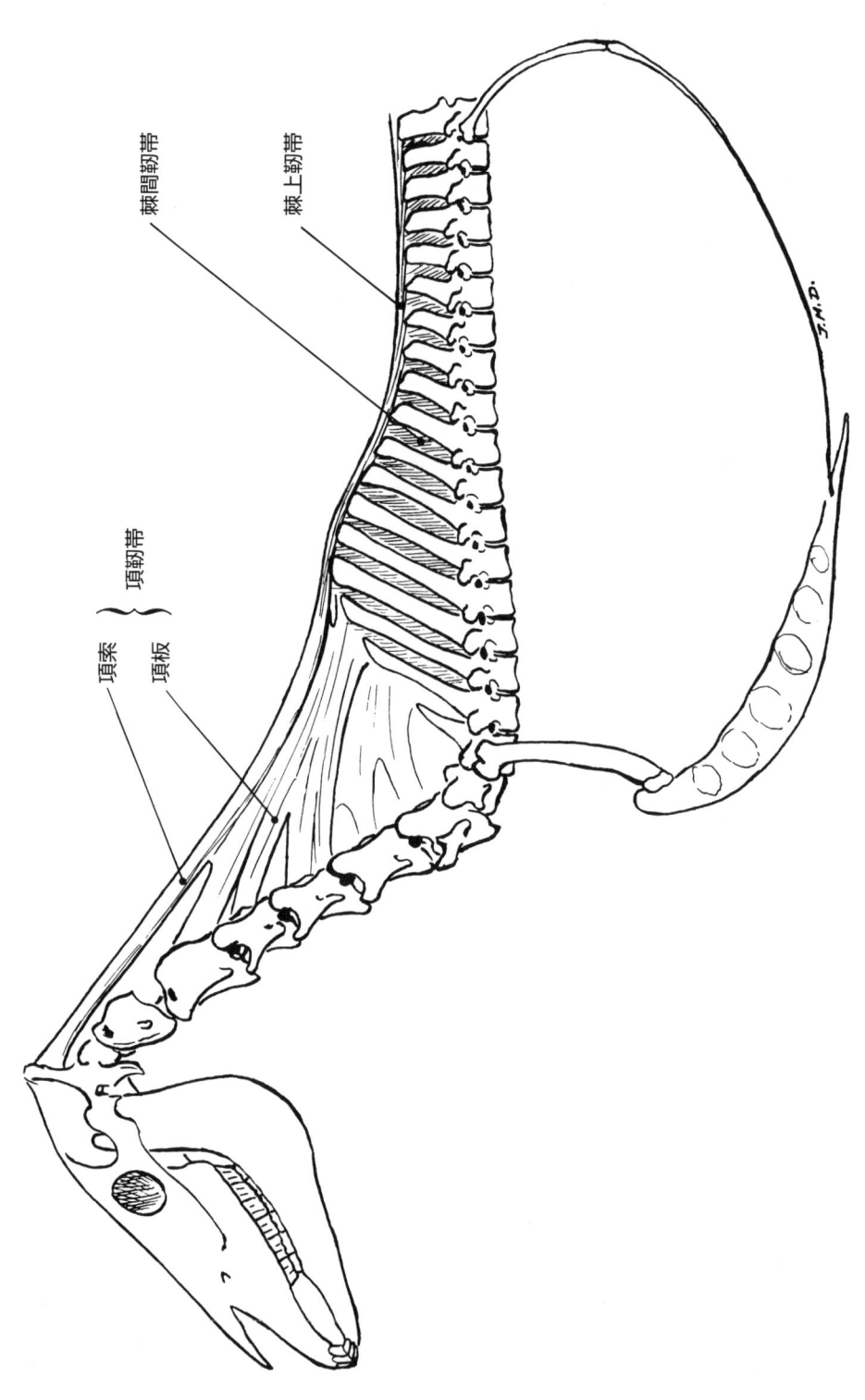

図 8 項靱帯

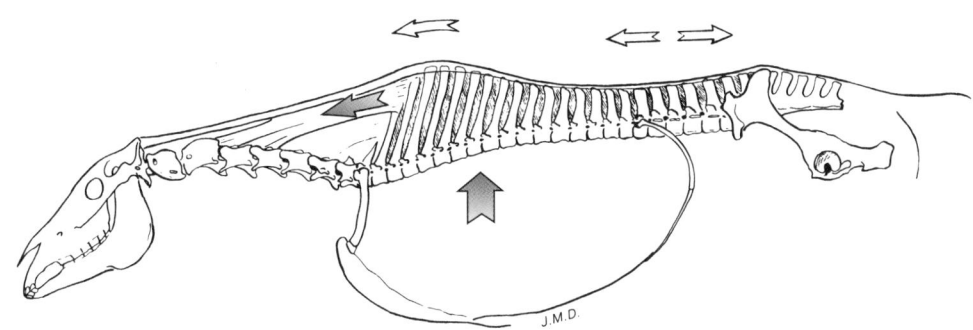

（a）頸部を下げると、靱帯が引っ張られて胸椎の棘突起の間を広げるため胸椎が屈曲する

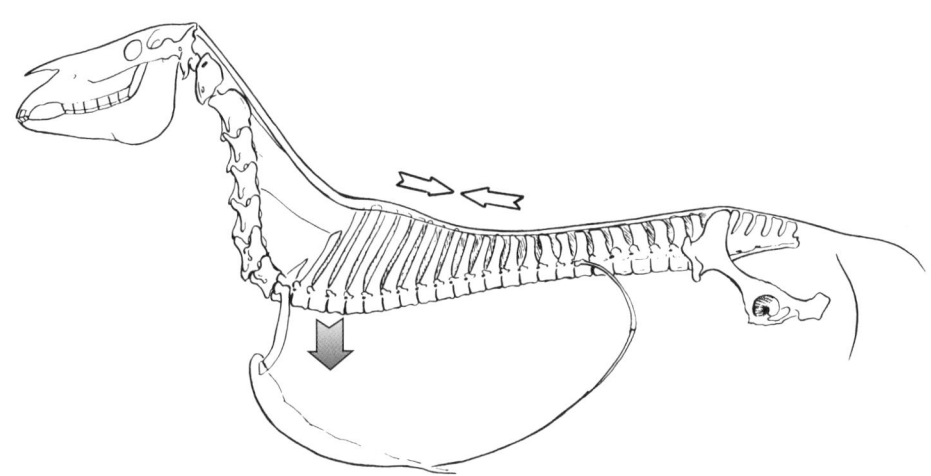

（b）頸部を上げると、頸・胸部が伸ばされて靱帯が緩む。すると棘突起間の距離が元に戻り、胸椎が伸展する

図 9　項靱帯および棘上靱帯の生体力学的機能

この2つの部分は受動的ではあるが効果的に働き合って、頭部と頸部を支持している。それは胸椎の棘突起の高さによるテコの原理のためである。すなわち、頭頸部が下がると、これらテコの長い腕が前方に引かれる結果、胸椎が屈曲する（図9）。

3 ● 頸部および体幹部の筋

脊柱の動きに関与している筋に、位置と機能の異なった2つの主な系統がみられる：

1. 深部傍脊柱筋；椎間関節をコントロールしていて、サイバネチックな役割も果たしてい

る．固有受容器が密に分布しているために，姿勢に関する情報源になっていて，脊椎骨の位置関係を調節していると同時に，筋トーヌスの調整にも関与している．
2. **浅部傍脊柱筋**；固有受容器の分布が少なく，それだけ姿勢やトーヌスに関する情報の発信も少ない．動いている関節や骨格筋に関係が深く，激しい運動に適している．

(a) 頚部の筋（図10～14）

頚部では位置と機能の違いから，さまざまな筋群を区別できる：

1. **頚部腹側筋**；主として頚の屈筋
2. **頚部背側筋**；原則的に頚の伸筋
3. **深部傍脊柱筋**；回旋や側屈に関与する
4. **耳と耳との間の部分(頂)にある筋**；頭部の伸展と側屈に関与する

1. 屈筋群

上腕頭筋
起始：上腕骨稜
停止：側頭骨乳様突起
作用：停止部を支点として，前肢の伸出，歩幅の調節，後退りの開始；起始部を支点として，両側が収縮すれば，頚の屈曲および頂の伸展；片側だけ収縮すれば，頚および頂の側屈や回旋

胸骨頭筋
起始：胸骨柄
停止：下顎枝後縁
作用：両側性の収縮で，頚および頂の屈曲；片側性の収縮で，頚および頭の側屈や回旋

斜角筋
起始：第1肋骨
停止：4個の下部頚椎横突起
作用：停止部を支点として，呼吸（吸気）；起始部を支点として，両側性の収縮で，頚の基部(C4～T1)の屈曲；片側性の収縮で，同じ領域の側屈と回旋

頭長筋
起始：C3～C5の横突起(筋結節)
停止：後頭骨の隆起
作用：両側性収縮で，頂の屈曲；片側性収縮で，上部頚椎の回旋および側屈

2. 伸筋群

僧帽筋
起始：項靱帯の項索および棘上靱帯
停止：肩甲棘
作用：停止部を支点として頚の伸展および側屈に補助的に働く；起始部を支点として，さまざまな歩様において肩甲骨背面先端部の動きに関する主動筋

肩甲横突筋
起始：肩甲棘および上腕骨稜
停止：頚椎横突起
作用：起始部を支点とする両側性の収縮で頚がわずかに伸展し，片側性の収縮で頚が側屈する；停止部を支点として，前肢の伸出(腕頭筋と共に)

菱形筋
起始：項靱帯の項索および第1胸椎の棘突起先端
停止：肩甲軟骨の内側縁

作用：起始部を支点として肩甲骨を前方へ引く；停止部を支点として、両側性の収縮で、頚の下部の伸展；片側性の収縮で頚の側屈

頚腹鋸筋
起始：C3～C7の横突起
停止：肩甲骨の鋸筋面前面
作用：起始部を支点として、肩甲骨背面先端部を前下方へ引いて頚に近づける；停止部を支点として、両側性の収縮で、頚の基部、頚の下部の伸筋を支える；片側性の収縮で、下部頚椎を回旋

板状筋
起始：胸腰筋膜；T3～T5の棘突起の先端
停止：側頭骨乳様突起、環椎翼の尾方結節、C2～C5の横突起
作用：停止部を支点として、両側性収縮で頭の挙上ならびに頂と頚の伸展；片側性収縮で頚椎の回旋および側屈

頭半棘筋（大頭半棘筋）
起始：胸腰筋膜、第1胸椎棘突起先端、T3～T7の横突起、C2～C7の関節突起
停止：外後頭隆起
作用：停止部を支点として、胸腰筋膜の張筋、頚の基部の挙上；起始部を支点として、両側性収縮で、頂と頚の強力な伸筋；片側性収縮で、頚椎の回旋および側屈

頭最長筋および環椎最長筋（小頭半棘筋）
起始：T1、T2の横突起；C2～C7の関節突起
停止：側頭骨乳様突起；環椎翼の尾方結節
作用：両側性収縮で、頂と頚の伸筋；片側性収縮で、頂と頚の側屈と回旋

頚棘筋
起始：T1～T3の棘突起
停止：C4～T7の棘突起
作用：頚胸部の伸筋

3. 傍脊柱筋

　これらの筋は小型で付着力も弱いので、理学療法上の価値は小さいが、脊柱の安定性の維持には大きな役割を果たしている。また、神経分布密度が大きいので重要なサイバネチック筋であり、馬が静止している時も、活動している時も固有感覚機能に関与している。

頚長筋
停止：軸椎～C7およびT1～T6の椎体；腱の終末は環椎の腹結節へ
作用：頚椎および頭側胸椎の屈曲と回旋

頚多裂筋
起始：頚椎横突起
停止：頚椎棘突起
作用：関節の安定；回旋および頚の側屈；弱いながら伸筋としての働き

横突間筋
停止：隣合った椎骨の横突起の間にまたがっている
作用：側屈と頚の回旋

4. 頂の筋

背（大小）頭直筋
起始：軸椎の棘突起（大）および環椎の背弓（小）

停止：外後頭隆起
作用：頂に関する伸筋

後頭斜筋
起始：軸椎棘突起の側面
停止：環椎翼の背面
作用：片側性収縮で回旋および環椎・軸椎側屈；両側性収縮で環椎・軸椎伸展

外側および腹側頭直筋
　環後頭関節の腹側にあり、頭の屈曲に関与する。

(b) 体幹の筋

　頚部の場合と同様に、体幹部でもさまざまな筋群を区別することが重要である。深部のサイバネチックな傍脊柱筋は固有感覚機能に関与する。これら傍脊柱筋の緊張状態や伸展状態によって、姿勢や運動に大きな決定力を発揮する強力な表在筋群の活動が調節されている。脊柱の腹側にあるいくつかの筋は胸腰ブリッジの屈筋で、背面にあるのが伸筋であり、すべての筋が何らかの形で側屈や回旋に関与している。

1. 屈筋

　腹壁および腰腸部では、2つの筋群に区別される。

1.1　腹壁の筋
　腹壁の筋は腹腔臓器をおさめ、呼吸（呼気）に関与している。筋の長さ、および筋の伸展の中心が脊柱の軸から離れているなどのために、スピードに与える影響は余り大きくない；これらの筋はより強力な他の筋に働きかけることができる。

外腹斜筋
起始：第6〜18肋骨の外側面
停止：白線；恥骨前腱
作用：両側性収縮で胸・腰椎の屈曲；片側性収縮で側屈（内側へ曲げる）および回旋

内腹斜筋
起始：腹・背側腸骨棘（ヒップの角）および恥骨前腱
停止：後方の4ないし5本の肋骨の末端内側面
作用：同側の外斜筋と共に脊柱を屈曲および側屈させる；胸・腰椎の回旋時には拮抗して働く

腹直筋
起始：胸骨；第4〜9肋骨の肋軟骨
停止：恥骨前縁および恥骨前腱
作用：脊柱の胸・腰・仙部の屈曲；片側性収縮で同部のわずかな屈曲と回旋

腹横筋
起始：腰椎横突起および肋軟骨
停止：白線
作用：前述のすべての筋と共に、脊柱が適切に機能する際に腹腔が果たす役割を支持する。

1.2　腰腸部の筋
　注：腸骨筋は脊柱の動きには関与しないので、この章では触れない。

大腰筋
起始：腰椎横突起および最後部2本の肋骨の腹

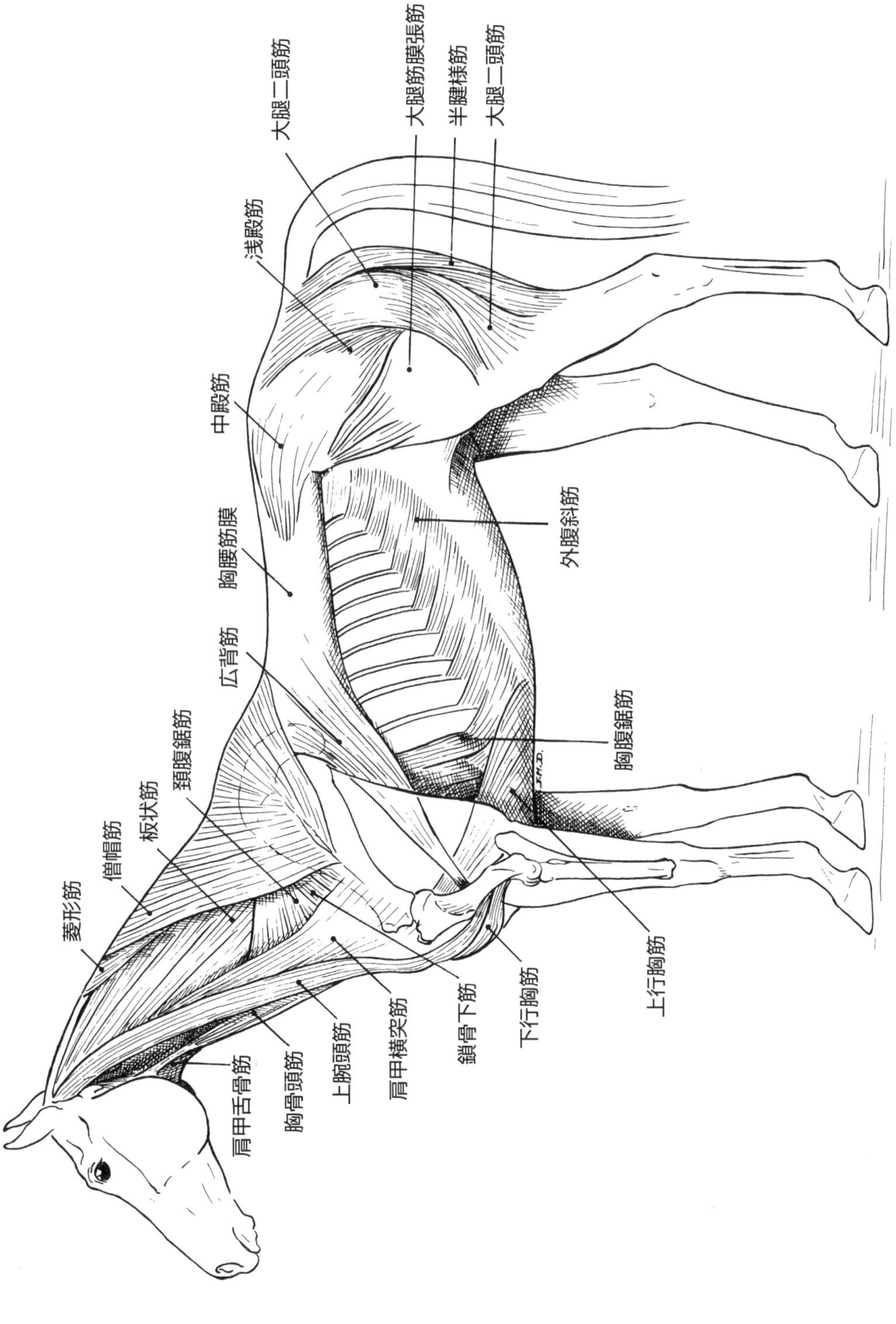

図10 頚および体幹の筋、表層の筋

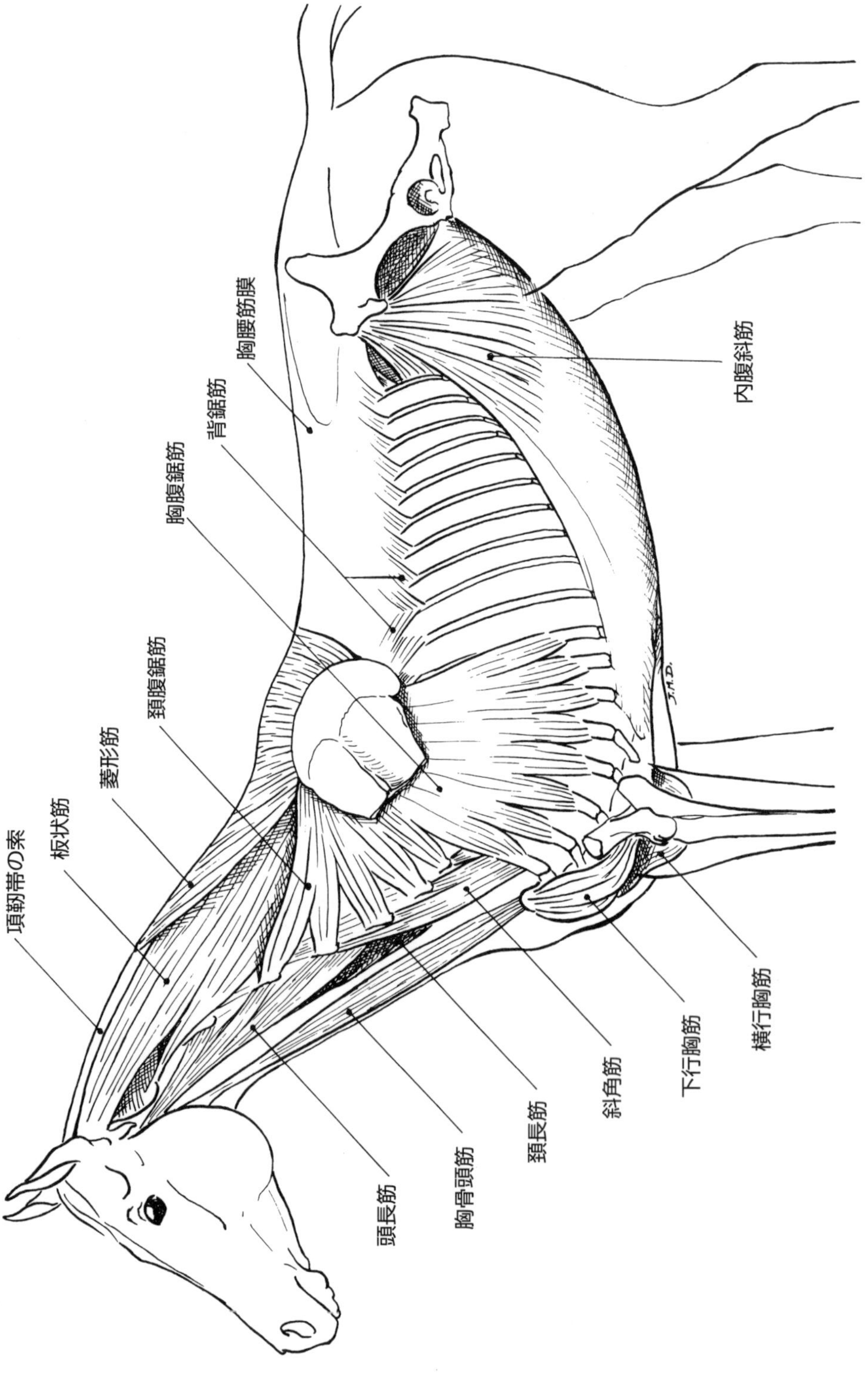

32 解剖学と基礎的生体力学の概念

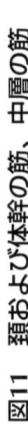

図11 頸および体幹の筋、中層の筋

解剖学と基礎的生体力学の概念　33

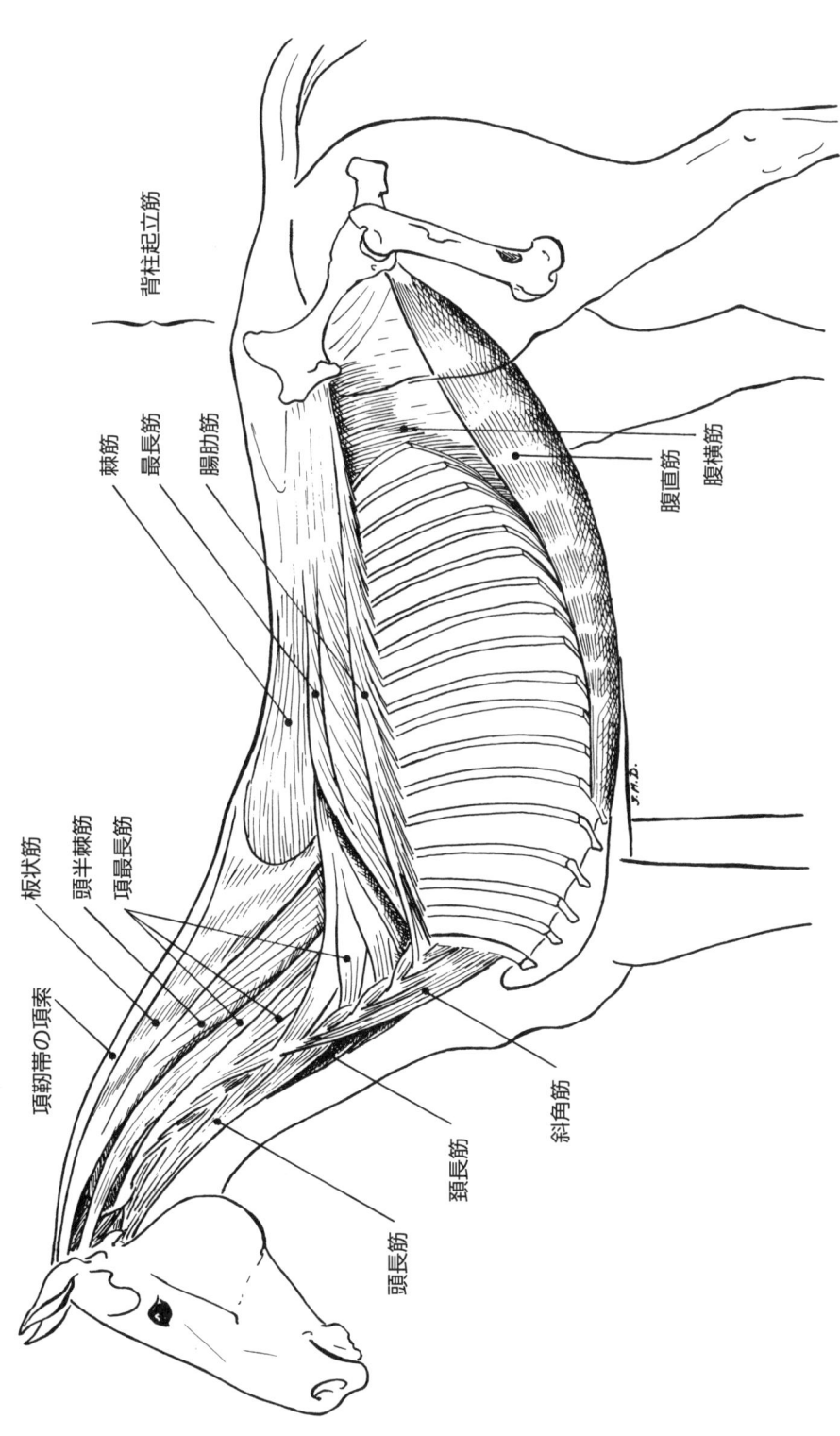

図12　頸および体幹の筋、深層の筋

34 解剖学と基礎的生体力学の概念

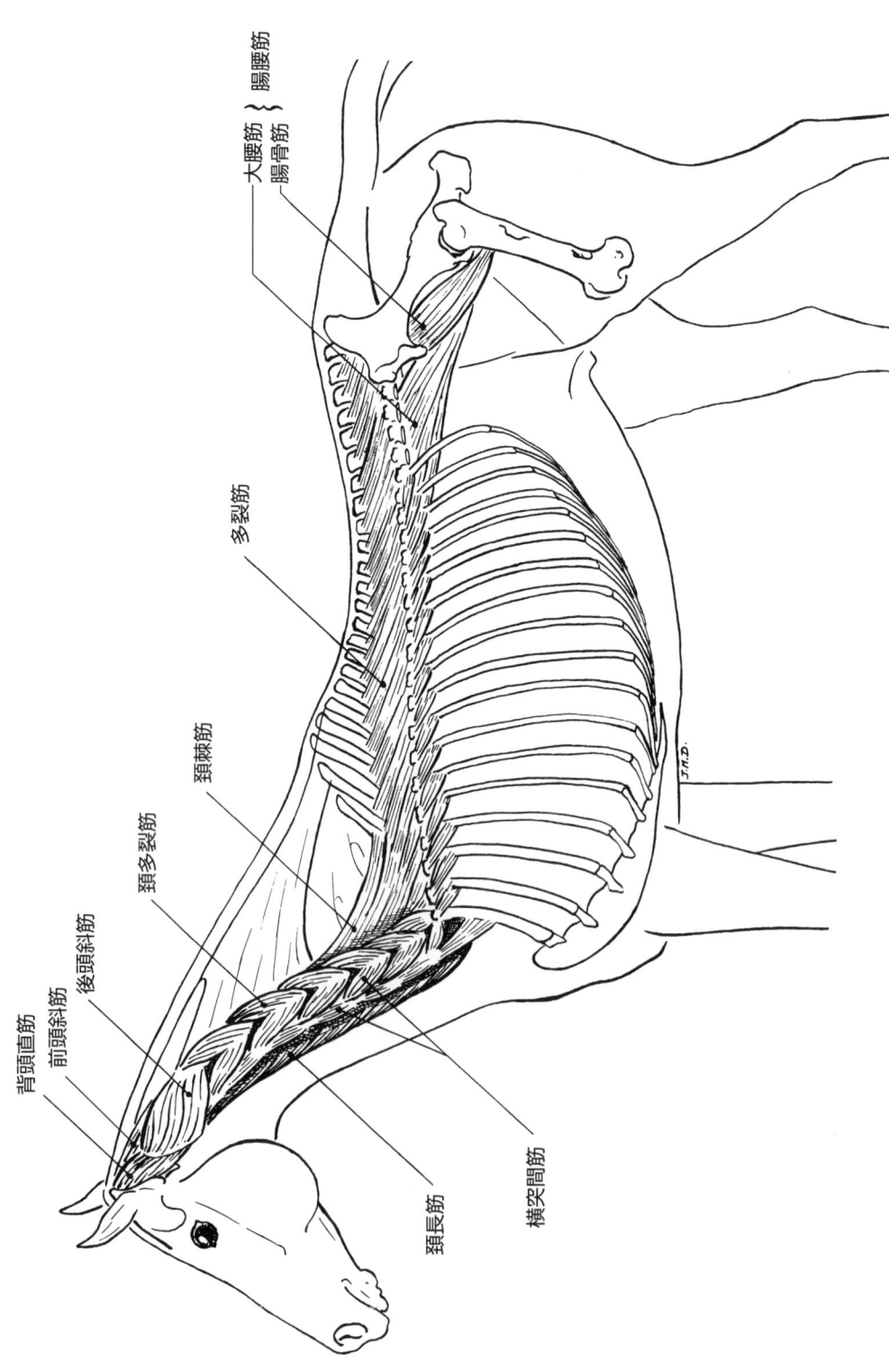

図13 頚および体幹の筋、表層の傍脊柱筋

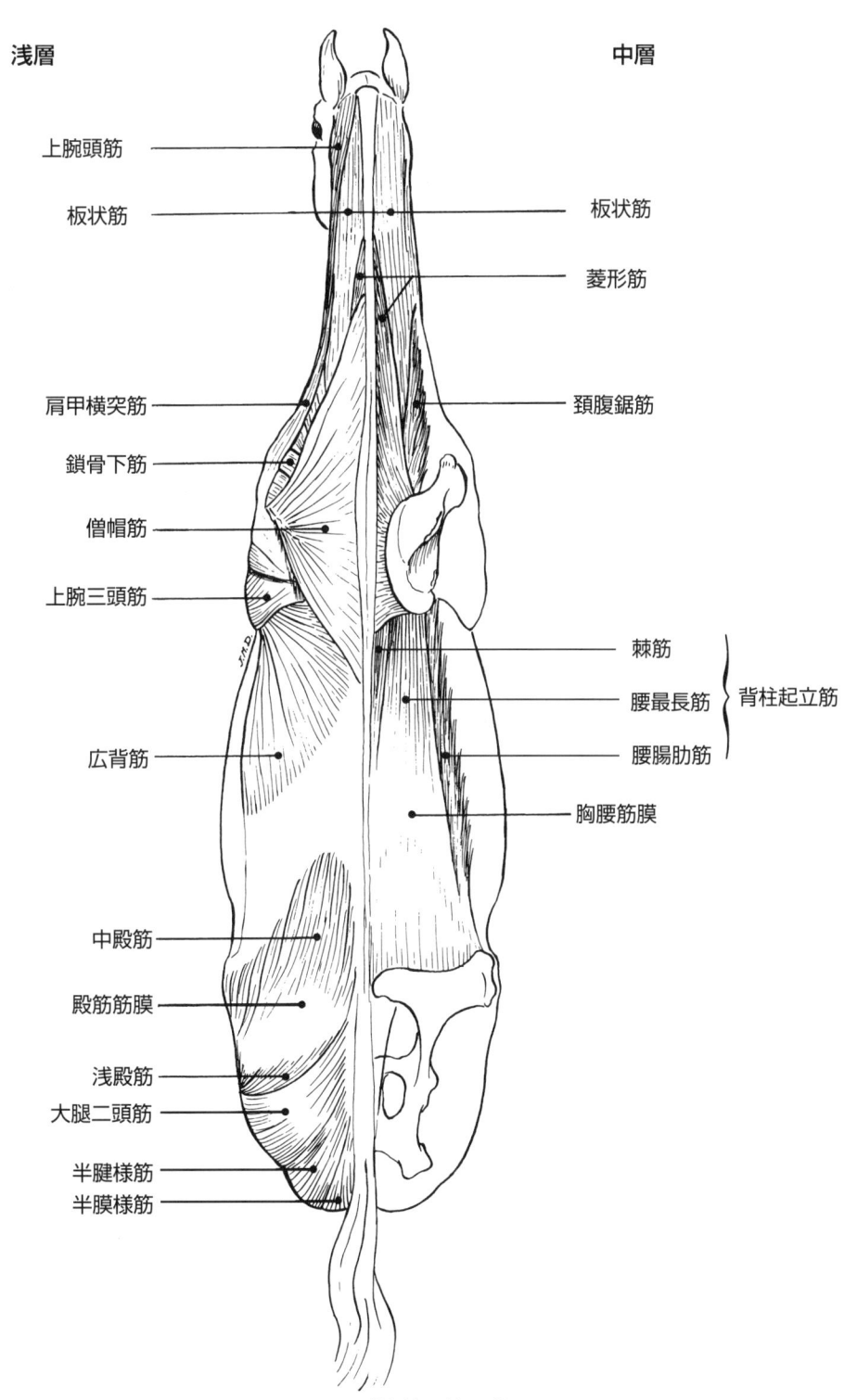

解剖学と基礎的生体力学の概念　35

浅層　　　　　　　　　　　　　　　　　中層

上腕頭筋
板状筋　　　　　　　　　　　　　　　　板状筋
　　　　　　　　　　　　　　　　　　　菱形筋

肩甲横突筋
　　　　　　　　　　　　　　　　　　　頚腹鋸筋
鎖骨下筋
僧帽筋
上腕三頭筋

　　　　　　　　　　　　　　　　　　　棘筋
　　　　　　　　　　　　　　　　　　　腰最長筋　｝背柱起立筋
　　　　　　　　　　　　　　　　　　　腰腸肋筋
広背筋
　　　　　　　　　　　　　　　　　　　胸腰筋膜

中殿筋
殿筋筋膜
浅殿筋
大腿二頭筋
半腱様筋
半膜様筋

図14　頚および体幹の筋、背面

側面
停止：大腿骨小転子
作用：腰椎・仙骨関節、腰椎関節、仙骨・腸骨関節の屈曲；片側性収縮で、腰椎の回旋と側屈；寛骨・大腿骨の屈曲および大腿骨の回旋

小腰筋
起始：T16～L5の椎体の腹側面
停止：腸骨小腰筋結節
作用：腰椎・仙骨関節、および仙骨・腸骨関節の屈曲

腰方形筋
起始：腸骨稜
停止：腰椎横突起腹側面
作用：腰部の側屈

2. 伸筋

次に挙げる3つの筋は、まとめて脊柱起立筋として知られている。胸腰筋膜に包まれていて、胸郭で頭方、尾方両鋸筋の緊張のもとに置かれている。この強力な筋の塊は腸骨稜、胸椎および腰椎の横突起背面、さらに肋骨の背側端から起始している。この筋群はその頭方端で、位置、停止、作用の異なった3つの筋に分かれる。

腸肋筋
位置：筋群の外側
停止：18本の肋骨の粗面および第7頸椎の横突起
作用：主として呼気および胸・腰部の側屈

背部最長筋
位置：他の2つの筋の間
停止：胸椎および腰椎の横突起；肋骨の背側端
作用：脊柱の伸展および側屈

胸棘筋
位置：筋群の内側
停止：胸椎棘突起
作用：胸・腰椎の伸展

3. 傍脊柱筋

多裂筋（棘横突筋）
この筋は互いに斜めに重なり合った複数の束からなる。
起始：胸椎および腰椎の横突起
停止：起始している椎骨の2～3個前の椎骨の棘突起
作用：関節の支持および固有感覚；側屈と椎体間スペースでの回旋；わずかな伸筋としての働き

4 ● 脊柱の生体力学

頸椎と胸・腰ブリッジとの相互作用についてはすでに触れたが（図9参照）、ここでさらに詳しく検討することにする。

(a) 頸椎

頸部椎間関節の可動域は胸・腰ブリッジ部のそれよりも明らかに大きい。この機能的な差は主として次のような要因による：

1. 椎体の頭および窩の構造上の違い、頸部では半球型に近い。
2. 椎間円板がより厚い。
3. 背側関節突起の表面が平らである。

4. 棘突起の高さがより低い。
5. 項靭帯の弾力性が棘間靭帯や棘上靭帯のそれよりも大きい。
6. 腹側縦靭帯が欠如していて、その機能を頚長筋が代行している。

頚部の頭方端も尾方端も中央部の可動性を高めるような特性を備えている。環椎後頭関節および環軸関節は特殊な動きをするだけでなく、特殊な筋（頭直筋および頭斜筋）の分化によって、項の部分で頭をどちらの方向にも動かせるようになっている。また、C5～T2の胸椎・頚椎接合部における椎間円板の厚さと関節面の形が頚・頭部の自由な動きを保証している。

1. 屈曲と伸展
1.1 生理学
屈曲と伸展の可動域が大きいのは、環椎後頭関節部とC5～T1の椎間部である。

1. 屈曲時は、椎窩が隣の椎頭に対して腹側にずれるために（**図15**）、頭が脊柱管側へ突き出され、その結果脊柱管が狭められる。椎間円板は引き伸ばされる力を受ける。また、このずれのために椎間孔の高さが増し、背側関節面の重なりが減少し、関節包と項靭帯が引っ張られる。
2. 伸展時には、すべてが逆である。椎体の頭が隣の椎体の窩に対して腹側にずれるために、脊柱管が広がる。椎間円板に働く引き裂くような力が逆方向に働く。椎間孔の高さは減少し、頚部の神経束が通る孔を狭める。背側関節面の重なりが増し、項靭帯は緩む。

1.2 関与する筋群
1. 屈筋群を**図16**に示す。頚胸部の屈曲は、斜角筋、頚長筋、胸骨頭筋などの両側性収縮によって起こる。上腕頭筋も関与するが、この筋の主な働きは前肢を動かすことである。頚の上部の屈曲は、主として頭長筋、頚長筋、胸骨頭筋を短縮的に収縮させることで行われる。
2. 伸筋群を**図17**に示す。頚胸部の伸展（頚部の挙上）は、（筋の停止部を支点として）、脊柱起立筋、その他の頚背部の筋を関節部において両側性に短縮的に収縮させて行われる。頚の上部の伸展には、板状筋、半棘筋、背頭直筋、頭斜筋が関与する。

2. 側屈と回旋
2.1 生理学
馬のほとんどの関節でいえることであるが、椎間関節において側屈と回旋という2つの動きは不可分な関係にある。屈曲や伸展の場合と同じく、側屈も回旋も頚の下部と項部における可動域が他の部よりも大きい。項部を除いて、側屈（内側へ曲げる）は椎体の反対方向への回旋を伴っている。回旋の方向は椎体の腹側の隆起部が、隣の椎体を定点とした場合、そのどちら側へ動くかによって決まる。項部では、回旋は主として環軸関節の部分で、側屈は主として環椎後頭関節の部分で起こる。実際は、これらの動きは力学的には切り離せず、頭の側屈は軸椎に対する環椎の回旋と、環椎に対する後頭骨の反対方向への回旋を伴う（**図18**）。環椎は脊柱の頭方端と頭との間に置かれたクッションと考えられる。頚が側屈している時は、環椎の回旋が頚椎の他の部分が反対方向へ回旋するのを補償しているので、頭を同じ方向へ向け続けることができる。

(a) 屈曲

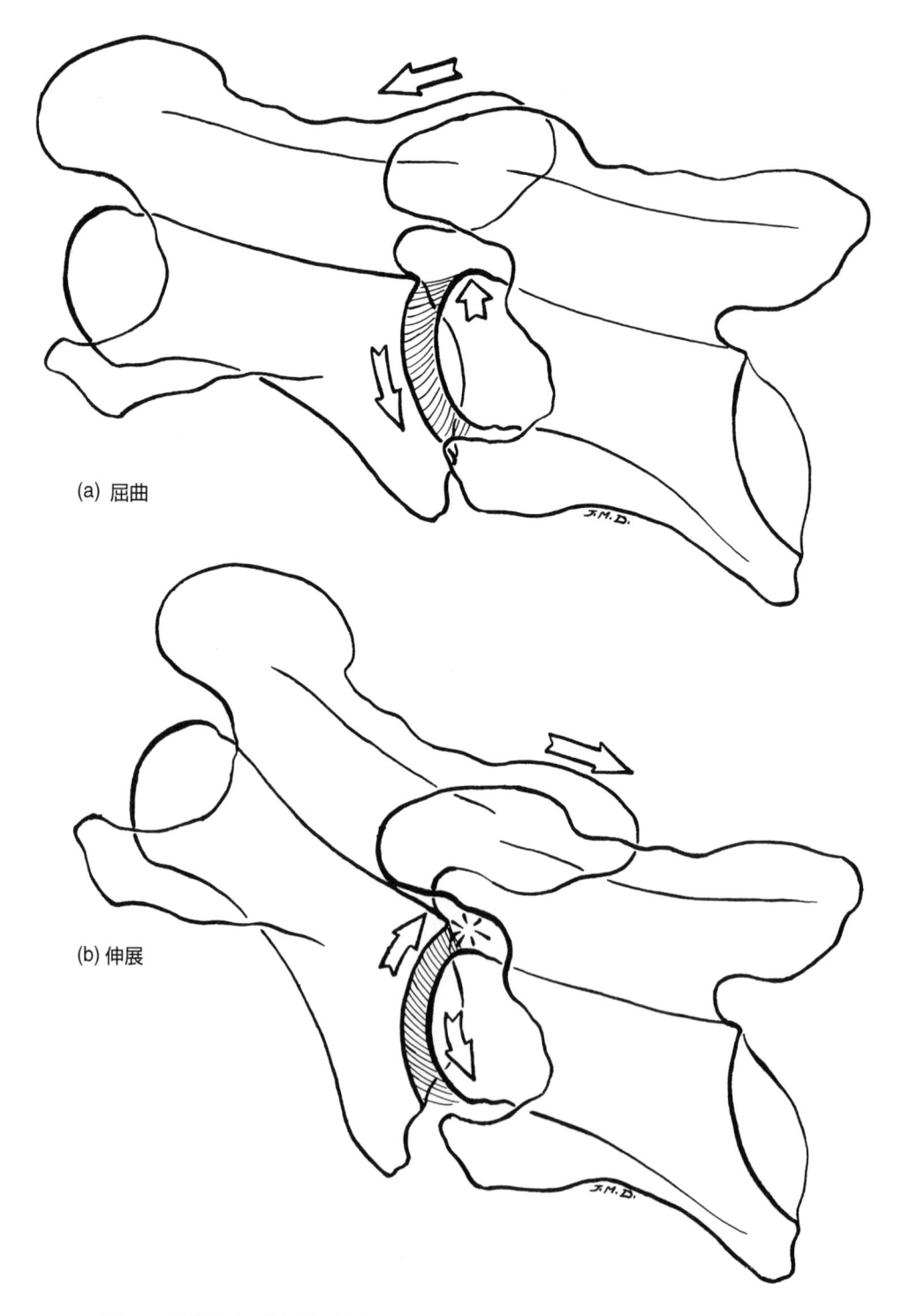

(b) 伸展

図15　屈曲および伸展に伴うC5、C6間の関節の動き（X線像からの描写）

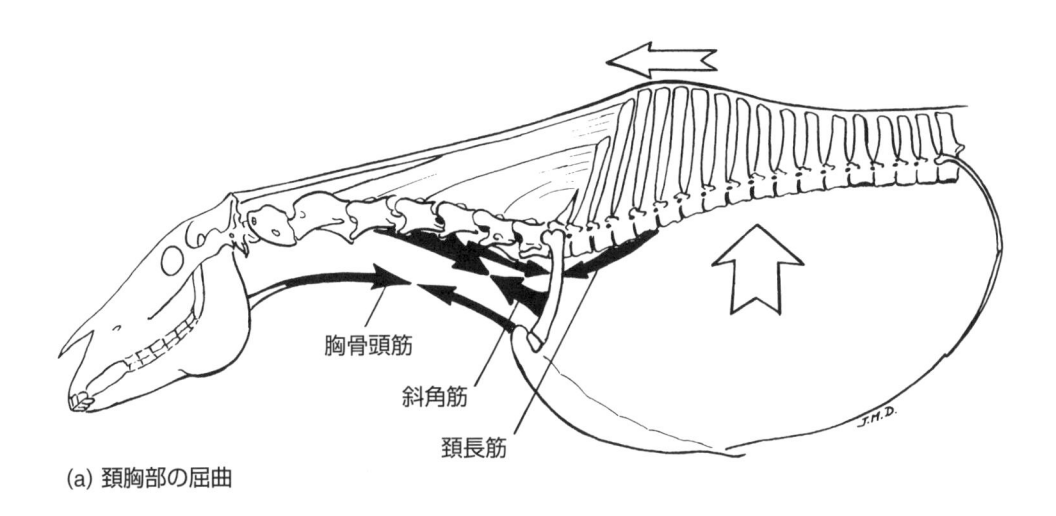

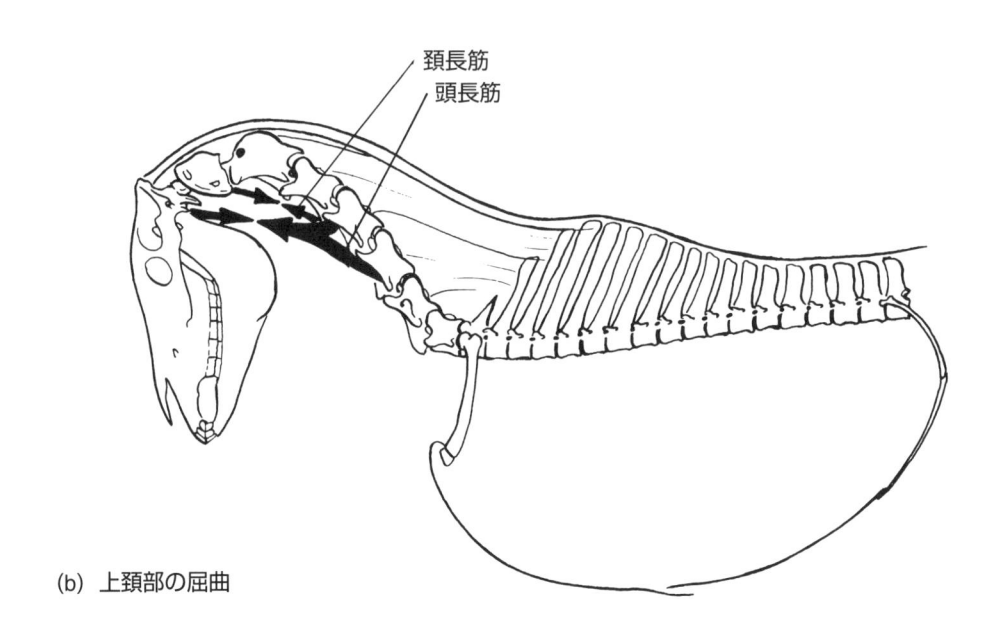

解剖学と基礎的生体力学の概念　39

(a) 頸胸部の屈曲

胸骨頭筋
斜角筋
頸長筋

(b) 上頸部の屈曲

頸長筋
頭長筋

図16　頸の屈曲に関与する (a) 頸胸部および (b) 頸上部の屈曲

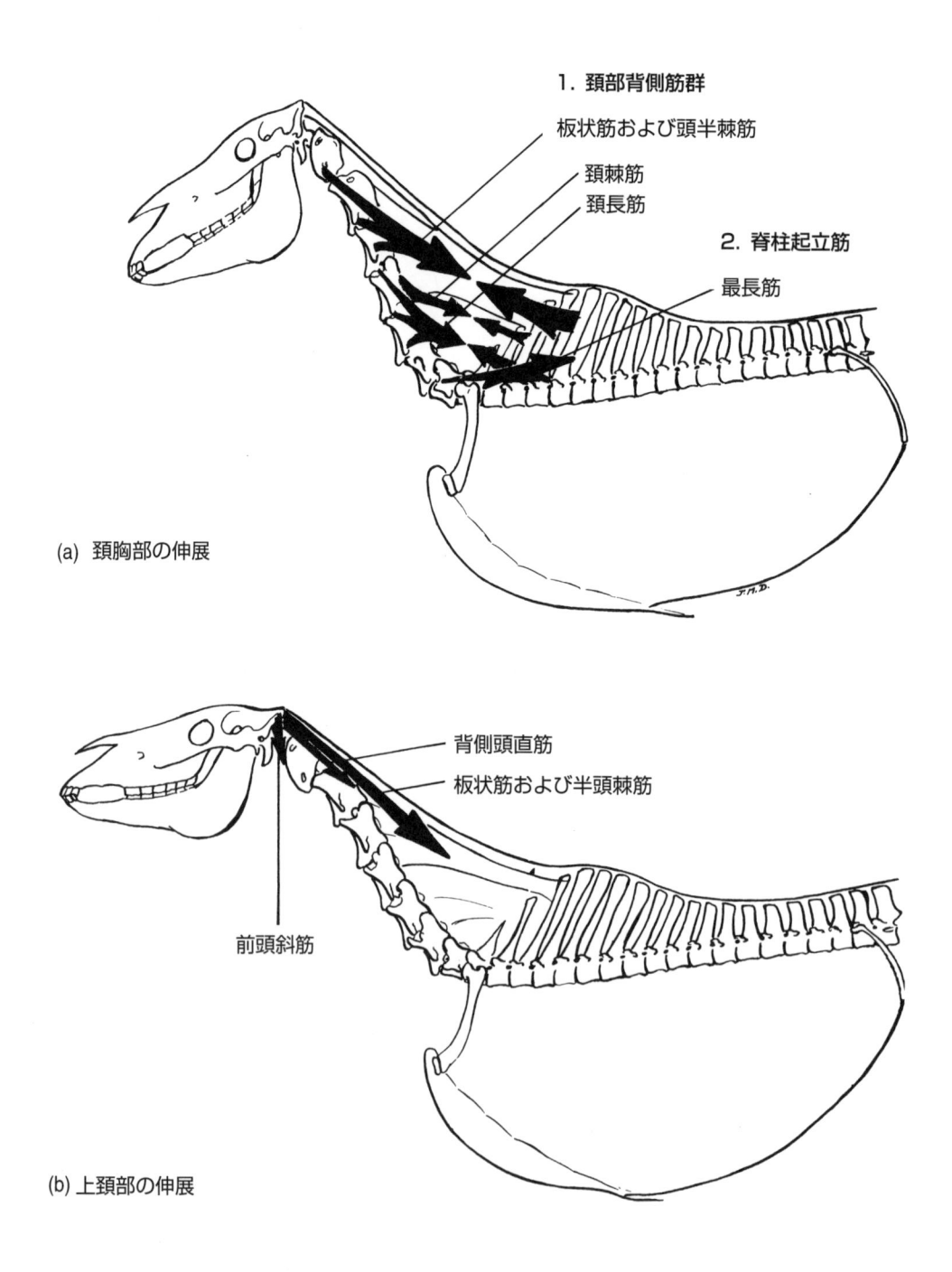

40 　解剖学と基礎的生体力学の概念

1. 頚部背側筋群
板状筋および頭半棘筋
頚棘筋
頚長筋

2. 脊柱起立筋
最長筋

(a) 頚胸部の伸展

背側頭直筋
板状筋および半頭棘筋

前頭斜筋

(b) 上頚部の伸展

図17　頚の伸展に関与する (a) 頚胸部および (b) 頚上部の伸展

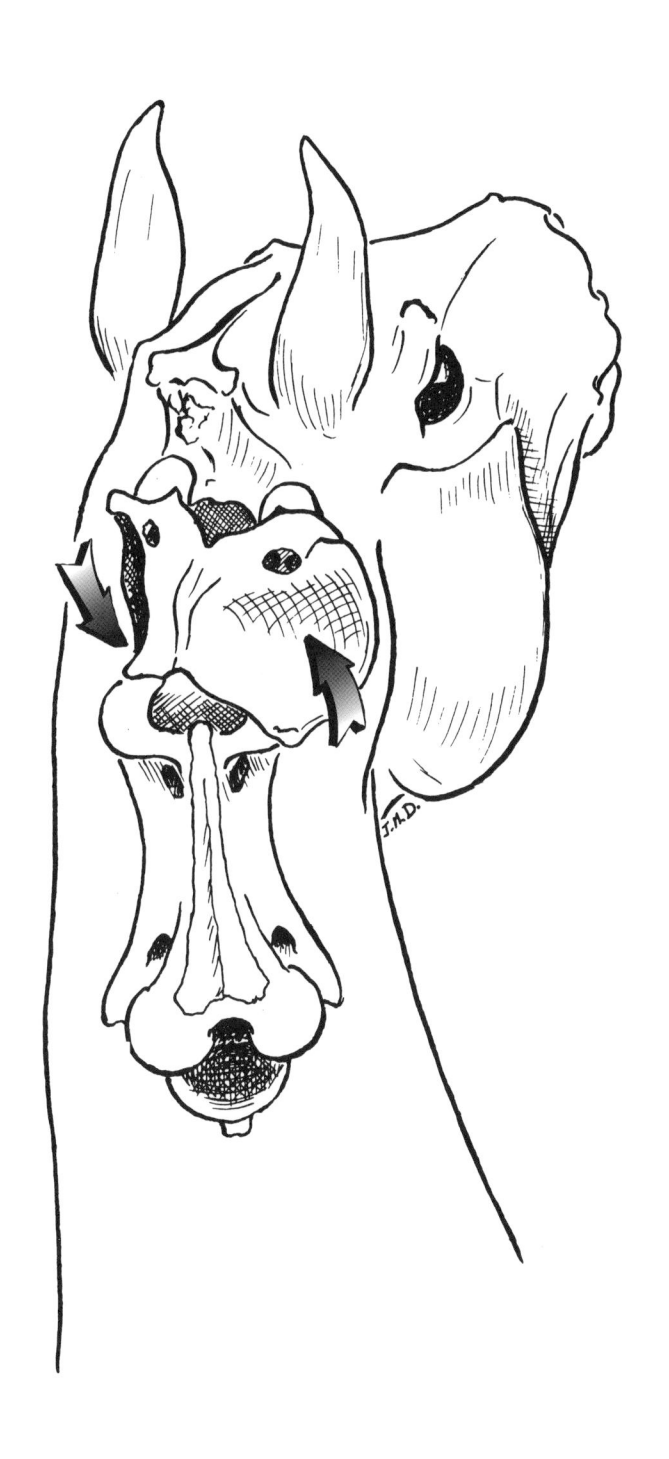

解剖学と基礎的生体力学の概念　41

図18　頚・頭接合部における回旋と側屈を伴う動き

2.2 関与する筋群

頚の側屈（**図19**）は、斜角筋、胸骨頭筋などの頚部腹側の筋群と、頚部背側の筋群の大部分が関節において片側性に短縮することによって行われる。斜角筋や頚部背側の筋群が最高に伸展した時には、それらの筋の停止部が反対方向の回旋をしていることがはっきりとわかる。特に棘突起は頚部を円く弯曲させるのに貢献している。回旋は、また、頚部多裂筋のような特殊な筋にも助けられている。

項部の回旋や側屈は、前頭斜筋、後頭斜筋および背頭直筋の短縮性収縮で行われる。また、頚長筋、板状筋、半棘筋、上腕頭筋もこの動きを助けている。

(b) 胸－腰椎

1. 生理学

頚椎と胸－腰椎の間の柔軟性にはいくつかの障害がある。最初から頚の位置の影響を無視して、胸－腰ブリッジの全般的な役割を評価してはいけない。椎間関節の力学については、次の1.2節で考える。

1.1 胸－腰ブリッジ

屈曲と伸展

この節で述べられている内容は、新鮮な死体を解剖して得られた研究結果である。筋の働きはゴム紐を用いて再現された（**図20**）。

屈曲（**図21**）————————————

恥骨と胸骨の間にある腹直筋を緊張させると、ブリッジ部の可動性に大きく関わる2つの解剖学的特徴があることがわかった：

1. **腰仙蝶番関節**：この関節はL5とS1との間にあるが、個体ごとに、L6の形態の違い、L5とL6、およびL6とS1間のスペースの違いなどによって変異がある。さらに、棘上靱帯、棘間靱帯の弾力が大きいほど、また最後の椎間円板が厚いほど可動性は大きくなっている。

2. **胸－腰接合部**：T5～L5の間では、椎骨間の可動性がT17～L2の部分で最も大きいことがX線像より明らかとなった。

伸展（**図21**）————————————

脊柱起立筋群の動きを再現した結果から、伸展における自由度が最も大きいのは腰仙蝶番関節であることが確認された。これは互いの棘突起が離れようと動くことで可能になっている。胸から腰にかけての範囲内で自由度が最も大きいのは胸－腰接合部である。

頚を下げる（頚－胸屈曲）（**図22**）————

頚椎を水平にしようとするこの動きは、必然的に胸椎部の屈曲を伴う。それは第1胸椎棘突起上の項靱帯が引っ張るために起こることで、この時、棘突起の間が離れ、椎弓はたわむ。

頚部と胸－腰部の屈曲（**図20、22**）————

頚を下げる際には、胸骨と恥骨の間が緊張すると同時に棘上靱帯も緊張状態におかれるので、相対的に腰部の動きが悪くなることがわかる。しかし、この胸－腰部の屈曲によるプレッシャーがかかっても、腰仙関節の可動性は保たれていることは注目に値する。

胸椎部の動きは脊柱の他の部分にも影響を与える。しかし、胸－腰接合部は胸骨から恥骨にかけての領域が緊張しない限り、影響を受けない。

これまで、馬の脊椎に関するいくつかの生体

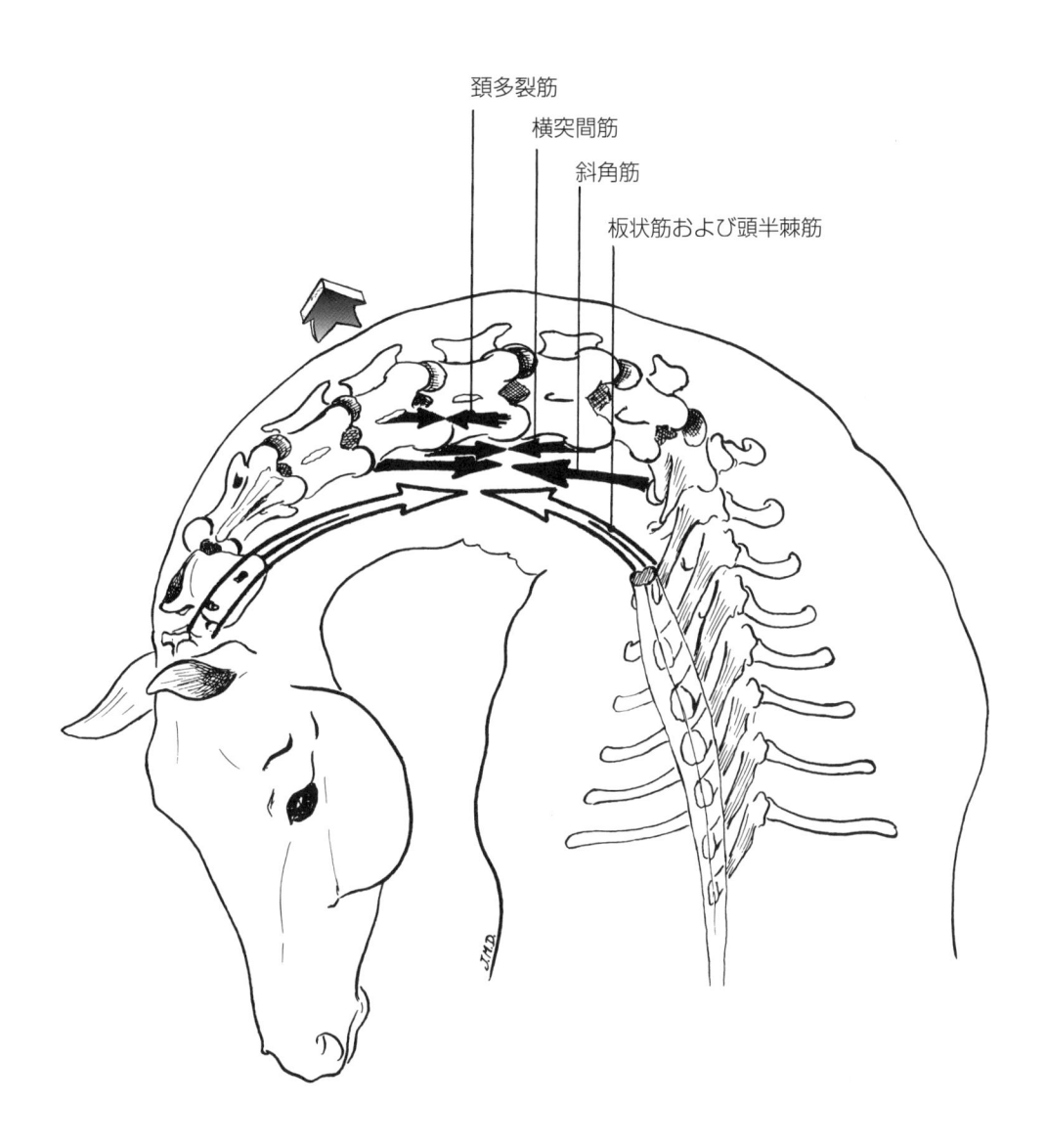

解剖学と基礎的生体力学の概念　43

頚多裂筋
横突間筋
斜角筋
板状筋および頭半棘筋

図19　頚部の側屈

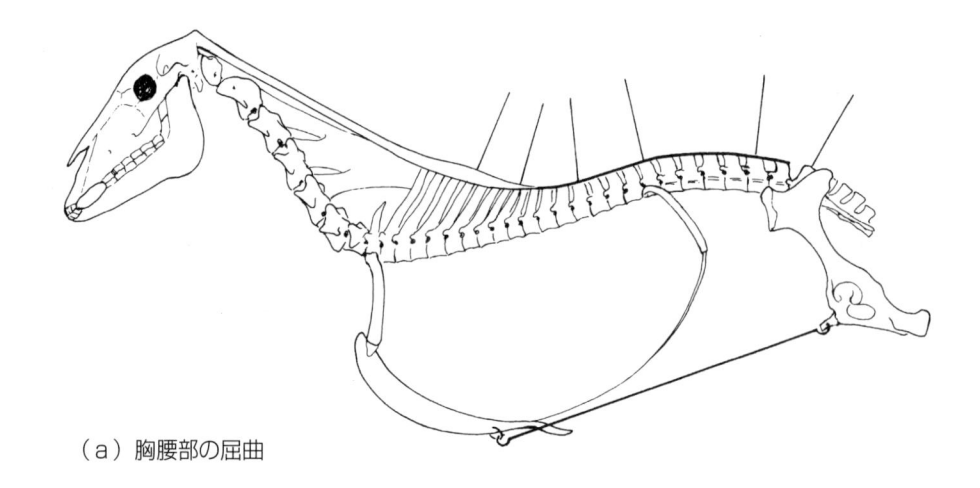

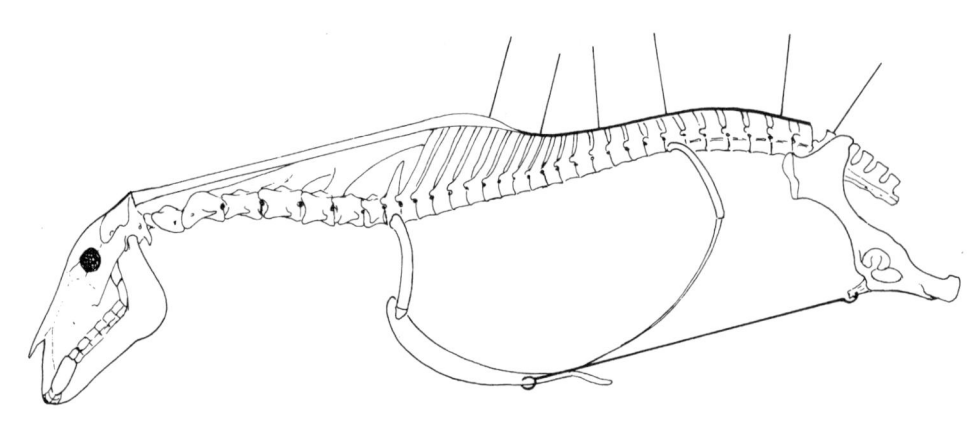

44　解剖学と基礎的生体力学の概念

（a）胸腰部の屈曲

（b）頚部および胸腰部の屈曲

（c）頚部および胸腰部の伸展

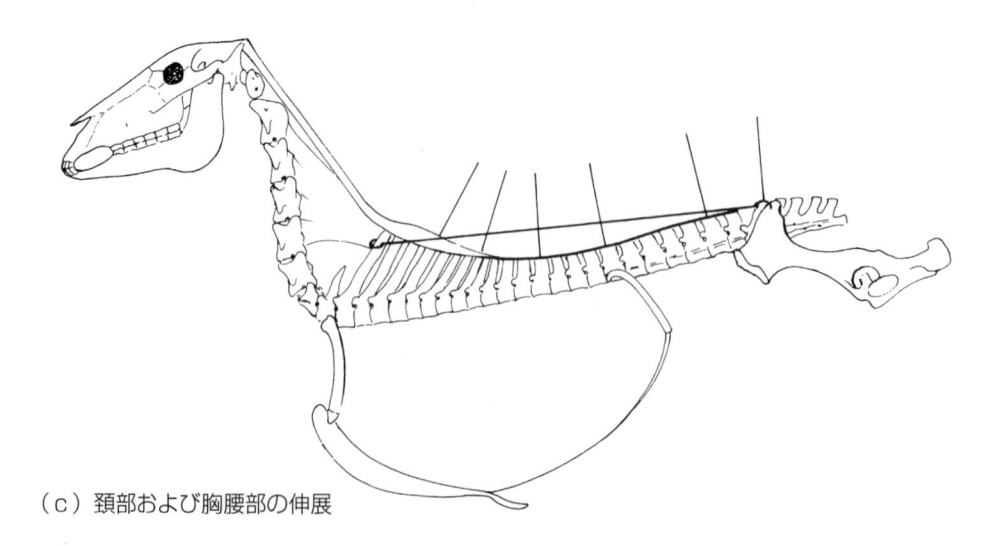

図20　ゴム紐を用いて行われた屈曲、伸展の再現

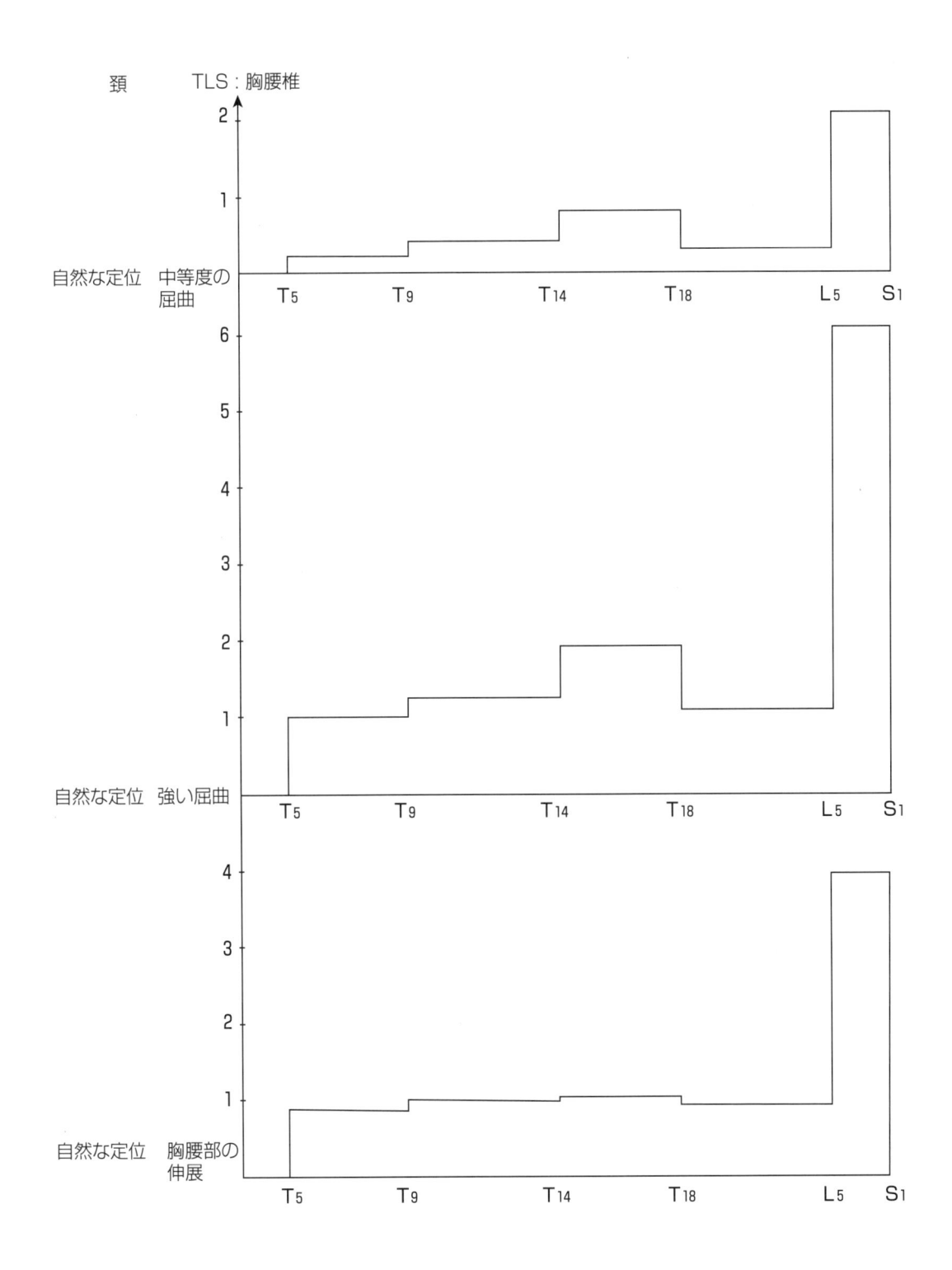

図21 胸－腰椎部の可動性。各部における椎間スペースの背－腹運動時の中央値

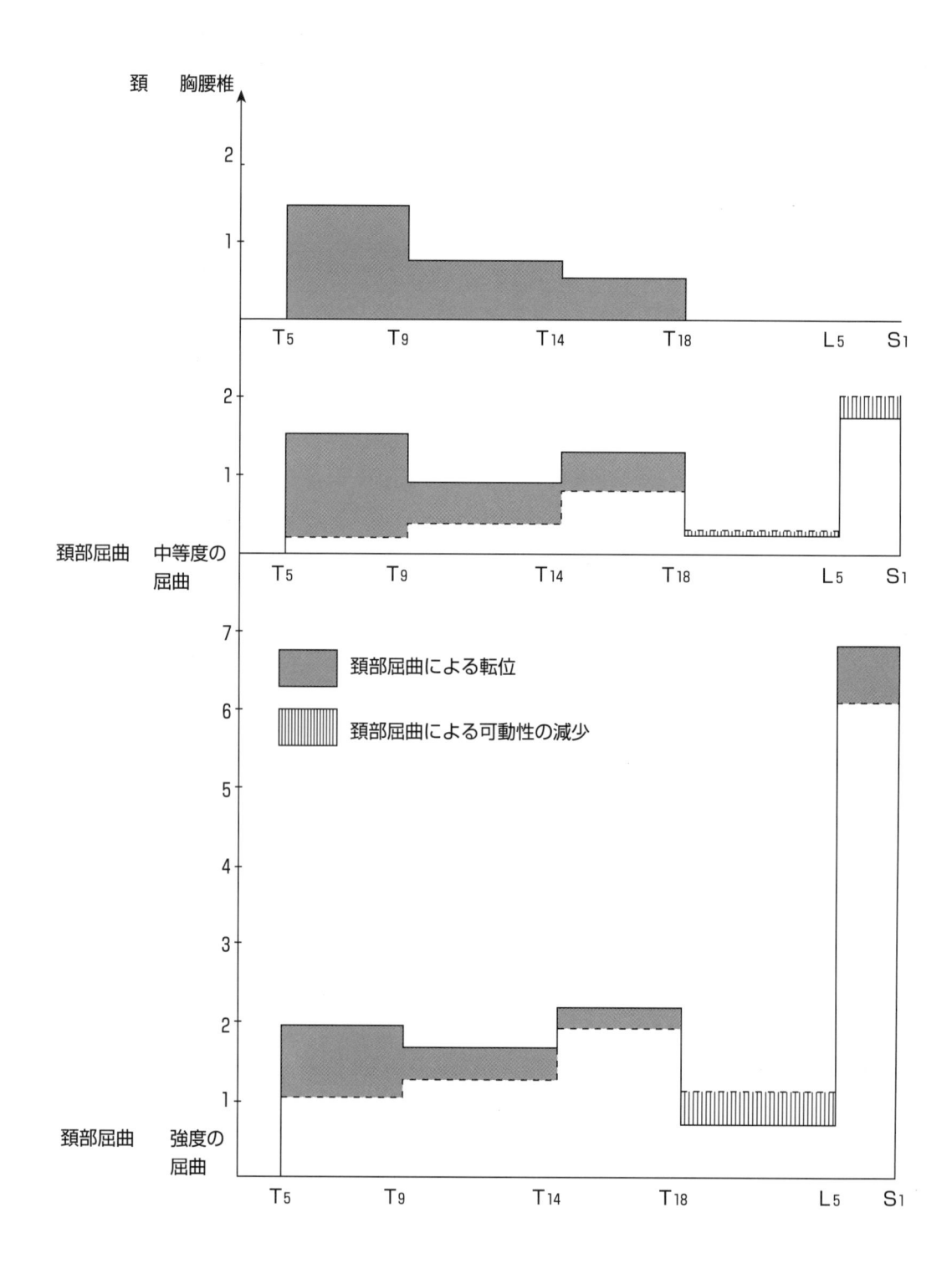

図22 頚を下げた時の胸－腰椎部の可動性。各部における椎間スペースの背－腹運動時の中央値

力学特徴を強調した。頚を下げる動作に伴って起こる主な結果は、次のようなことである：

1. 胸椎棘突起の間が離れるように動くこと。
2. 項靭帯が前方に引っ張られることで、棘上靭帯が緊張し、その結果腰部の動きが悪くなる。動きが悪くなると、腹筋群の役割が増すと共に、腰仙関節や寛骨大腿骨(股)関節の働きで補う必要が生じる。

腰仙関節の動きには、多くの場合、近くにある仙腸関節の細かい屈曲や伸展も関与していて、同じ筋群によって支配されていることも触れておく必要がある。

側屈と回旋

脊柱の側屈と回旋に関する定量的な研究は、唯一タウンセンドとリーチ(1983)よるものである。彼らによれば(**図23**)、これらの運動の可動範囲が最も広いのは胸椎の下位半分、多分T9〜T14の間の部分とされている。

1.2　胸-腰椎間関節の力学

今日までの研究では、正中面で起こるすべての動きについて、瞬時回旋中心(ICR：instantaneous centres of rotation)を決定することに重点が置かれてきた(Denoix, 1986)。側屈と回旋は常に組み合わさって起こる動きなので、これらの動きに関して特定のICRを決定するのは大変難しい。屈曲や回旋の際、特定の胸椎や腰椎のICR－正中面内でその点の周りを動く－は、ほとんどの場合、次の椎体の中にある(**図24、25**)。このことはその動きに付随して起こる椎骨や椎間関節のさまざまな部分の動きの性質に影響を与える(**図26**)。

屈曲の動きは次に挙げるような広範な結果を伴うが、これらの結果は次の椎骨が支点として働くことからくると考えられる：

1. 椎体が腹側へずれて、椎間円板は引きはがすような力を受ける。腹側縦靭帯は緩んでいるが、その線維はさまざまな停止部で斜めになる。
2. 椎弓の部分では、棘突起の間が広がり、棘上靭帯は緊張する。棘間靭帯はその線維の方向がICRに対して放射状に伸びているために比較的緊張は少ない。背側滑膜性関節は、その関節面の向いている方向とICRの位置によって、互いに離れる方向にずれる。
3. 椎体と椎弓の間にある椎間孔は広がる傾向にある。

伸展に際しては、前述の屈曲の時とは明らかに逆の運動が起こる：

1. 椎体は次の椎体に対して上にせり上がり、椎間円板には引きはがすような力が逆方向に働く。
2. 腹側縦靭帯は引っ張られ、棘上靭帯は緩む。背側滑膜性関節の関節面は互いに整列するように動く。
3. 椎間孔は狭くなる。

腰仙関節の椎間スペースについては(**図27**)、屈曲や伸展に伴うICRが椎間円板に近いところにあるが、同じことが人でも起こっている(Gonon *et al.*)。結果として、S1に対するL6の背腹運動の余地は少なく、また椎間円板に働く引きはがすような力は、引っ張る力や圧しつける力に置き換わる傾向がある。この部分の円板

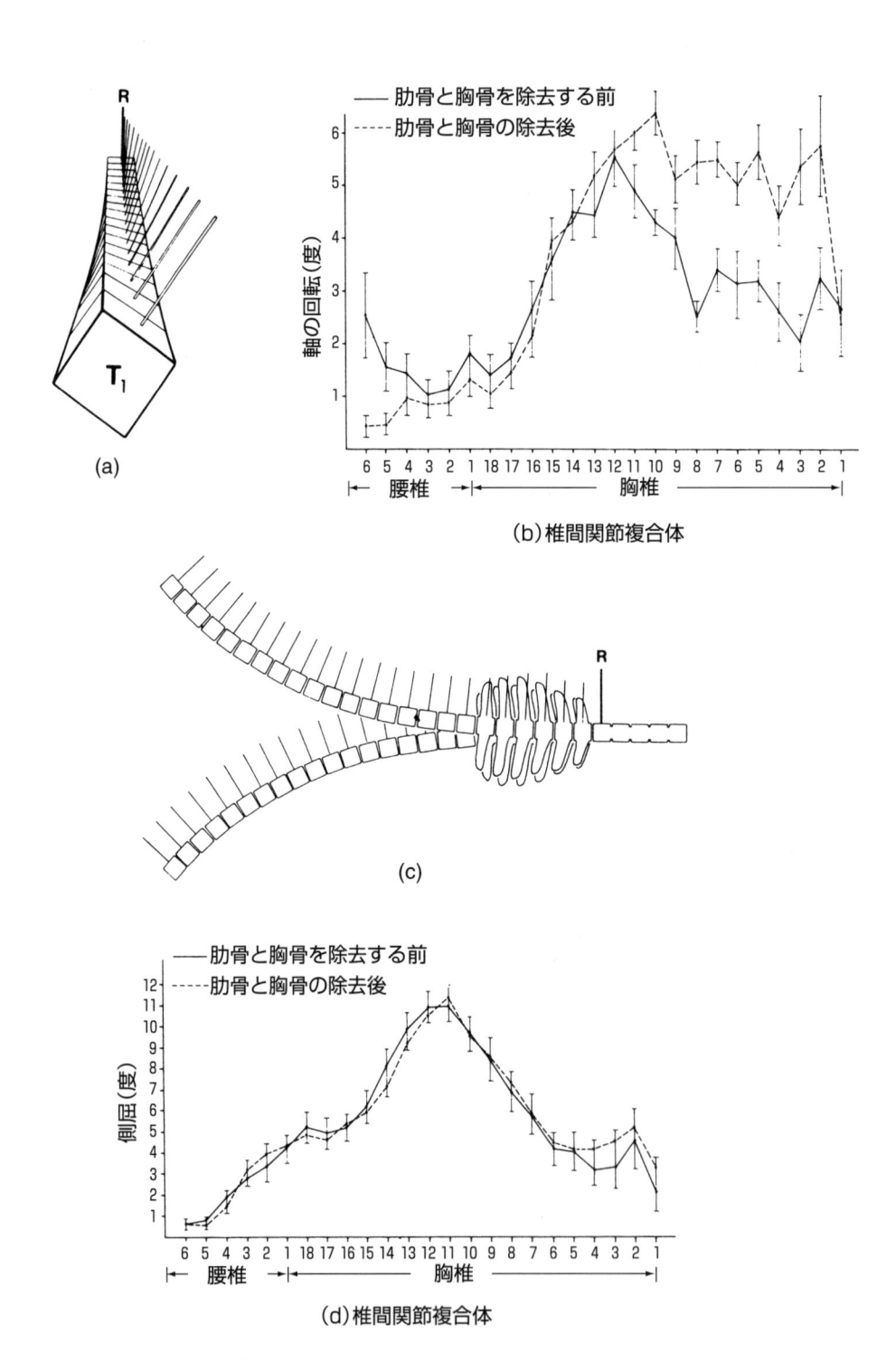

48　解剖学と基礎的生体力学の概念

(a)

(b) 椎間関節複合体
― 肋骨と胸骨を除去する前
---- 肋骨と胸骨の除去後
軸の回転（度）

(c)

(d) 椎間関節複合体
― 肋骨と胸骨を除去する前
---- 肋骨と胸骨の除去後
側屈（度）

図23　胸－腰椎部の椎間スペース内における回旋および側屈運動の幅
（Townsend, Leach and Fretz, 1983による）

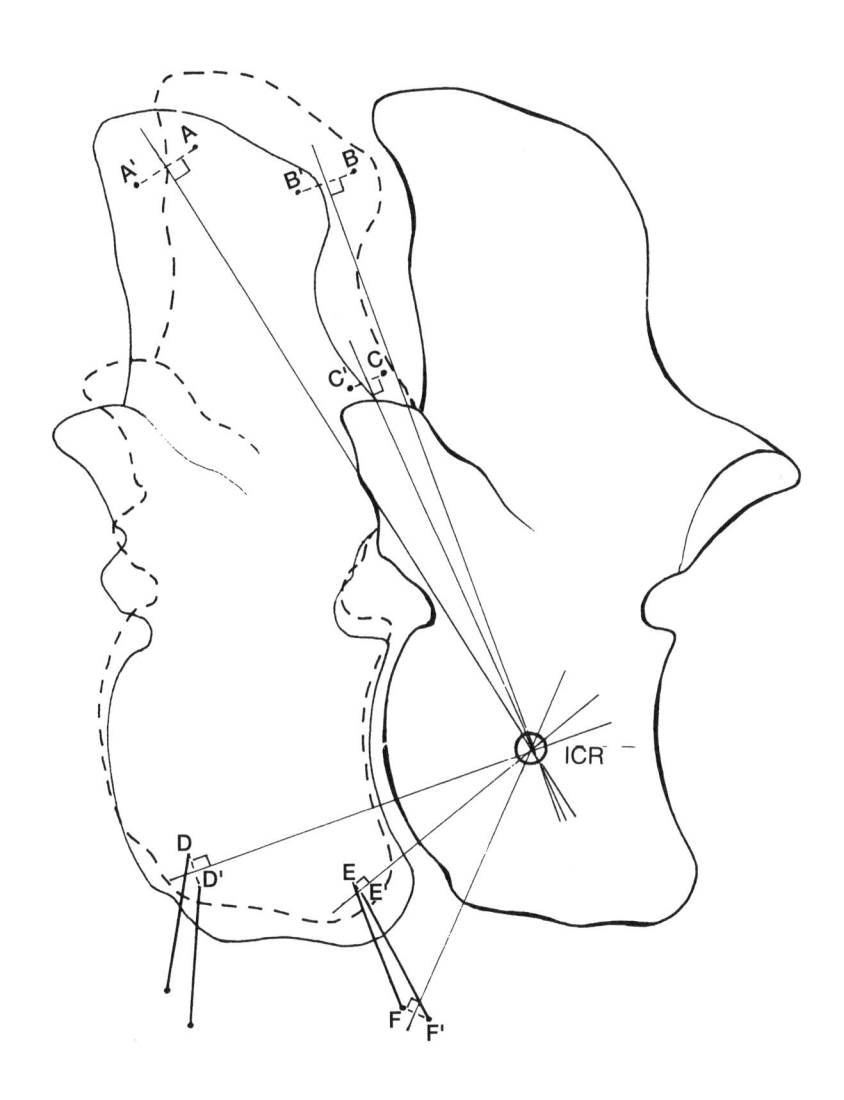

解剖学と基礎的生体力学の概念　49

図24　椎間スペース内における椎骨の背－腹運動のICRを作図によって求める方法

50　解剖学と基礎的生体力学の概念

- ⊙ 伸展
- ⦀ 胸腰部の屈曲
- ⊜ 頸部屈曲
- ⦸ 頸部および胸腰部の屈曲

図25　T17とT18の間の椎間スペース
椎骨の背－腹運動のICR

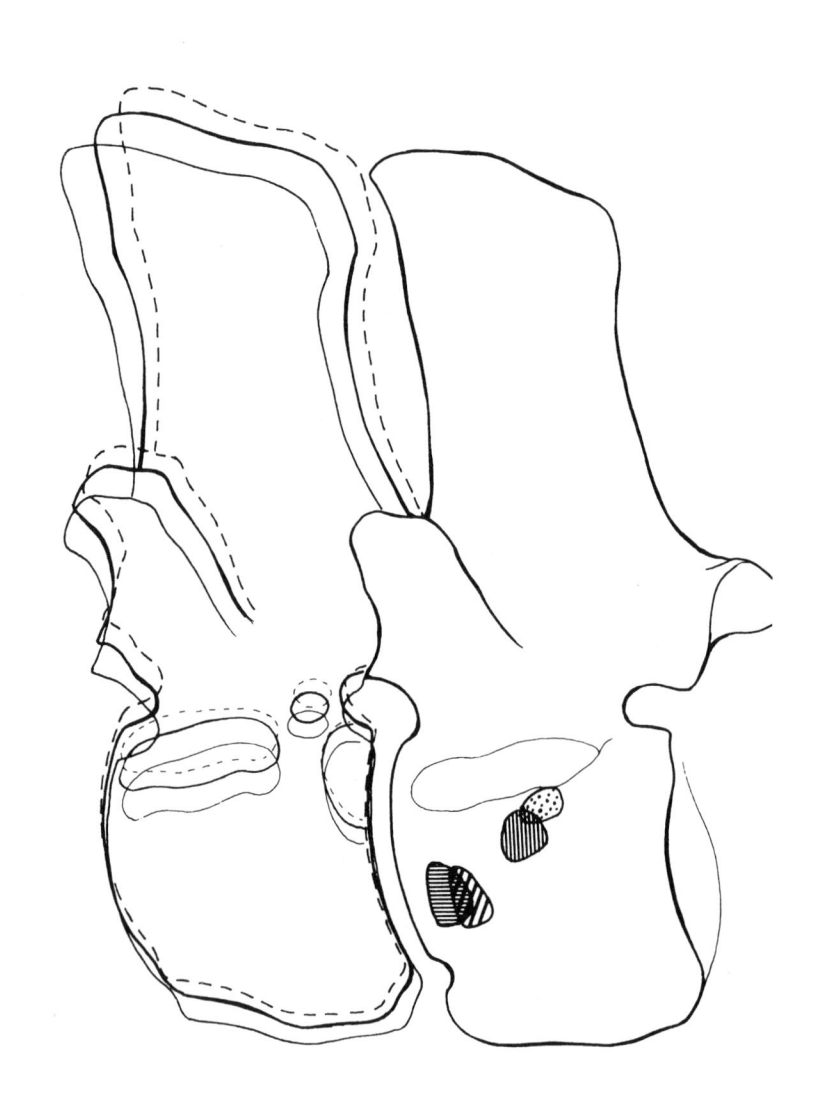

解剖学と基礎的生体力学の概念　51

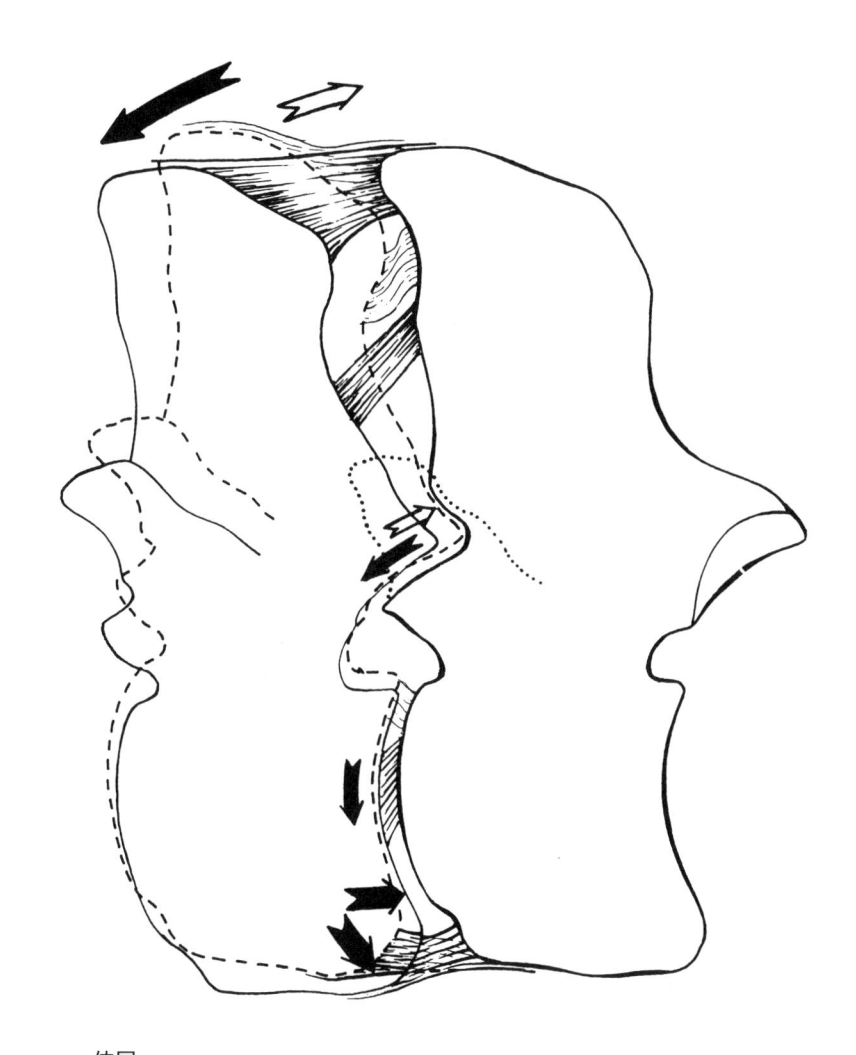

－－－ 伸展

――― 屈曲

図26　背－腹屈曲および回旋をした時の椎間スペース内での動き

52　解剖学と基礎的生体力学の概念

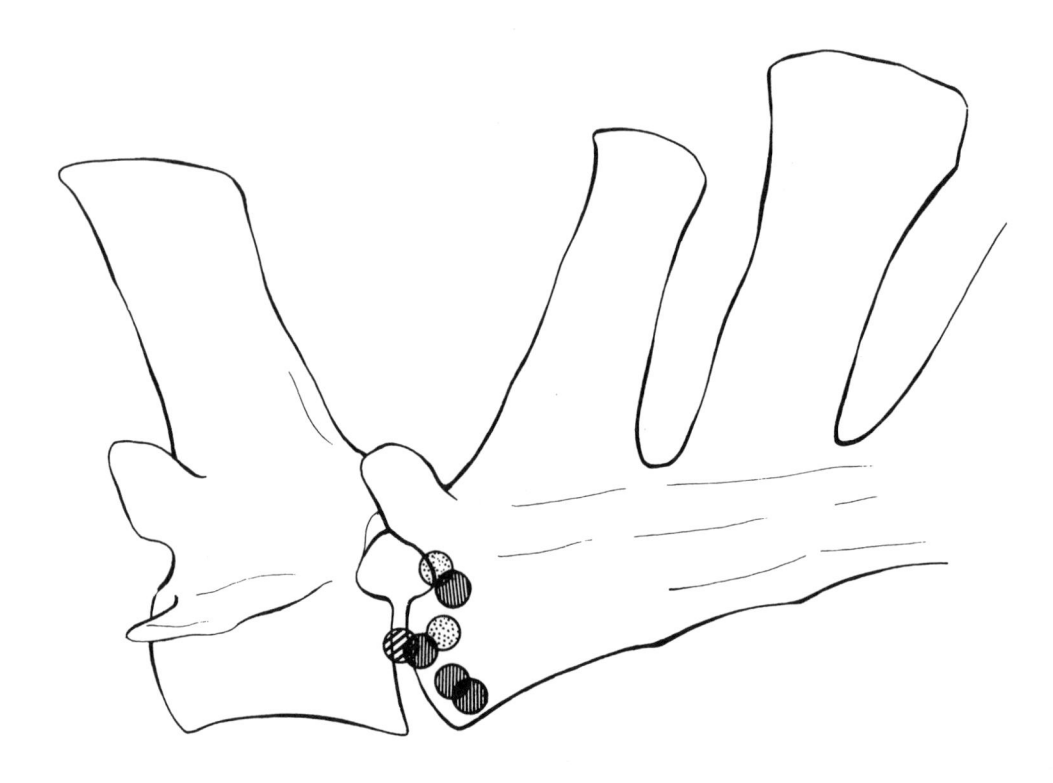

◯ 伸展

◯ 胸腰部屈曲

◯ 頚部および胸腰部の屈曲

図27　腰仙関節の働き
椎体の背－腹運動におけるICR

が厚い最大の理由は、このような機能上の役割と関連があると思われる。

2. 関与する筋群

2.1 屈曲(図28)
胸－腰椎部の屈筋群は、その位置、停止部、作用などから、以下のグループに分けることができる：

1. 腹壁の筋(直筋および内斜筋)：停止部が胸骨から恥骨までの間にある。肋骨に停止しているので、胸－腰椎部全域の屈曲に関与するが、特にT7～L2間の蝶番関節および腰仙関節における屈筋として働く。
2. 腰下部の筋(大、小腰筋)：T16および第17肋骨より頭方には達していないので、本来腰仙関節の屈筋である。

2.2 伸展(図29)
伸筋群も同様に、その位置、機能によって分けることができる：

1. 脊柱起立筋群(特に最長筋および棘筋)：停止部が広い範囲にあり、多裂筋と共に、全域の伸展に関与する。脊柱起立筋はまた腰仙関節の伸筋でもある。
2. 腰仙関節はまた強力な中殿筋の働きにも助けられている。この筋は頭方で胸腰筋膜に停止するので、その収縮は骨盤を脊柱軸に近づける(組み込む)働きがある。

2.3 側屈(図30)
側屈は主として脊柱起立筋群の中の腸肋筋、最長筋および腹斜筋によって行われる。腰部が内側に曲がる可能性はほとんどないので、腰筋や方形筋の貢献度はごく小さい。

2.4 回旋(図31)
回旋と側屈の動きは常に組合わされて起こるので、前述のすべての筋は脊柱の回旋筋でもある。

胸腰部をねじるのに使われるのは主として多裂筋と腹斜筋である。したがって、同側にある内、外腹斜筋が側屈の時は共力的に、回旋の時は拮抗的に働くことは注目に値する。回旋の時には、一側の内腹斜筋が外腹斜筋および対側の多裂筋と同じ方向に動く。

5 ● 共力作用

(a) 筋連鎖の概要(図32)
骨格上に筋による張力が働くと、そこに一連の痕跡が残り、その中に固定点が発達してくる。脊椎の棘突起や横突起の発達がその過程をよく表している。これらの突起(テコ)は、脊柱軸の背腹に沿って延びている筋連鎖の中継装置として働く。

1. 背側の筋連鎖
1.1 構成要素
1. 頚部背側の筋群：頚の挙上に関与し、頚胸部蝶番関節の伸筋である。
2. 脊柱起立筋および多裂筋：これらの筋は胸－腰椎の伸筋でもある。
3. 殿筋および大腿後部筋群：腰部の伸筋である。

1.2 固定点
脊柱に関するこの強力な筋連鎖は、き甲部に

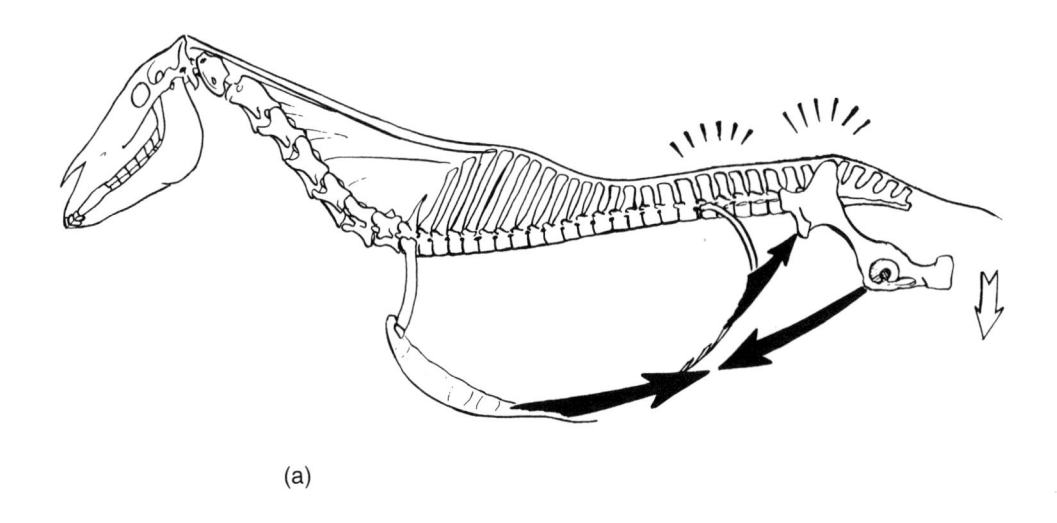

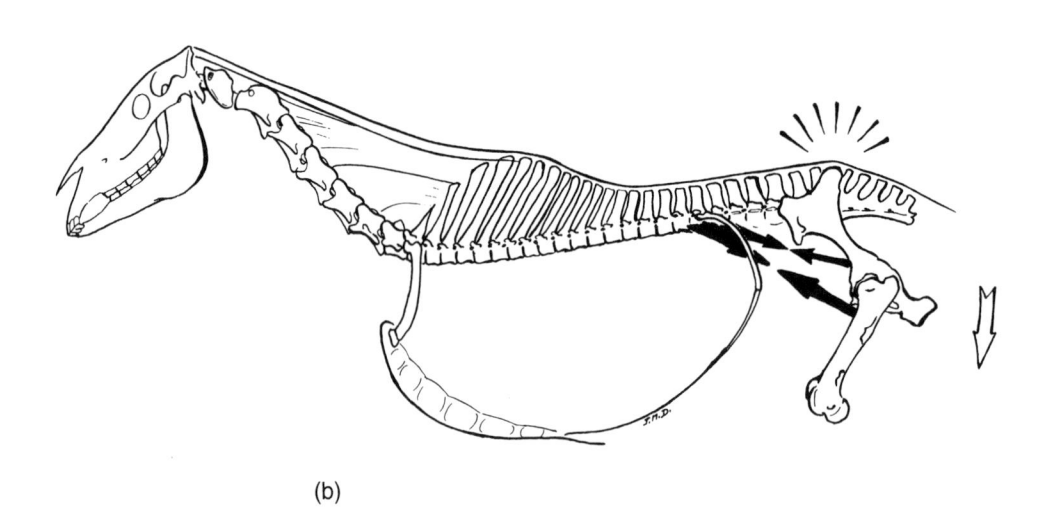

54 　解剖学と基礎的生体力学の概念

図28　脊柱の屈筋　(a) 胸－腰部および腰仙部の屈曲；腹直筋と内腹斜筋の短縮性収縮
　　　　　　　　　　(b) 腰仙部の屈曲；大腰筋と小腰筋の短縮性収縮

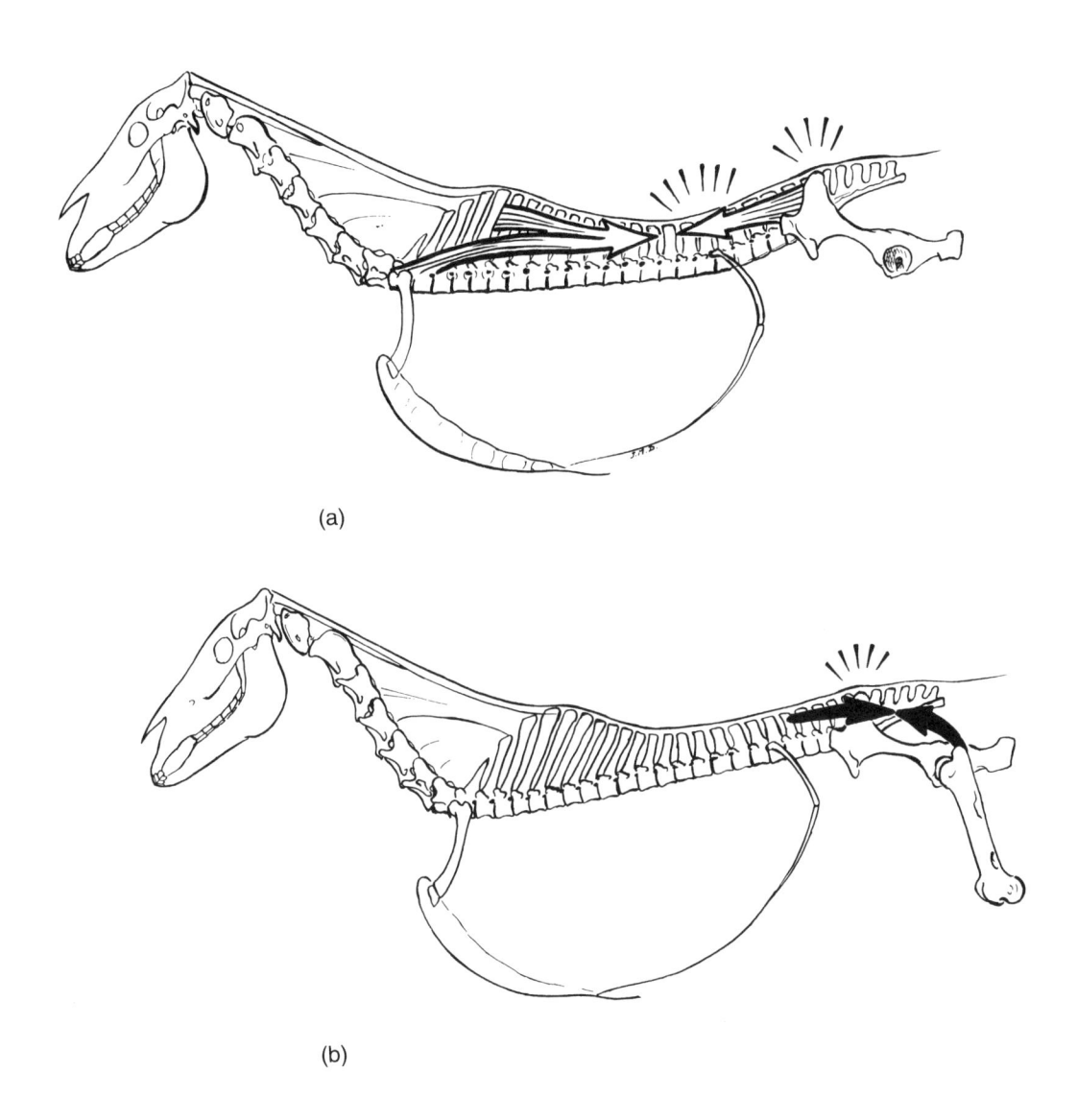

図29 脊柱の伸展に関与する筋群 (a) 胸－腰部および腰仙部の伸展：脊柱起立筋の最長筋と棘筋
(b) 腰仙部の伸展：中殿筋

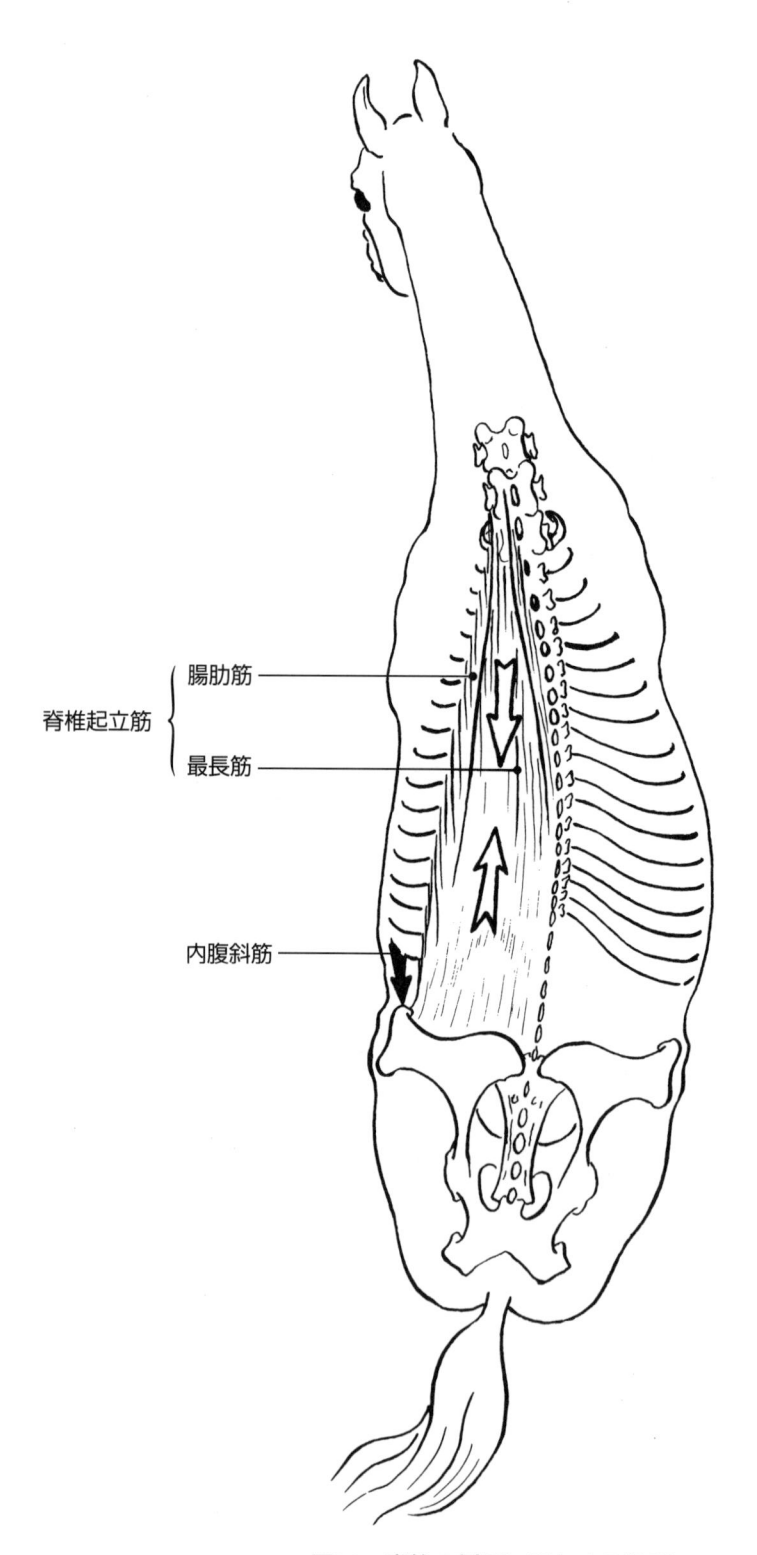

56　解剖学と基礎的生体力学の概念

脊椎起立筋 { 腸肋筋
　　　　　　最長筋

内腹斜筋

図30　脊柱の側屈に関与する筋群

骨盤

胸郭壁

内腹斜筋

外腹斜筋

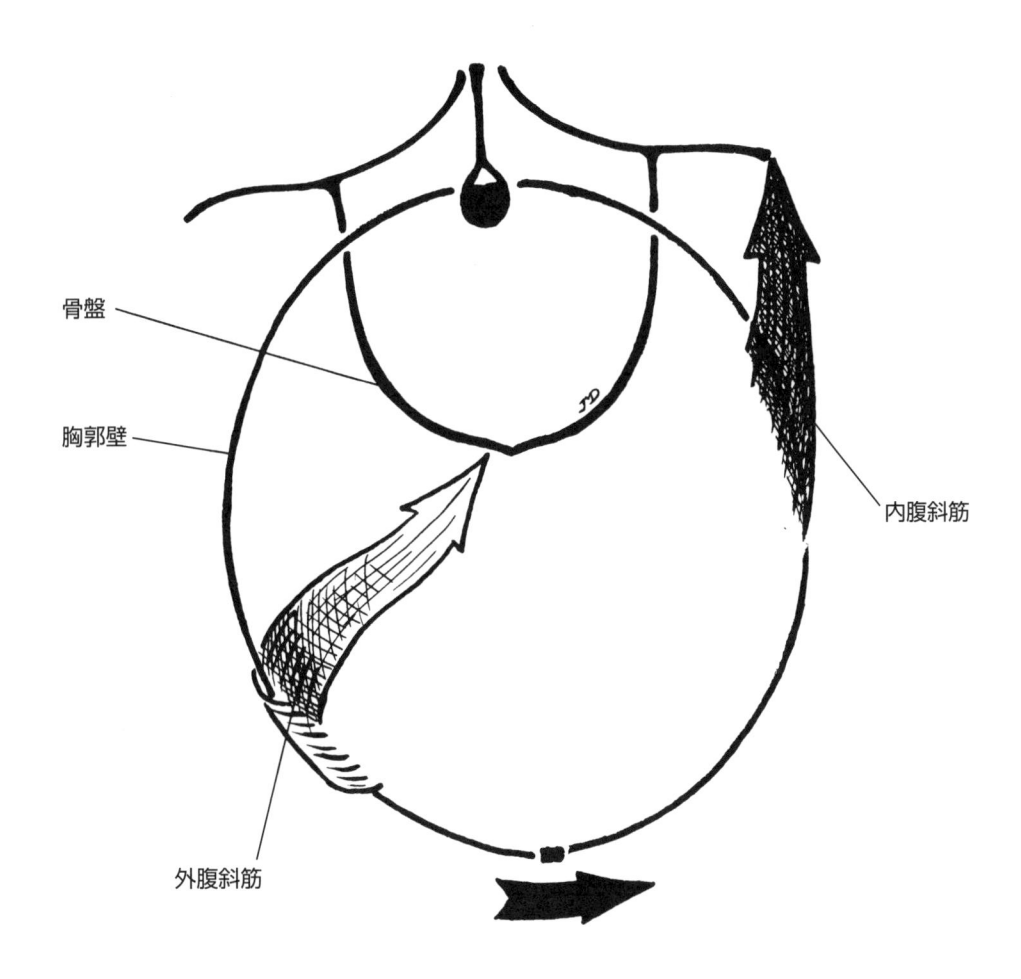

図31　回旋に対する腹斜筋の働き

背側筋連鎖

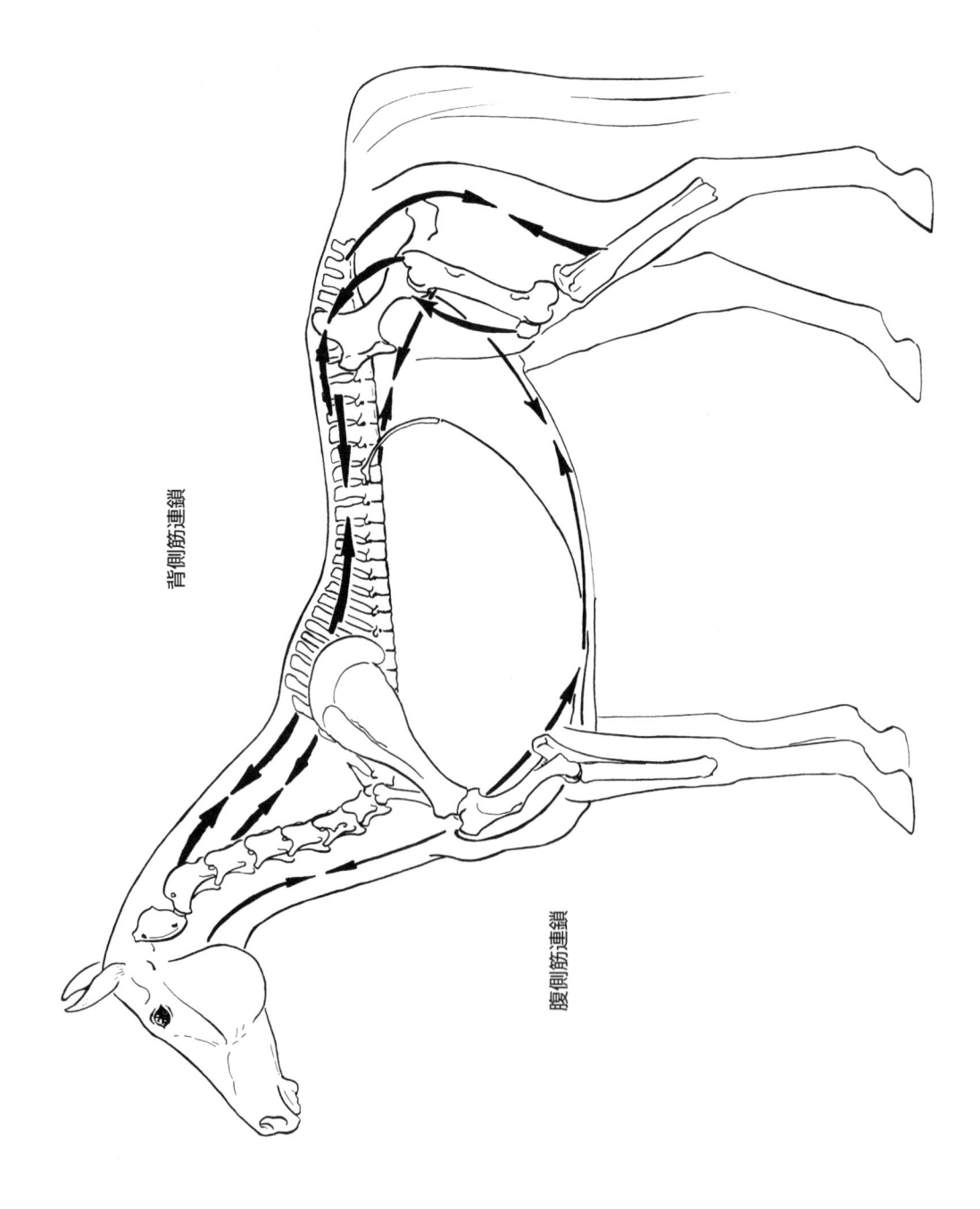

腹側筋連鎖

図32 筋連鎖

ある3本の長い棘突起に集まり、そこが頸胸関節のためのしっかりした固定点となる。後方には骨盤に2番目の固定点がある。骨盤は脊柱筋連鎖と坐骨－脛骨（あるいは、大腿後部）筋連鎖とがそこで連続することを可能にしている。この2番目の固定点の範囲は、大腿後部筋群の停止部にまで広がっている。

1.3 作用

このように2つの筋連鎖が連続していることが、前進、跳躍、飛越などのような運動をする際に重要な意味を持つ。これらの運動をする時に、筋連鎖のさまざまな部分が共力する。筋連鎖の膝後部からは骨盤を引っ張り、骨盤部からは頸胸固定点を引っ張って前肢を上げさせる。

馬の行動面からみると、これらの筋群が緊張している時は、馬が警戒しているか、あるいは不安な状態にあることを示す。心理的な問題、葛藤、命令への反抗、不服従などはこの部分に現れる。また、その馬がずさんな調教を受けてきたという証拠もこの筋群に現れる。

2. 腹側の筋連鎖

2.1 構成要素

1. 頸部腹側の筋－頸の屈筋
2. 腹部の筋－胸腰椎部、腰仙関節、股関節などの屈筋群
3. 大腿前部筋群－殿部の屈筋

2.2 固定点

腹部の筋連鎖は層をなしたいくつかの筋群が交叉してできている；肋骨－剣状突起、恥骨、鼠径の各固定点の間をつないでいる。頸部の筋連鎖は頭部固定点と胸骨－肋骨固定点との間をつないでいる。

2.3 作用

腹部と頸部の筋連鎖は胸部の中継装置に集まり、そこで共力関係を作る。もう一度図32を参照のこと。背側および腹側の筋連鎖を、それぞれトップライン、ボトムラインと表現するのが便利である。ボトムラインは前肢を上げることを含め、あらゆる活動に際してトップラインを補佐する。ボトムラインは脊柱起立筋の伸展を助けながら、背側筋連鎖と坐骨－脛骨筋連鎖がそこから前肢を動かす時の『床』としての働きをする。このような筋の共力作用は、活動の際の屈曲運動についてばかりでなく、脊柱の支持の面でも非常に重要である。腹側の筋連鎖が効率よく機能するためには、背側の筋連鎖はリラックスしている必要があるため、トレーナーは訓練中、腹部帯（abdominal girdle）を形成している腹筋群によく注意を払う必要がある。頸部の筋連鎖は腹部の筋連鎖と共力して働く。ハミを受けて踏み込んでいる馬は、緊張していると、そのプレッシャーにより腰の屈曲を強めることとなる。

このような生体力学的な結果をもたらす訓練は、脊柱の伸張を含めたオーバーワークを補償するという意味で特に大切だと思われる。また、若い馬には性急に頸をまっすぐ上げさせない方が良い。競技中あるいは調教中の前肢の軽快な動きはボトムラインを緊張させて尻を下げさせることから得られるもので、たんに頸－胸のカーブを強めて頸を上げさせるだけではない。そのようなことをすると、通常は拮抗的ではあっても補足的に働いている2つの筋群（腹側筋連鎖の頸部筋群と腹部筋群）の働きが全く反対になるために、歩様が不自然になったり、運

動そのものに問題が生ずる可能性がある。

3. 平衡
平衡点がトップ／ボトム(伸筋／屈筋)群の間にあることは、馬術のあらゆる場面で最も大切である。それは腹部の筋トーヌスが正しく保たれて初めて得られる。馬がリラックスし、自信を持つようになって初めて、満足できる運動も、適切な筋を発達させることも可能となる。背側の筋連鎖が優勢であると、それがトップラインをロックしたり、動作の幅を狭めたりする。

3.1 病理
バスケット[1]が言っているように、障害が繰り返し起きるのは多分筋連鎖に原因があると思われる。筋連鎖を構成している1つ1つの輪が「ヒューズ」の働きをしていて、回路に過度のプレッシャーがかかるとそのヒューズが飛ぶ可能性がある。身体が健全な時には、動作は平衡を保ちながら、少ない努力で、気持ち良く、という原則に沿うように行われる。それは筋連鎖においても例外ではなく、機能的に一体化されている。生体力学的な不調はこの統一体を乱して、筋連鎖内、あるいはその近くに筋-筋膜結合関連の障害をもたらす。

3.2 筋-筋膜のレベル
2つの腱膜性の層が背側と腹側に延びていて、筋連鎖を構成している筋群をそれぞれの正しい位置に保持している。この膜は縦、横、斜めに交叉した線維で織り上げられている。
1. 背側の層は背側筋連鎖を包んでいて、胸腹鋸筋の力でぴんと張られている。この層は寛骨大腿骨(股)関節から伸びて頚の基部にまで達している。
2. 腹側の層は腹斜筋の延長のような働きをする。この層は厚い弾力性のある層板(腹膜)で覆われており、内臓や脊柱ブリッジをそれぞれの正しい位置に保持する上で、受動的ではあるが重要な役割を果たしている。

(b) 腹部「室」の概念

「腹筋群なしでは、背中はありえない」

1. 定義
横隔膜の抵抗に抗して腹筋を収縮させると腹-骨盤腔に圧力を生じる；これが事実上、腹部圧力室を作る。図33に示したように、内臓によって伝えられた圧力は室内を循環して、背中で発生した力に対抗している。この作用は、さらに、腹壁の筋群が椎間関節を支える支柱になるという素晴らしい方法によって補強されている。この支柱の効果は筋群のトーヌスの状態によって左右される。

このように脊柱と体幹の筋群とは一緒になって解剖学的「背すじ」あるいは「梁」を形成している。この背すじの方向は中性である。中性とは、すなわち、その軸が最も抵抗の少ない線に従って決まるということで、もし屈曲や伸展に関わる筋群が平衡状態にあれば、その軸は脊柱の軸と一致する。

2. 応用
人の医療においては、腹壁が腰椎を支えているという基本的で重要な働きについてしばし

注1) L.Busquet. *Traite d'osteopathie myotensive*. Tome 1, les chaines musculaires du tronc et de la colonne cervicale. Maloine.

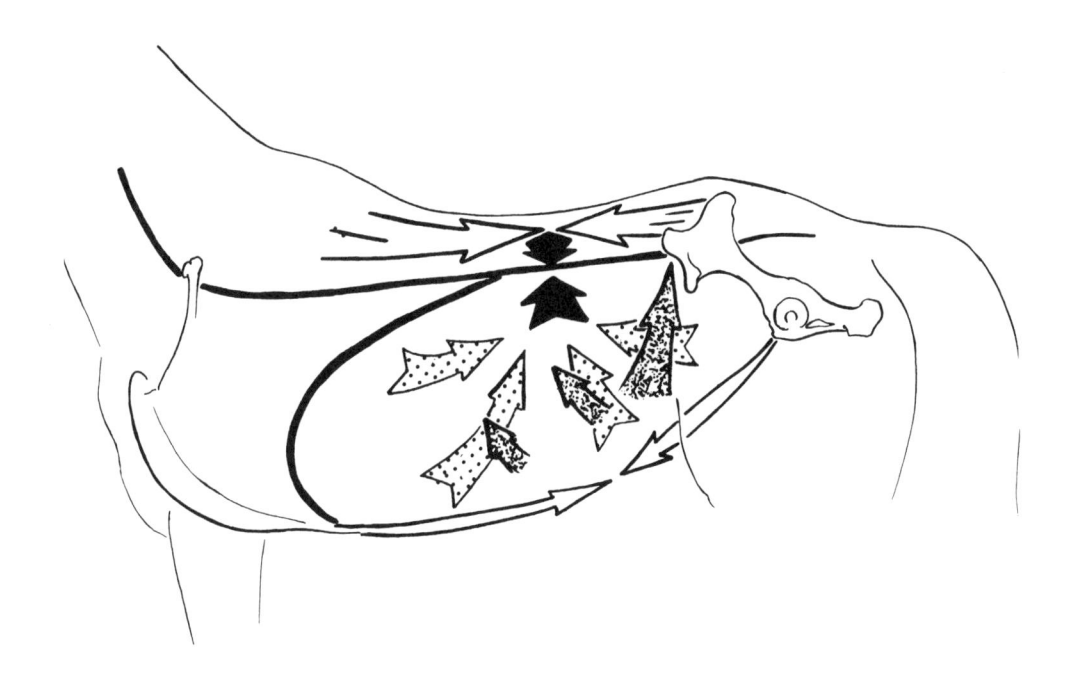

図33　腹腔：脊柱に対する圧力を分散させ均等化する

強調されてきた。大部分の腰痛には、この「帯」を構成している筋が関与している。馬の場合は、妊娠（重力）や騎乗者の体重など、胸－腰ブリッジにかかる垂直方向の力が、多くの筋－腱および骨－関節に関する障害の原因となっている。人の医療と同じように、脊柱の障害に対する治療および予防は、脊柱を支えているさまざまな仕組みを補強することから始める。それには体幹の重さや騎乗者の体重に対する反応を観察すること、正しい姿勢を教えること、運動中の後肢の動きを学ぶことなどが含まれる。

筋連鎖は、腰仙関節および坐骨大腿骨関節の屈曲をコントロールするだけでなく、背中の支持構造と後肢の動きを連結する仕組みにも関与している。この仕組みはトレーニングのプログラムだけでなく、理学療法においても主な焦点になっており、騎乗者もトレーナーも注目すべきことの1つである。

3. 要約

図34は、これまで論じてきた姿勢、運動、治療に関する主なポイントを示している。アンサンブルの鍵は腹側筋連鎖の反応の良さにあり、それは次のようなことを可能にする：

1. 引力に抗した胸腰部の屈曲
2. 伸展に関与する脊柱起立筋に対する平衡をとる；特に、「背すじ」が中性の軸を保つように調整するのに役立ち、胸腰ブリッジを支持することで前駆の動きを自由にする。

項索の緊張

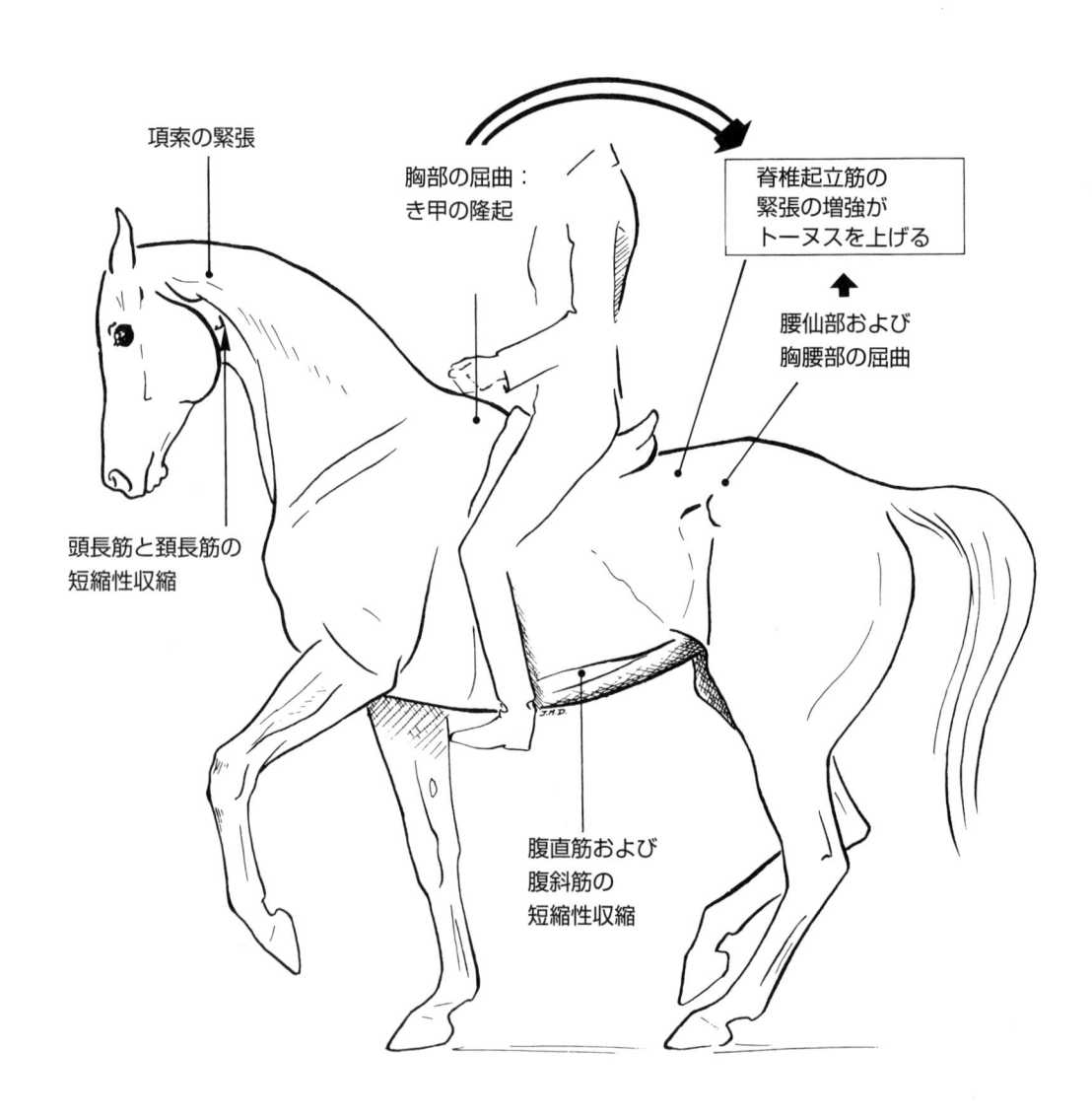

胸部の屈曲：
き甲の隆起

脊椎起立筋の
緊張の増強が
トーヌスを上げる

腰仙部および
胸腰部の屈曲

頭長筋と頚長筋の
短縮性収縮

腹直筋および
腹斜筋の
短縮性収縮

図34　機能のアンサンブル
脊柱のカーブを強めるように筋群が共同して働く

2. 前肢

1 ● 体表からの解剖学

（図35〜37を参照）

2 ● 関節

ウマ科の動物では、肢の関節の動きは屈曲か伸展に限られる。後肢帯と前肢帯にある関節だけが側方への動きや回旋が可能である。

前肢では、肩関節だけが外転および内転（それぞれ、正中面から離れる動き、正中面に近付く動き）ができる；これには2蹄跡上での側方運動も含まれる。肩以外のすべての関節では、回旋や側方への動き、滑る動きなどはもっぱら受動的な運動で、地面の不規則な凹凸からくるショックに対して支持が必要だったり、それを吸収するクッションが必要だったりする時に起こる。その関節がこれらの動きから末梢にあるほど、動きの幅は大きくなる。その肢が持ち上げられていないと、臨床的にはその動きを評価できない。

3 ● 外筋

外筋（extrinsic muscle）とは構成メンバーから離れた部位に停止部を持つ筋のことで、前肢の場合なら、体幹、頚部、頭部などに停止部がある筋のことである。この外筋は重要な2つの働きをする：

1. 両前肢の間、および肩周辺の胸郭を支える。
2. 移動に際して両前肢の動きを協調させる。

(a) 胸郭および前躯の支持

支持は2つの丈夫な筋性のコルセットによって行われ、1つが他のコルセットの上に重なっている（図38）。

1. 鋸筋コルセット：頚腹鋸筋と胸腹鋸筋とでできている。
2. 胸筋コルセット：上行胸筋と鎖骨下筋とでできている。

これらのコルセットの効果は筋の付着力の強さによって決まる（図39）。この筋の付着力によって前肢が体幹に連結されると共に、広範に肩や腕が動くことを可能にしている。付着箇所は2つあって：

1. 背側付着部：僧帽筋、菱形筋、広背筋によって確保されている。
2. 腹側付着部：下行胸筋と横行胸筋によって形成されている。

(b) 運動に際しての前肢の動き

1. 伸出と後引

これらの動作は、複数の筋群の短縮性収縮により行われる（図40）。

伸出とは、馬が自分の体より前の地面に向かって前肢を伸ばす動作のことである。関与する筋群には背側と腹側の2群がある：

1. 背側筋群を構成しているのは、胸部僧帽筋および腹鋸筋の後方束で、肩甲骨の背面を後方へ引く。

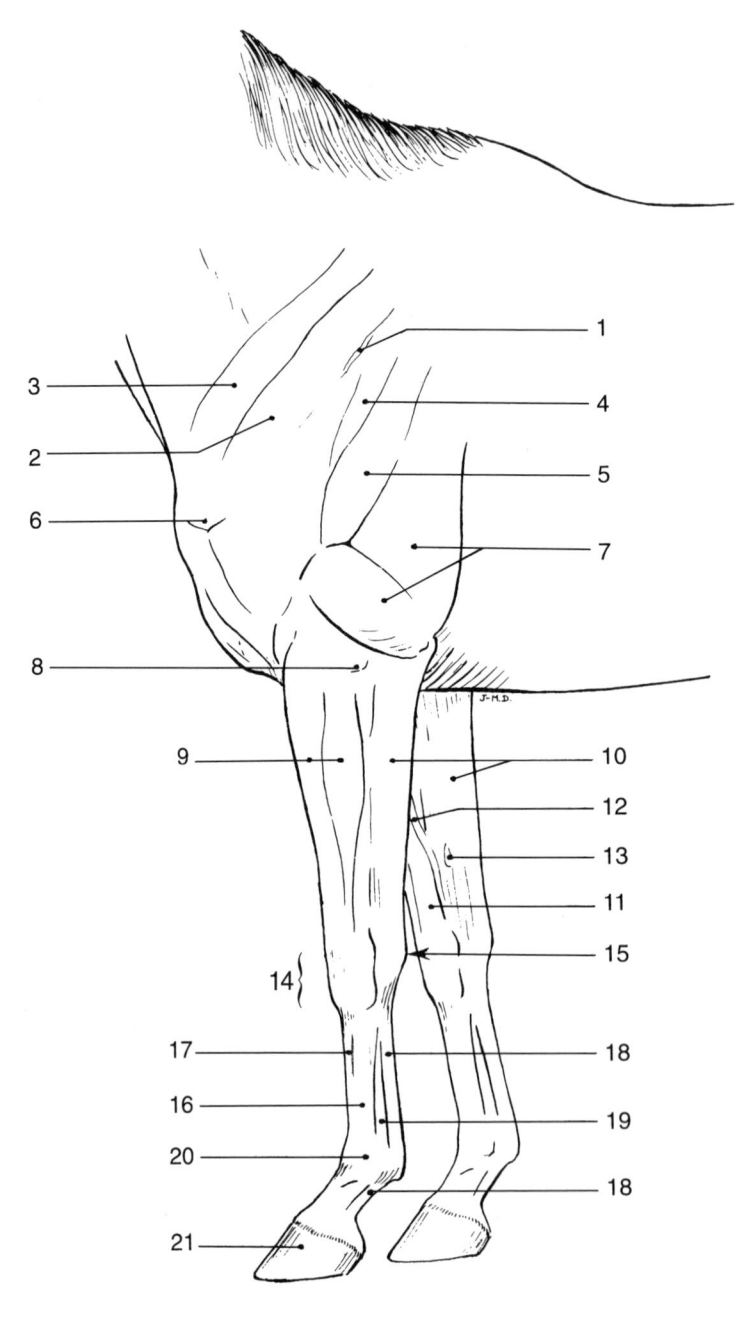

図35 前肢の体表からの解剖学(横から)
1. 肩甲棘 2. 棘上筋 3. 鎖骨下筋 4. 棘下筋 5. 三角筋 6. 肩関節 7. 上腕三頭筋 8. 肘関節 9. 前腕前部筋群 10. 前腕後部筋群 11. 橈骨 12. 橈側皮静脈 13. 夜目 14. 膝関節 15. 副手根骨の隆起 16. 中手骨 17. 指伸筋腱 18. 指屈筋腱 19. 冠関節の提(支持)靭帯(骨間筋) 20. 中手指節関節 21. 蹄骨

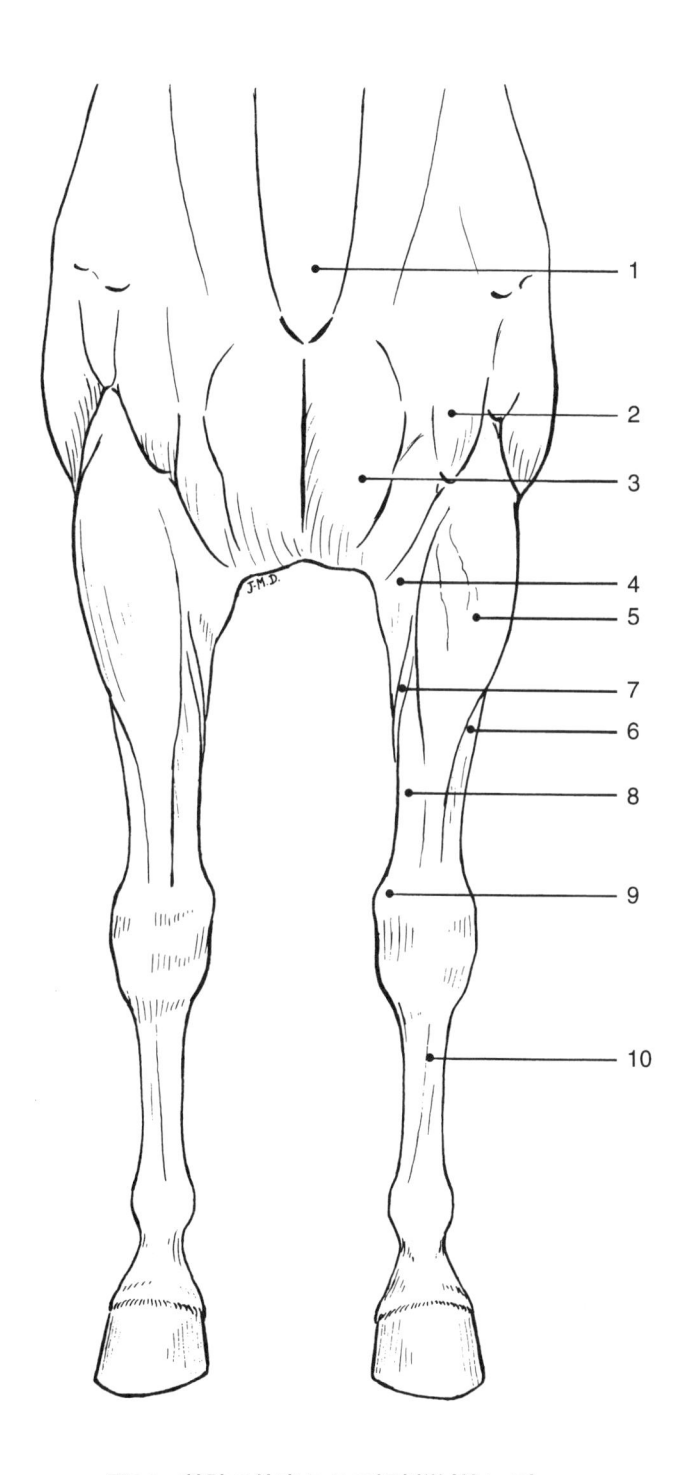

図36 前肢の体表からの解剖学(前から)
1. 胸骨頭筋　2. 上腕頭筋　3. 下行胸筋　4. 横行胸筋　5. 橈側手根伸筋　6. 外側指伸筋
7. 橈骨皮静脈　8. 橈骨　9. 内側茎状突起　10. 指伸筋腱

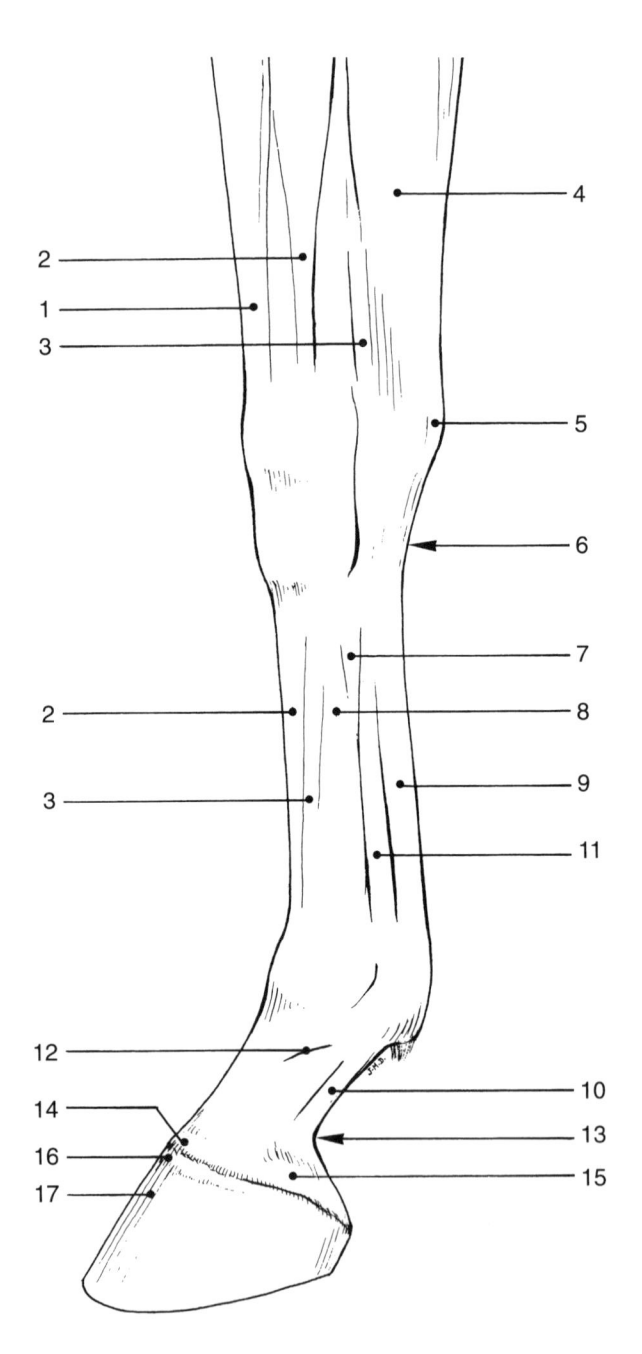

図37 前肢の体表からの解剖学(外側から)

1. 橈側手根伸筋腱　2. 総指伸筋腱　3. 外側指伸筋　4. 尺骨の外側　5. 副手根骨　6. 膝のヒダ
7. 痕跡的な外側小中手骨　8. 大中手骨　9. 深指屈筋および浅指屈筋の腱(貫通および被貫通)
10. 貫通(腱)　11. 冠関節の提靭帯(骨間筋)　12. 提(支持)靭帯の付着部　13. 繋のひだ　14. 蹄冠
15. 蹄軟骨　16. 蹄縁角皮　17. 蹄壁

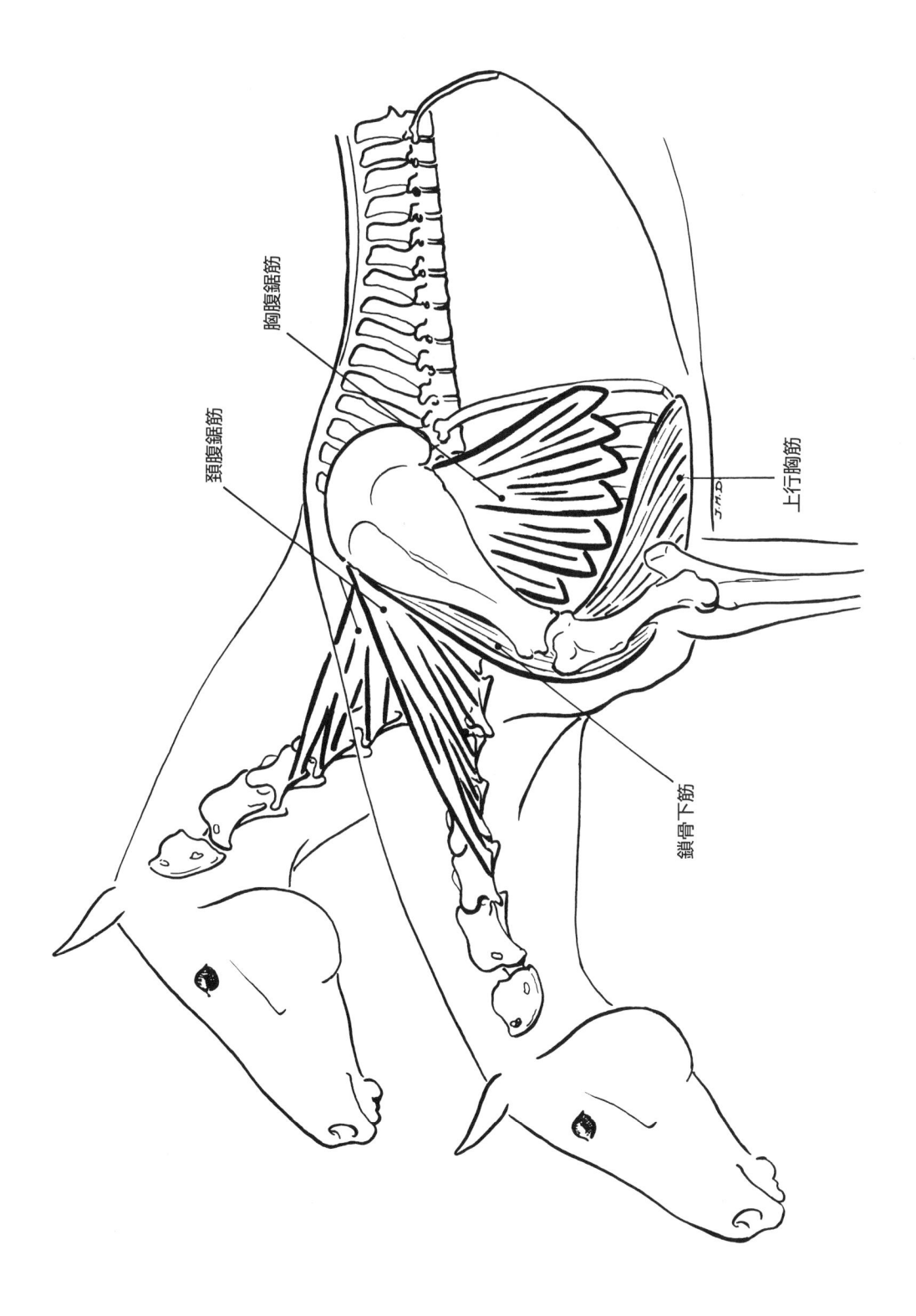

解剖学と基礎的生体力学の概念　67

胸腹鋸筋

頚腹鋸筋

上行胸筋

鎖骨下筋

図38　前躯を支持している筋群

68　解剖学と基礎的生体力学の概念

| 連　結 | 支　持 |

- 僧帽筋
- 菱形筋
- 広背筋
- 胸腹鋸筋
- 鎖骨下筋
- 下行胸筋
- 上行胸筋
- 横行胸筋

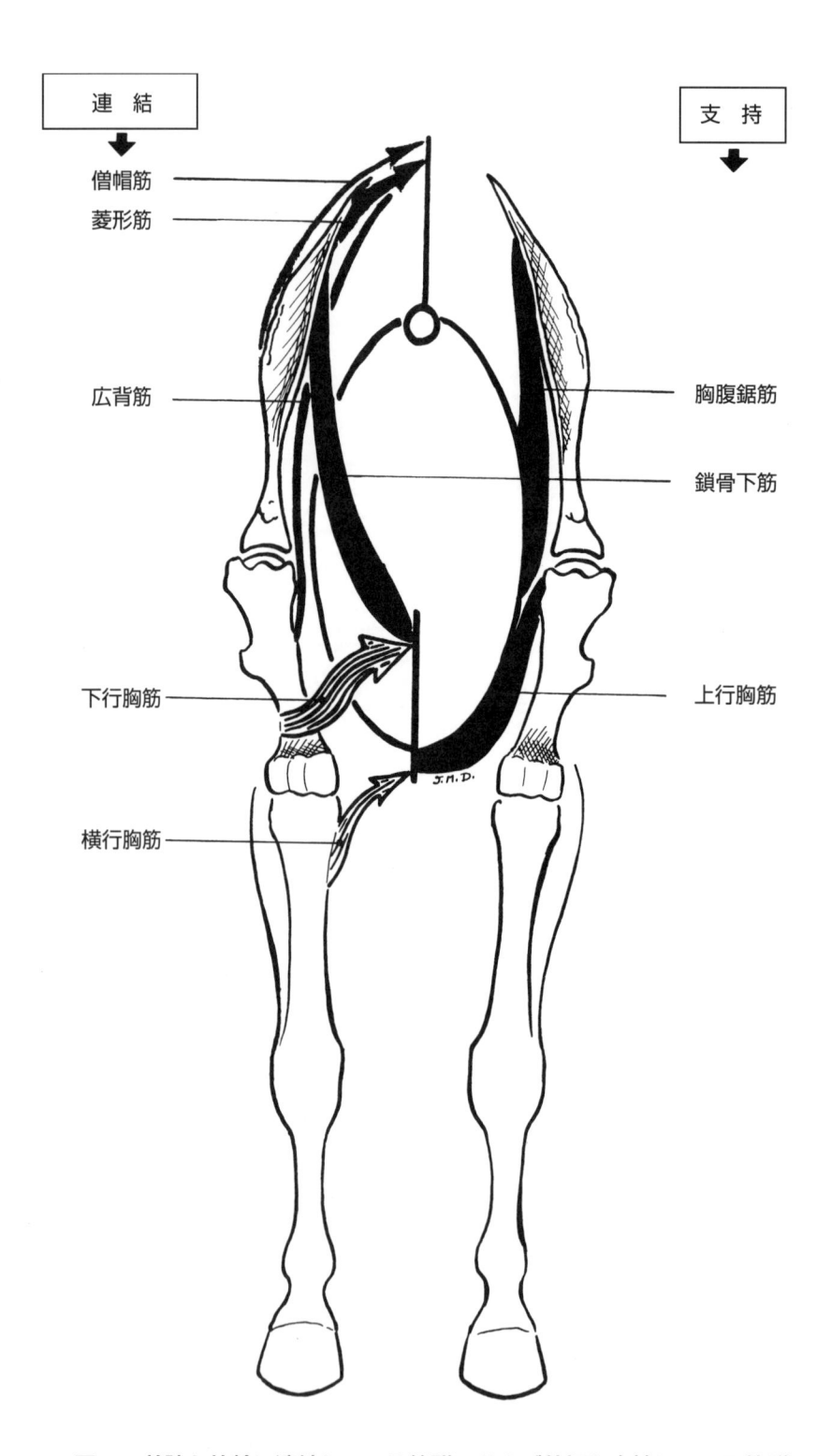

図39　前肢を体幹に連結している筋群、および前躯を支持している筋群

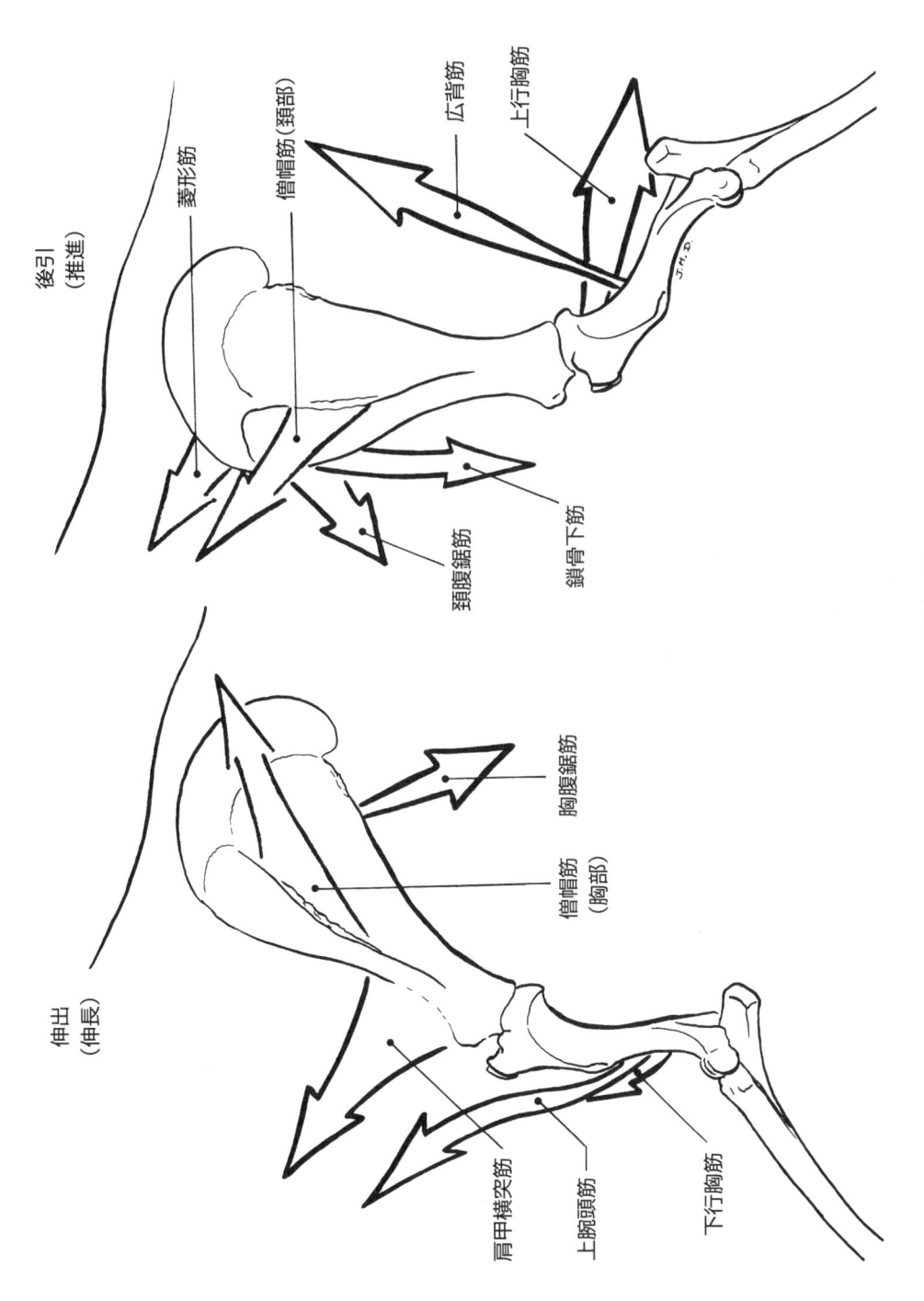

解剖学と基礎的生体力学の概念　69

図40　前肢の動き

後引（推進）
- 菱形筋
- 僧帽筋（頚部）
- 広背筋
- 上行胸筋
- 頚腹鋸筋
- 鎖骨下筋

伸出（伸長）
- 胸腹鋸筋
- 僧帽筋（胸部）
- 肩甲横突筋
- 上腕頭筋
- 下行胸筋

2. 腹側筋群を構成しているのは、下行胸筋、上腕頭筋、肩甲横突筋で、上腕骨および肩甲骨の下角を前方へ引く。

後引とは、馬が突き出した肢をもとに引き戻す動作のことで、それにより推進力が生まれる。これにも強力な2つの筋群が関与する：

1. **背側筋群**：菱形筋、僧帽筋、頸腹鋸筋、鎖骨下筋
2. **腹側筋群**：上行胸筋、広背筋

2．内転と外転

さまざまな歩様において、各肢の横への動きは決して左右対称ではない；内転筋や外転筋の働きの強さは左右で異なっている。

1. 内転（**図41**）は、主として下行、横行、上行の胸筋によって行われ、肩関節における内転は鎖骨下筋によって行われる。
2. 外転（**図42**）は、外筋と内筋の両者によって行われる。外筋は僧帽筋と菱形筋で、肩甲骨の背面を内側に引き寄せて、肩関節の動きを自由にする。内筋は棘下筋と三角筋で、肩関節の外転筋として働く。

4 ● 内筋

馬では内筋（intrinsic muscle）は群が区別される（ただし、手根部から先に横紋筋はない）。次に挙げる3群である（**図43、44**）：

1. 肩の筋群、単関節性（すなわち、単一の関節にまたがる筋）
2. 腕の筋群、2関節性で最も強力
3. 前腕の筋群、すべて複関節性

(a) 肩の筋群

もっぱら肩関節を動かす筋群で、機能上次のように分ける：

1. 伸筋（棘上筋）
2. 屈筋（三角筋、大円筋）
3. 内転筋（肩甲下筋、上腕筋）
4. 外転筋（棘下筋、小円筋）

(b) 腕の筋群

肘関節のすべての動きに関与する：

1. 屈筋（上腕二頭筋、上腕筋）
2. 伸筋（上腕三頭筋の長頭、外側頭、内側頭）
3. 前腕筋膜張筋
4. 肘筋

上腕二頭筋と上腕三頭筋（長頭）は2関節性の筋で肩関節と肘関節を近付けるように働く。前者は、肩関節の伸展を助けるのに対し、後者は同じ関節の屈曲を助ける。

(c) 前腕の筋群

これらの筋は豆状骨、中手骨、指骨に沿って伸び、長い腱の先で付着している。肢の関節の持つ力学的な特殊性から、これらの筋をその位置と機能によって分けることができる。前腕前部筋群は手根と指の伸筋である。中でも最も強力な橈側手根伸筋は同時に肘の屈筋でもある。前腕後部筋群は手根と指の屈筋であると共に、肘の伸筋でもある。

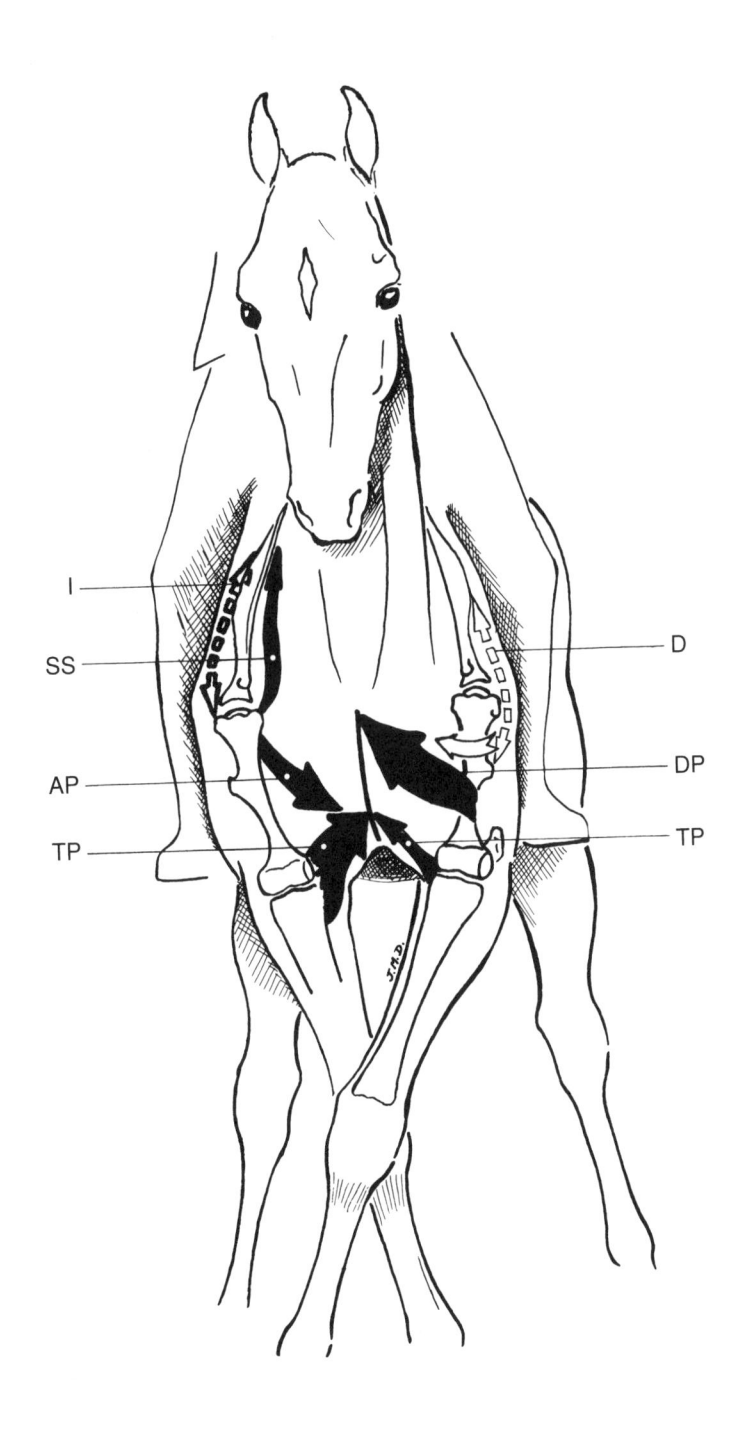

図41　前肢の内転に関与する筋の動き
短縮性収縮：DP（下行胸筋）、TP（横行胸筋）、AP（上行胸筋）、SS（肩甲下筋）
伸長性収縮：I（棘下筋）、D（三角筋）

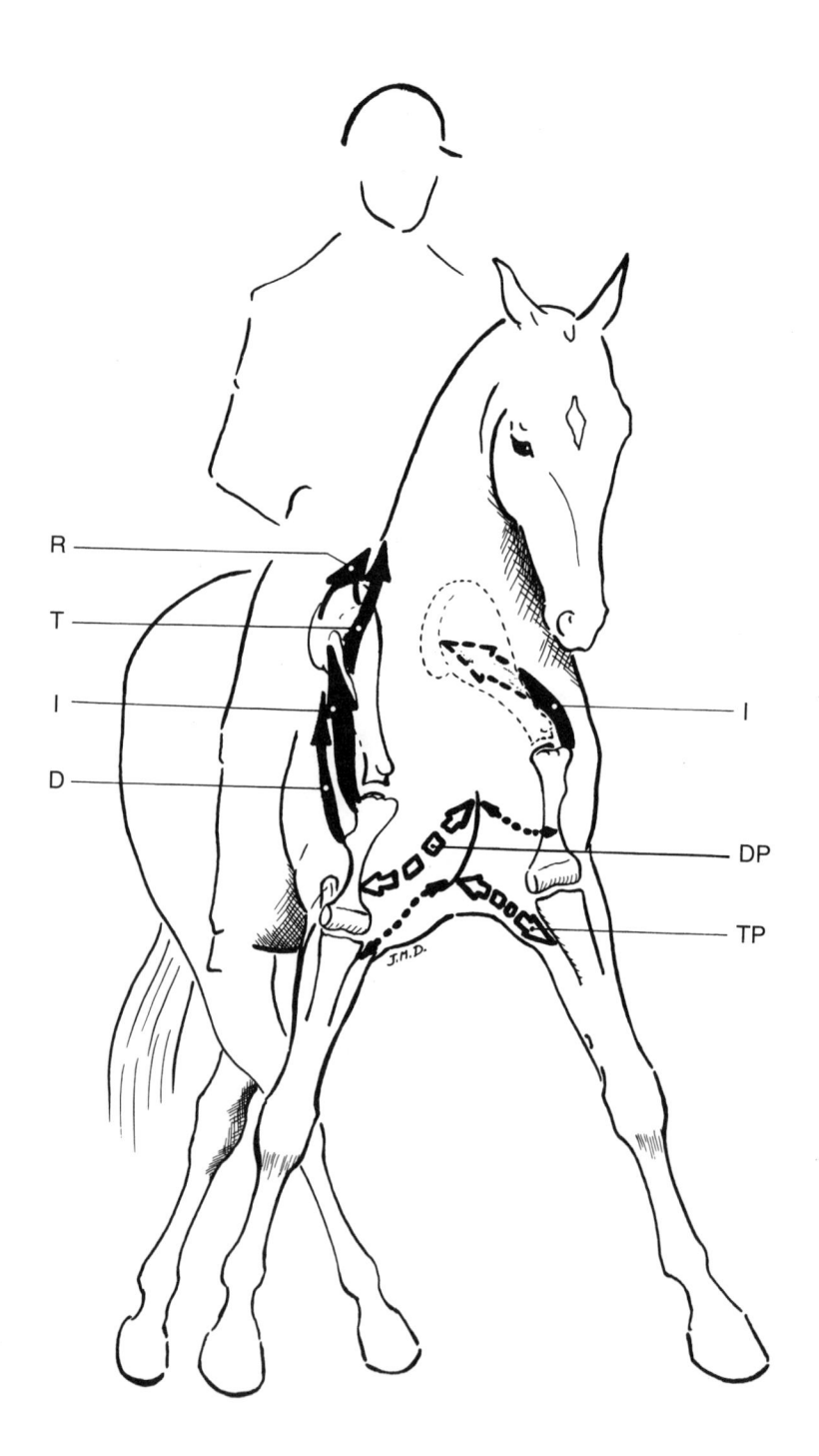

72 　解剖学と基礎的生体力学の概念

図42　前肢の外転に関与する筋の動き
短縮性収縮：I（棘下筋）、D（三角筋）、R（菱形筋）、T（僧帽筋）
伸長性収縮：DP（下行胸筋）、TP（横行胸筋）

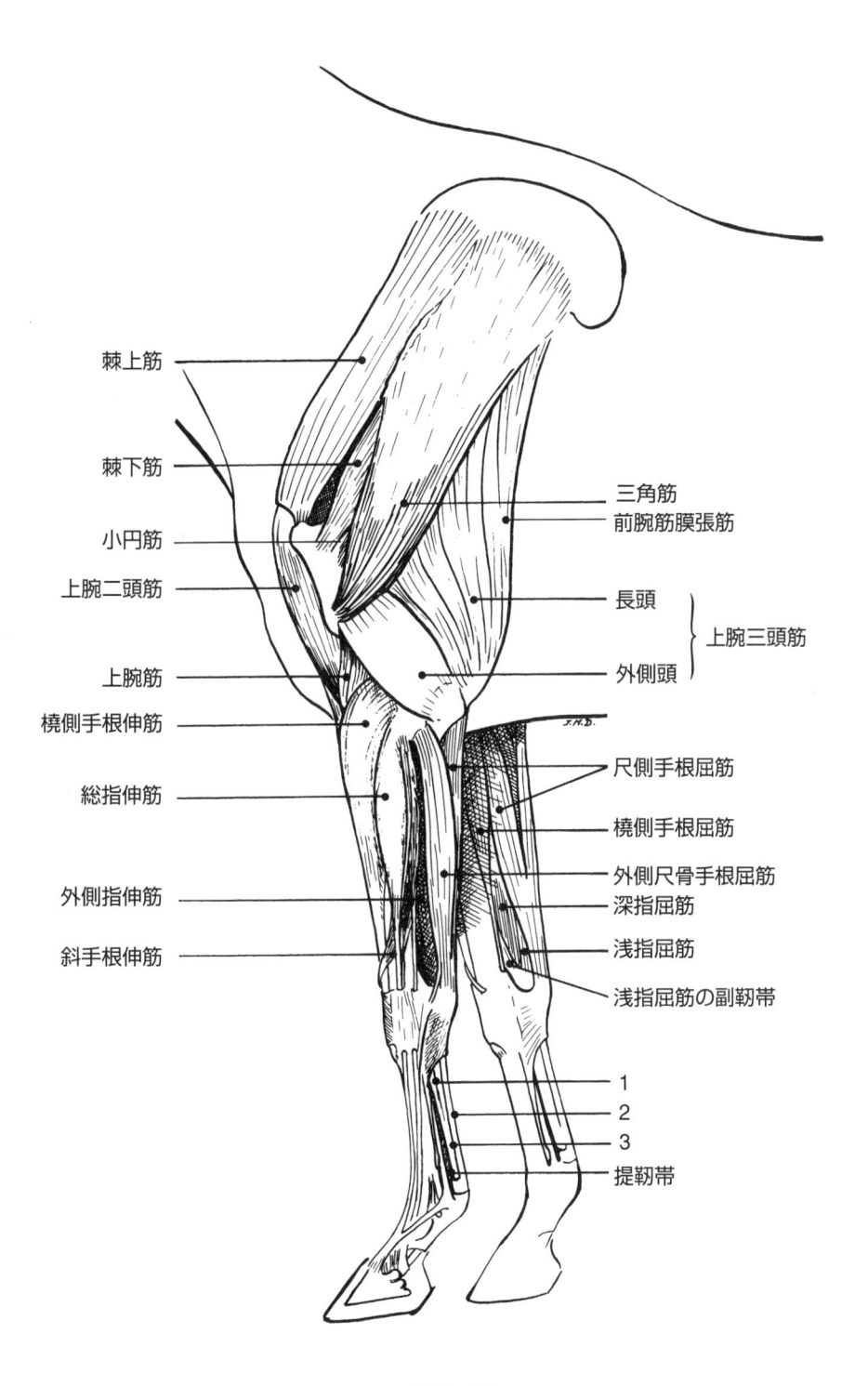

解剖学と基礎的生体力学の概念　73

図43　前肢の筋
1. 深指屈筋の副靭帯　2. 浅指屈筋腱　3. 深指屈筋腱

74 　解剖学と基礎的生体力学の概念

図44　前肢の筋
1．浅指屈筋腱　2．深指屈筋腱

（ラベル）
- 三角筋
- 大円筋
- 上腕三頭筋（長頭）
- 上腕二頭筋
- 橈側手根伸筋
- 総指伸筋
- 外側尺骨筋（尺骨手根伸筋）
- 浅指屈筋
- 深手根屈筋
- 浅指屈筋の副靭帯
- 深指屈筋の副靭帯
- 1
- 2
- 提靭帯（骨間筋）

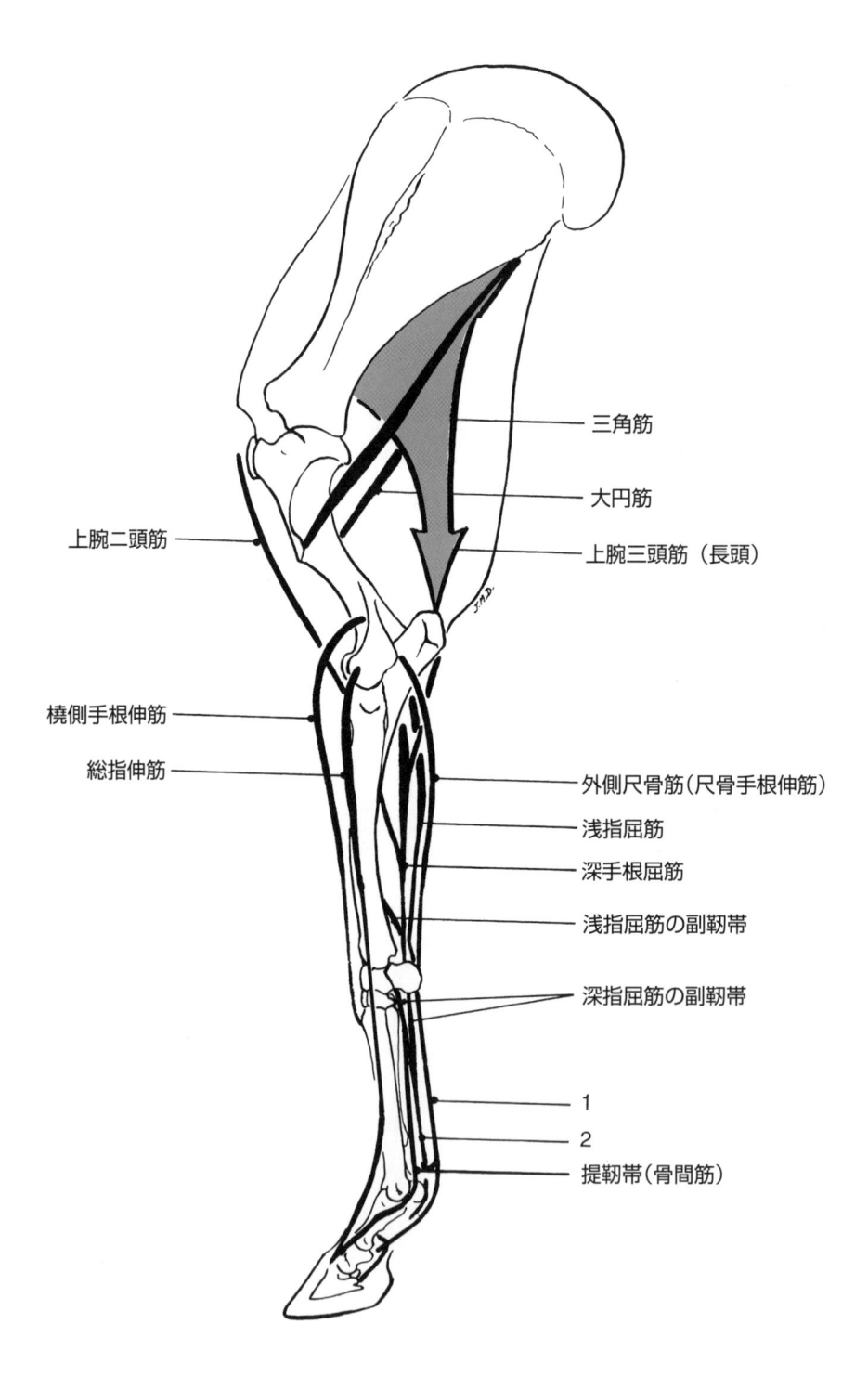

1. 前腕前部筋群

手根の伸筋：

・橈側手根伸筋（屈曲中の肘を支える）
・斜手根伸筋

手根と指の伸筋：

・総指伸筋
・外側指伸筋

2. 前腕後部筋群

手根の屈筋：

・外側尺骨筋
・尺側手根屈筋
・橈側（大掌）手根屈筋

指の屈筋：

・浅；被貫通腱となって伸びている。
・深；貫通腱となって伸びている。

推進力を生み出すために、前肢のすべての筋が調和をとりながら一緒になって働くことを強調しておく必要がある。また、推進力を生み出すために、伸展中拮抗筋群がお互いに邪魔になる働きをしないように、関節が固定されていることも大きく貢献している。さらに、推進中指節間関節の伸展が指の屈筋の収縮によって行われていることは注目すべきである！

(d) 足（手根、中手、指）

この部分は線維性の組織で覆われている。前述の腱以外に提（支持）靭帯があり、さまざまな重要な働きをしている。

3. 後肢

1 ● 体表からの解剖学

（図45、46を参照）

2 ● 関節

後肢の関節も、前肢と同様に、屈曲伸展に際して正中線に沿った方向の動きをするようにできている。坐骨大腿（股）関節だけが部分的に横方向への動きができるが、1つの補助靭帯があり大腿骨骨頭に付着している靭帯と合一しているために、外転運動は制限されている。膝、飛節、球節の各関節における能動的動きは屈曲と伸展だけに限られ、その他の回旋や側方への動き、滑る動きなどは支持やクッションが必要な時にだけ受動的に起きる。球節と膝は飛節よりはよく動く。

3 ● 外筋

骨盤が仙腸関節によって脊柱にしっかり連結されているので、後肢の外筋はあまり細かく分化していない。主な筋は腸腰筋で、この筋は腸骨筋と大腰筋という2つの筋と一緒になって大腿骨の小転子に付着している（図47）。腸腰筋は股関節の強力な屈筋であると同時に回外筋でも

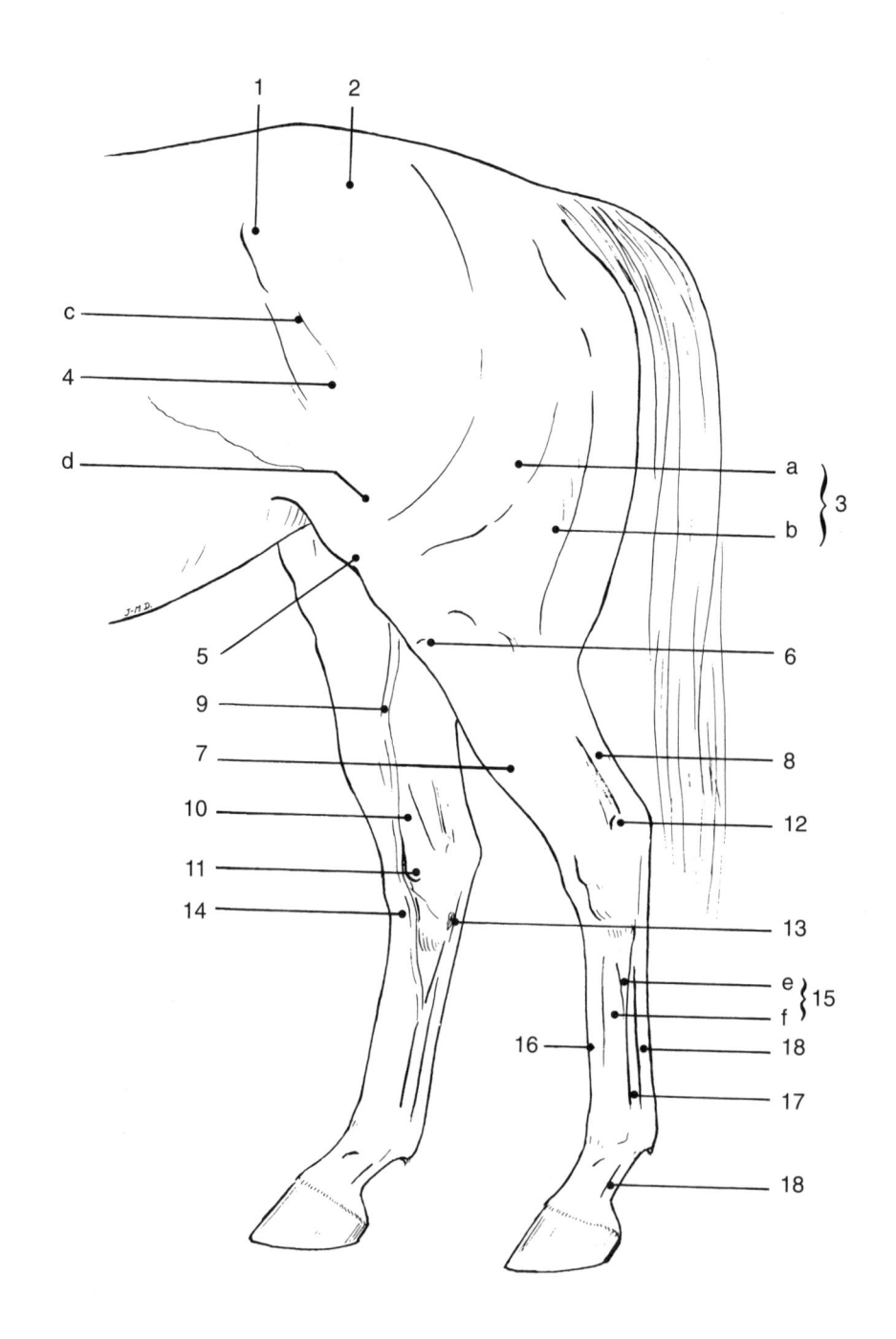

図45 後肢の体表からの解剖学（外側から）

1. 腸骨　2. 浅殿筋　3. 大腿後部筋群：(a) 大腿筋　(b) 大腿二頭筋　4. 大腿前部筋群：(c) 大腿筋膜張筋　(d) 大腿四頭筋　5. 膝蓋骨　6. 脛骨粗面　7. 下腿の背側筋群　8. 総踵骨腱（アキレス腱）　9. 内側伏在静脈　10. 脛骨　11. 脛骨内側顆　12. 踵骨　13. 夜目　14. 飛節の隆起　15. 中足骨：(e) 小中足骨　(f) 第三中足骨　16. 総趾伸筋腱　17. 球節の提靭帯（骨間筋）　18. 趾屈筋腱

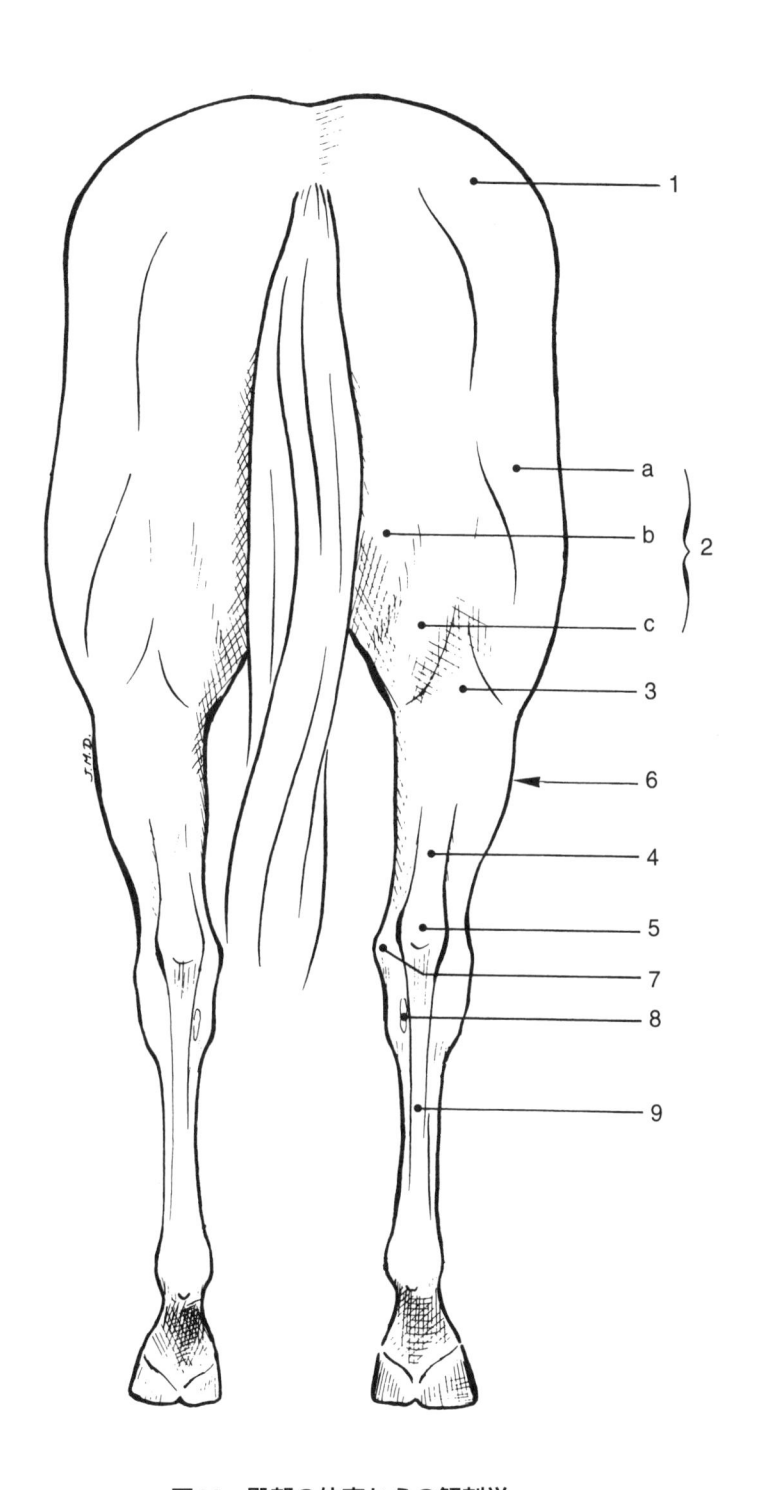

図46 殿部の体表からの解剖学
1. 浅殿筋 2. 大腿後部筋群：(a) 殿二頭筋 (b) 半膜様筋 (c) 半腱様筋 3. 腓腹筋
4. 総踵骨腱 5. 踵骨帽 6. 下腿前部筋群 7. 脛骨内側顆 8. 夜目 9. 趾屈筋腱

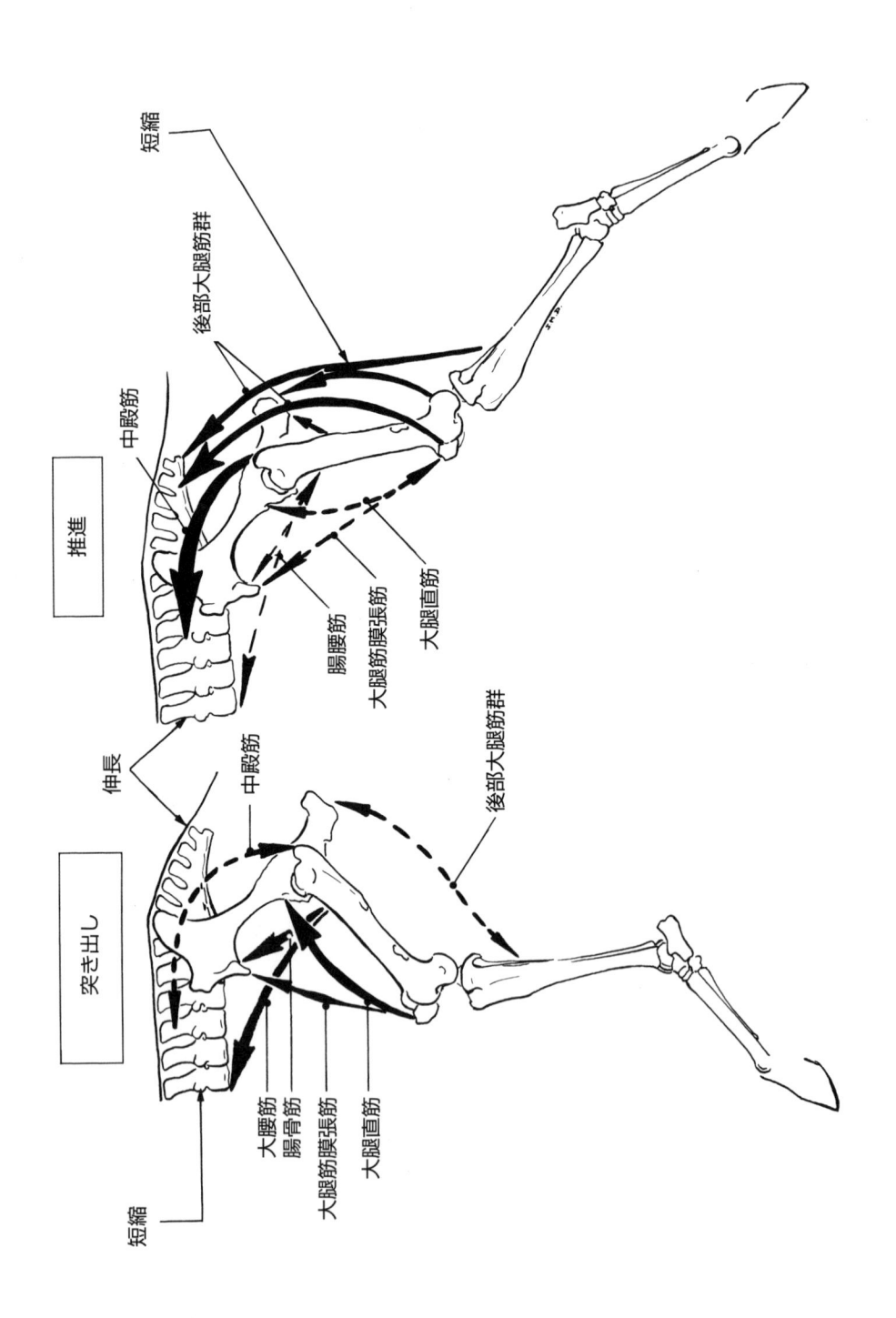

78 解剖学と基礎的生体力学の概念

図47 後肢の動きに関与する筋

あり、内転筋でもある。後肢の動きには必ずこの関節が関与しているが、その他に骨盤や大腿にある内筋の影響も受けている。

4 ● 内筋

前肢の場合と同様に、位置と機能によって筋を3つのグループに分けることができる（**図48**）。

1. 骨盤の筋、中殿筋以外は単関節性
2. 大腿の筋、大部分が2関節性
3. 下腿の筋、膝窩筋以外はすべて多関節性

(a) 骨盤の筋

すべての筋が股関節の動きに関与する。中殿筋は、さらに、腰仙関節および仙腸関節の伸展にも関与する。大きさや機能の異なる2グループがある：

1. 殿筋群

このグループの中では中殿筋が最も強力である（**図49**）。この筋は上を浅殿筋に覆われ、下に深殿筋と副殿筋を覆い隠している（**図50**）。これらの筋は基本的には股関節の伸筋であるが、弱いながら外転筋および回内筋としての働きもある（**図51**）。

2. 深部骨盤筋群

股関節をとりまいているのがこの筋群で、殿筋群に比べて生理学的な影響力は小さいが、関節の動きの制限や固有感覚など（すなわち、サイバネチックな役割）に関与している。

(b) 大腿の筋

大腿骨の周りにある筋で、位置や機能によって3つのグループに分けることができる：

1. 大腿前部筋群

大型で強力な大腿四頭筋は基本的には膝の伸筋であるが、その中の1つ大腿直筋は股関節の屈筋でもある。この股関節の屈曲は大腿筋膜張筋の主な役割でもある。

2. 大腿後部筋群

この筋群に属する半腱様筋と大腿二頭筋の2つは下腿まで伸びて、そこで停止する。他の2つの筋、殿-大腿筋と半膜様筋は膝の部分に付着する。これらの強力な筋群は起始が骨盤にあって、殿筋群と協力して股関節を伸展させると共に、支持が必要な時には大腿四頭筋と共に働いて膝を伸展する。大腿二頭筋と半腱様筋もまた膝の支持に必要な屈筋で、その時は大腿四頭筋とは拮抗的な働きをする。

3. 大腿内側筋群

これらの筋は重なり合って2層をなす（**図52、53**）。2つの表層筋は縫工筋と薄筋で平たく、深部筋は恥骨筋と内転筋（大および短）で厚い。すべて股関節を内転させる筋で、その意味では殿筋群に対する拮抗筋である。縫工筋はこの関節の屈筋であり、外旋筋でもある。大内転筋はまた強力な伸筋でもあり、内旋筋でもある。恥骨筋は関節を支持する役割も担っている。

(c) 下腿の筋

飛節および趾の関節には、その位置や機能からくる力学的な特殊性がある。

1. 前部の筋群

この筋群の中の2つ、前脛骨筋と第三腓骨筋

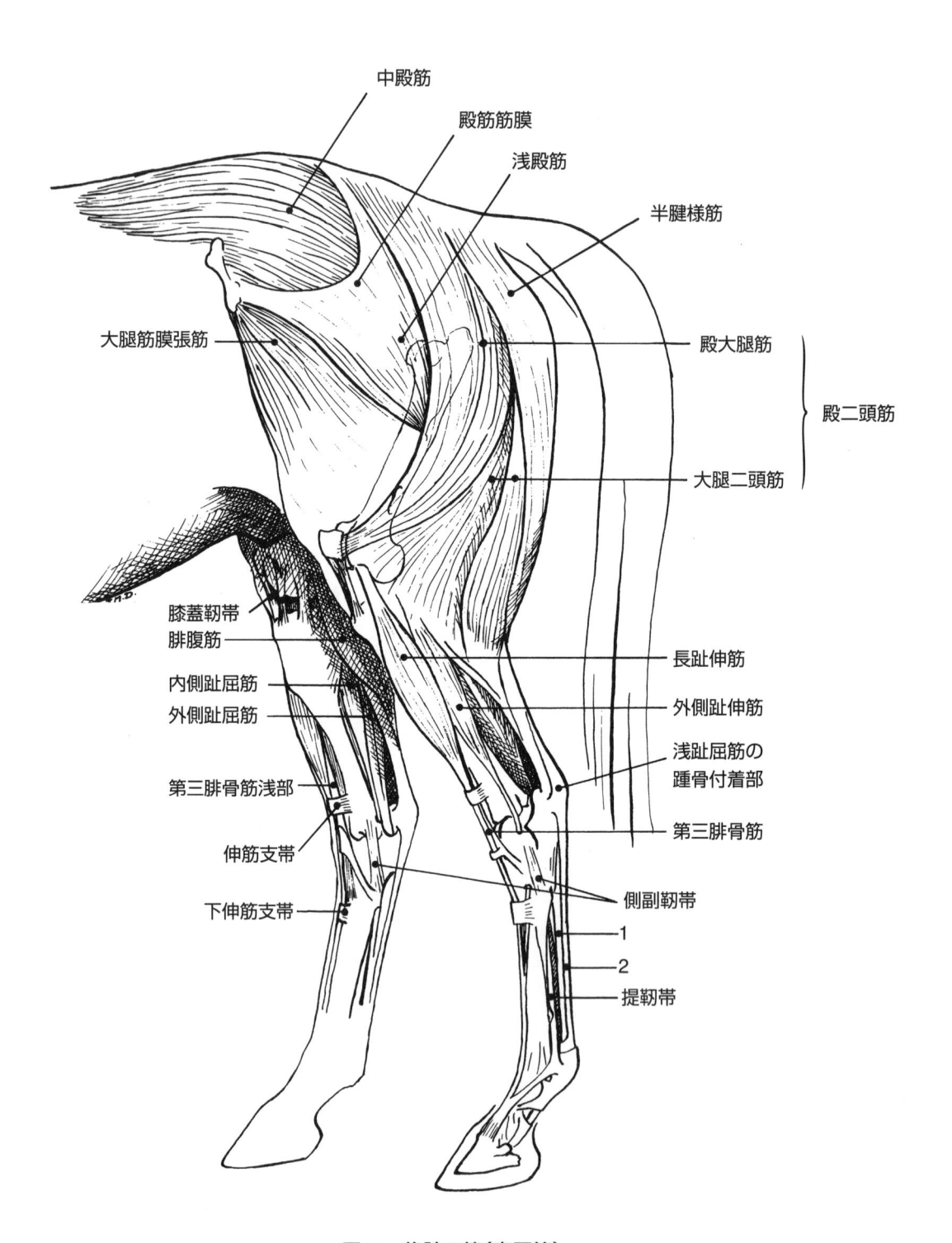

図48 後肢の筋(表層筋)
1. 深趾屈筋腱　2. 浅趾屈筋腱

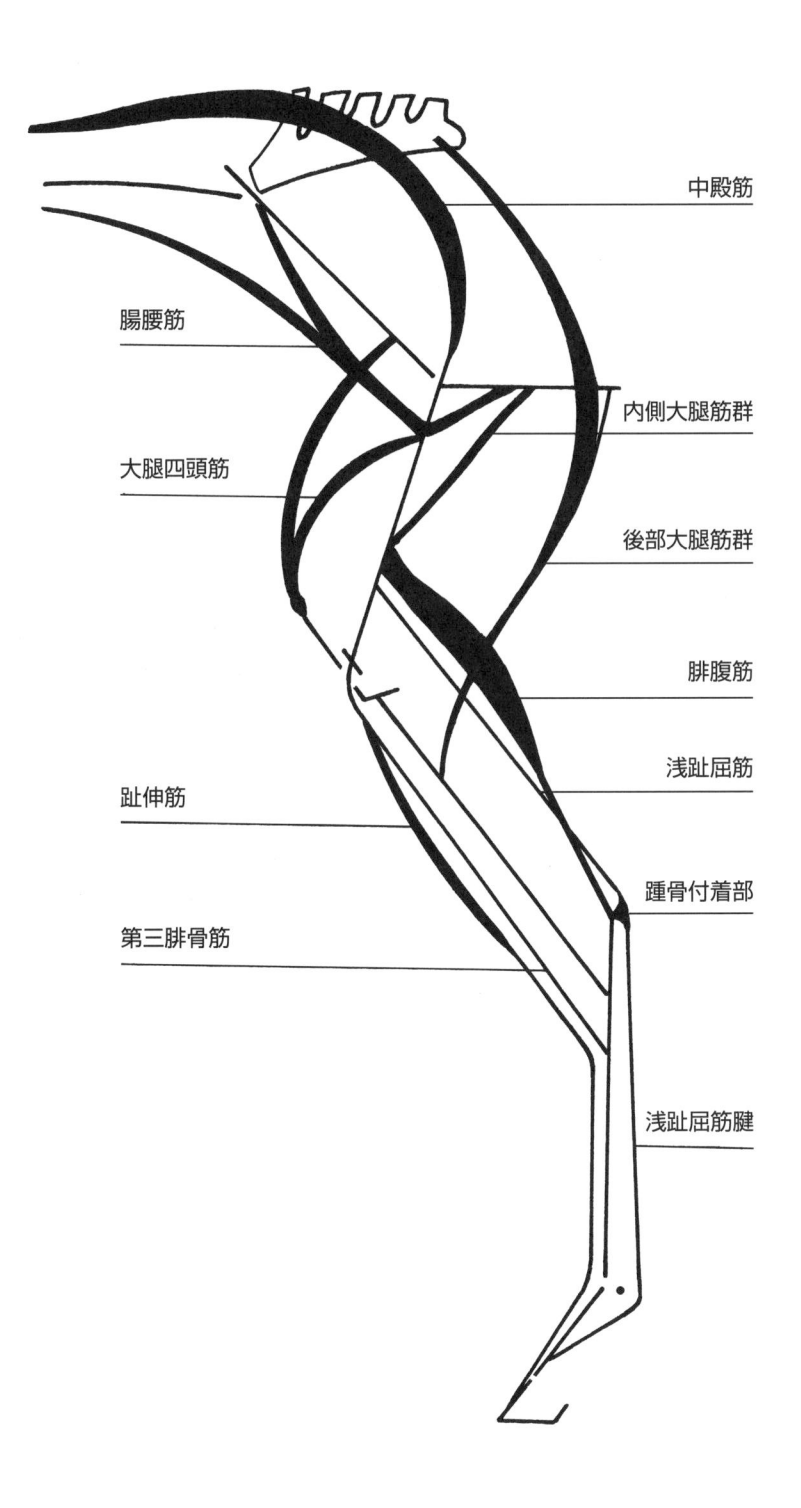

解剖学と基礎的生体力学の概念 81

図49　後肢の筋群

- 中殿筋
- 腸腰筋
- 内側大腿筋群
- 大腿四頭筋
- 後部大腿筋群
- 腓腹筋
- 浅趾屈筋
- 趾伸筋
- 踵骨付着部
- 第三腓骨筋
- 浅趾屈筋腱

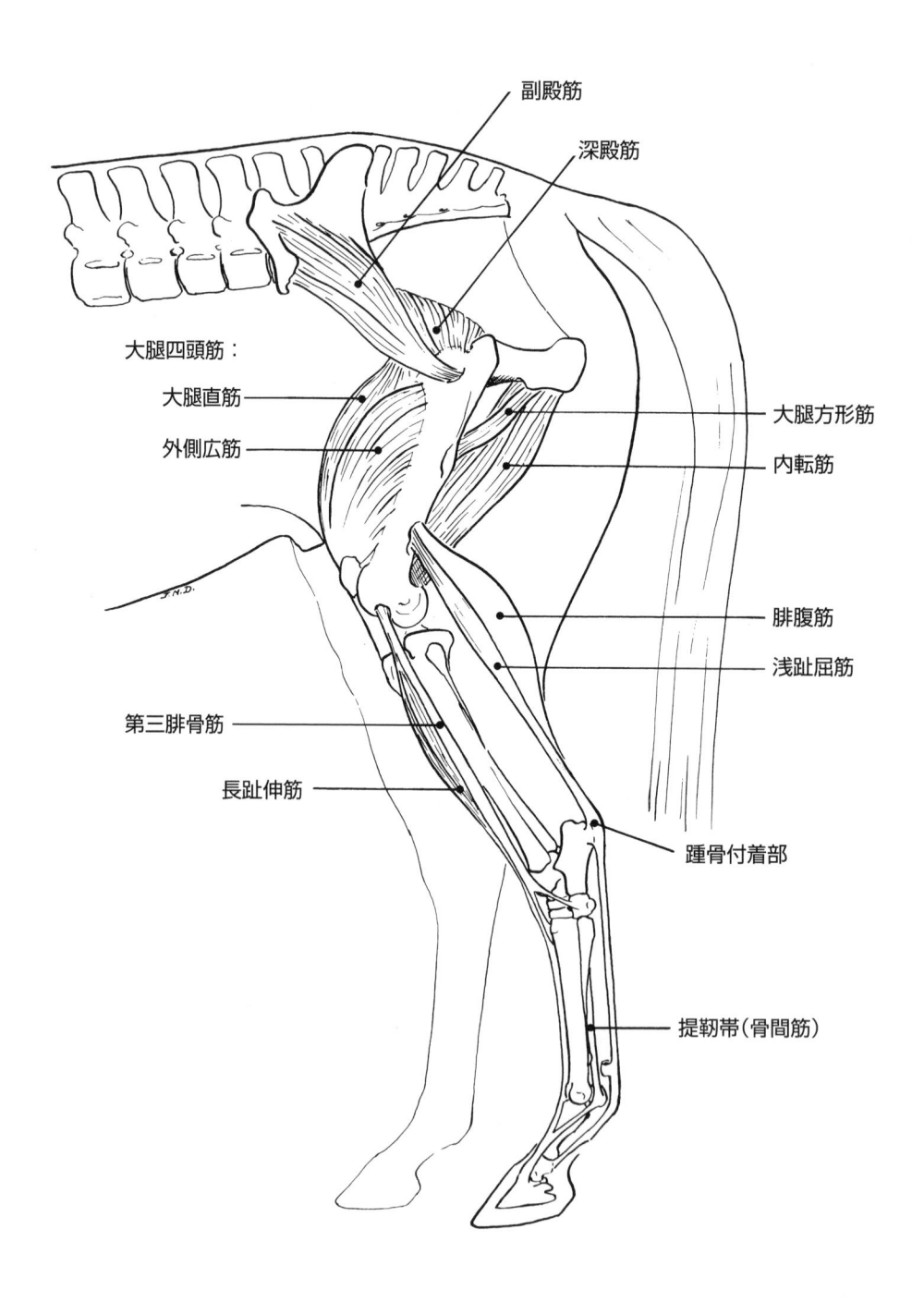

図50　後肢の筋（深部筋）

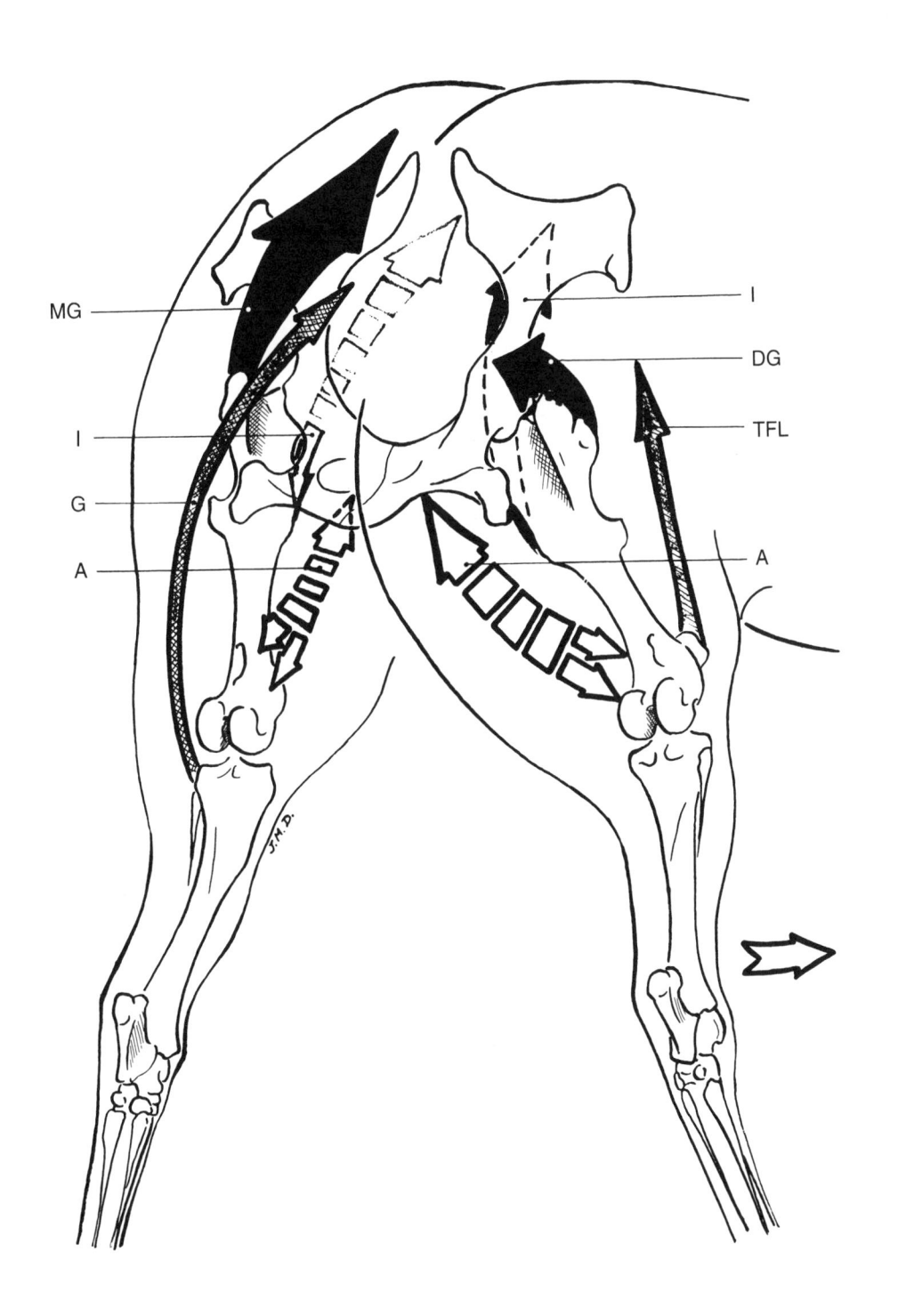

解剖学と基礎的生体力学の概念 83

図51 後肢の外転に関与する筋
短縮性収縮：MG(中殿筋)、DG(深殿筋)、G(殿二頭筋)、I(腸腰筋)、TFL(大腿筋膜張筋)
伸長性収縮：A(大腿内転筋)、I(腸腰筋)

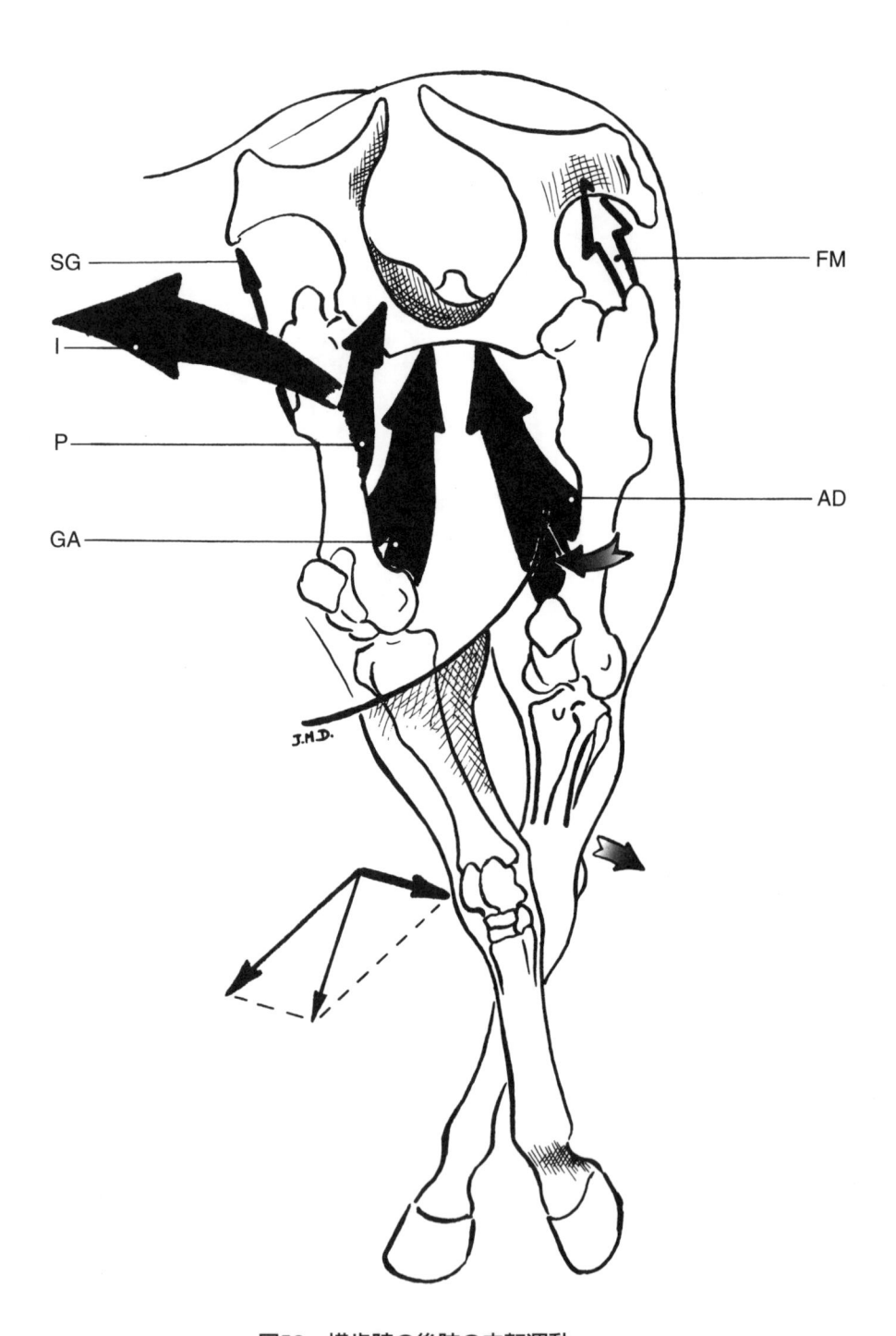

図52 横歩時の後肢の内転運動
GA(大内転筋)、P(腸腰筋)、SG(恥骨筋)、I(腸腰筋)
FM(屈筋)、AD(内転)

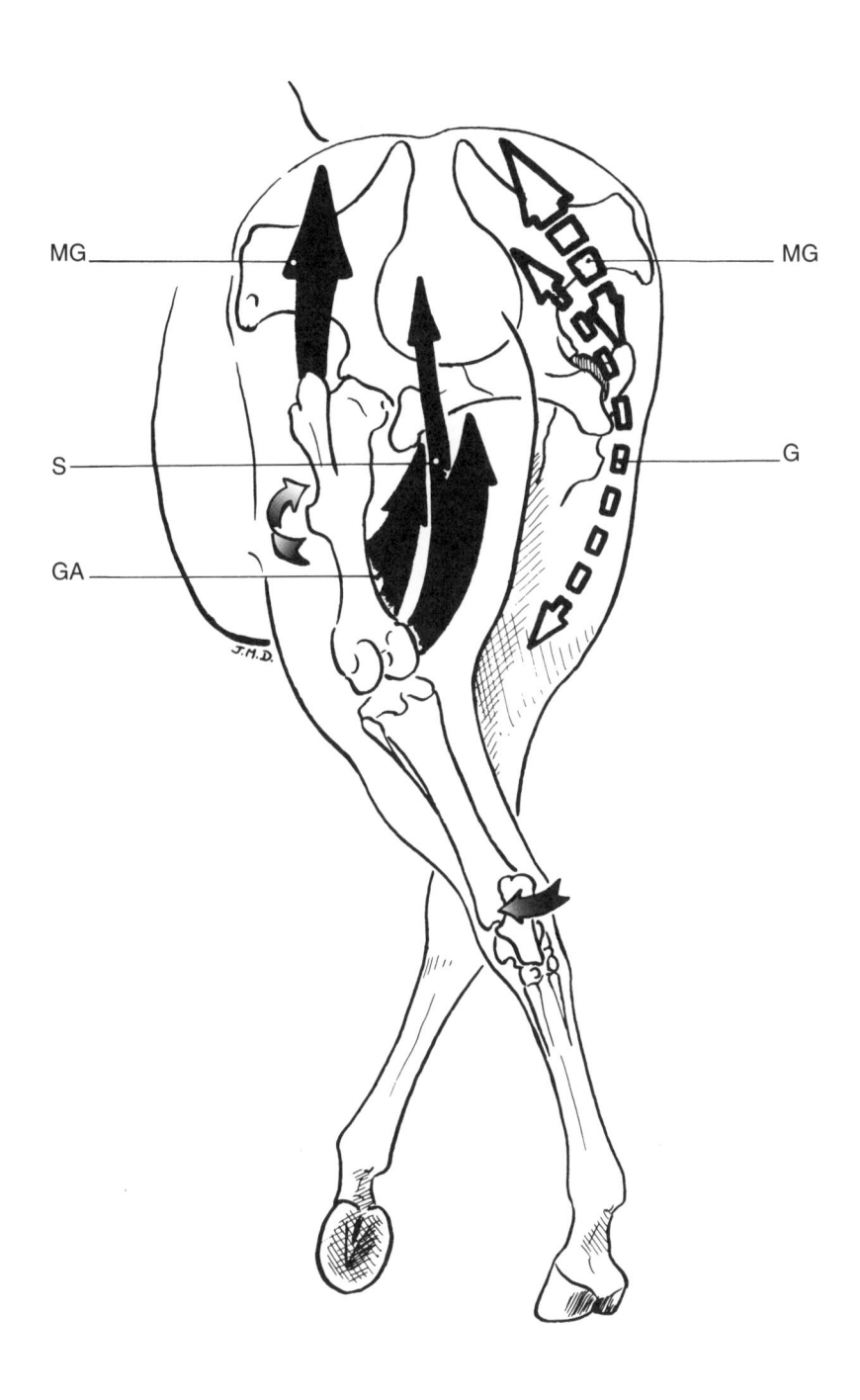

解剖学と基礎的生体力学の概念　85

図53　横歩時の後肢の内転運動
短縮性収縮：GA（大内転筋）、S（半膜様筋）
伸長性収縮：MG（中殿筋）、G（殿二頭筋）

はもっぱら脛距関節の屈曲に関与している。なかでも第三腓骨筋は馬では完全に線維状になっており、大腿中足索とも呼ばれる。他の2つの筋は、長指伸筋と外側趾伸筋で中足趾節関節と趾節間関節の両方にまたがる伸筋として、1本の共通の腱になって中足骨の前面に付着する。

2. 後部の筋群

表層筋(1)と深部筋(2)の2グループに分けられる：

1. 表層筋は腓腹筋(飛節の伸筋)および浅趾屈筋とで構成されている。浅趾屈筋も馬では完全に線維状になっているが、球節および冠関節の支持と屈曲に関与している。
2. 深部筋は内側および外側深趾屈筋、後脛骨筋、膝窩筋(膝の屈筋であり内旋筋でもある)とで構成されている。深趾屈筋は中足趾節関節および趾節間関節の屈筋であるが、馬体が推進中は趾節間関節の伸展に関与する。脛距関節の動きに関しては大きな役割を果たしていない。

3. システム内における相互作用

図54には、中節骨まで伸びている2本の腱の索－第三腓骨筋(大腿中足索)と浅趾屈筋－の働きによって動かされる優れたシステムを図示している。このシステムでは腱が付着している骨の稜を中継点として、大腿-脛骨、脛-足根骨、中足-趾節の3つの関節が互いに複雑に組み合わされて動くようになっている。

静止の姿勢から、膝を屈曲すると第三腓骨筋の停止部が引っ張られて飛節の屈曲が起きる。その動きによって踵骨が浅趾筋腱を引き戻すことになり、中足趾節関節が屈曲する。

膝関節の伸展は、強力な大腿筋群が浅趾屈筋の近位停止部を引っ張ることで始まり、その力が踵骨を介して伝えられて、飛節の伸展が誘発される。索を引いて踵骨を元の位置に戻そうとする力が指を伸展させる。このシステムは、まれに見られる極端な姿勢や変わった歩様の時以外は、常に後肢の生体力学を支配している。

解剖学と基礎的生体力学の概念　87

浅趾屈筋

第三腓骨筋

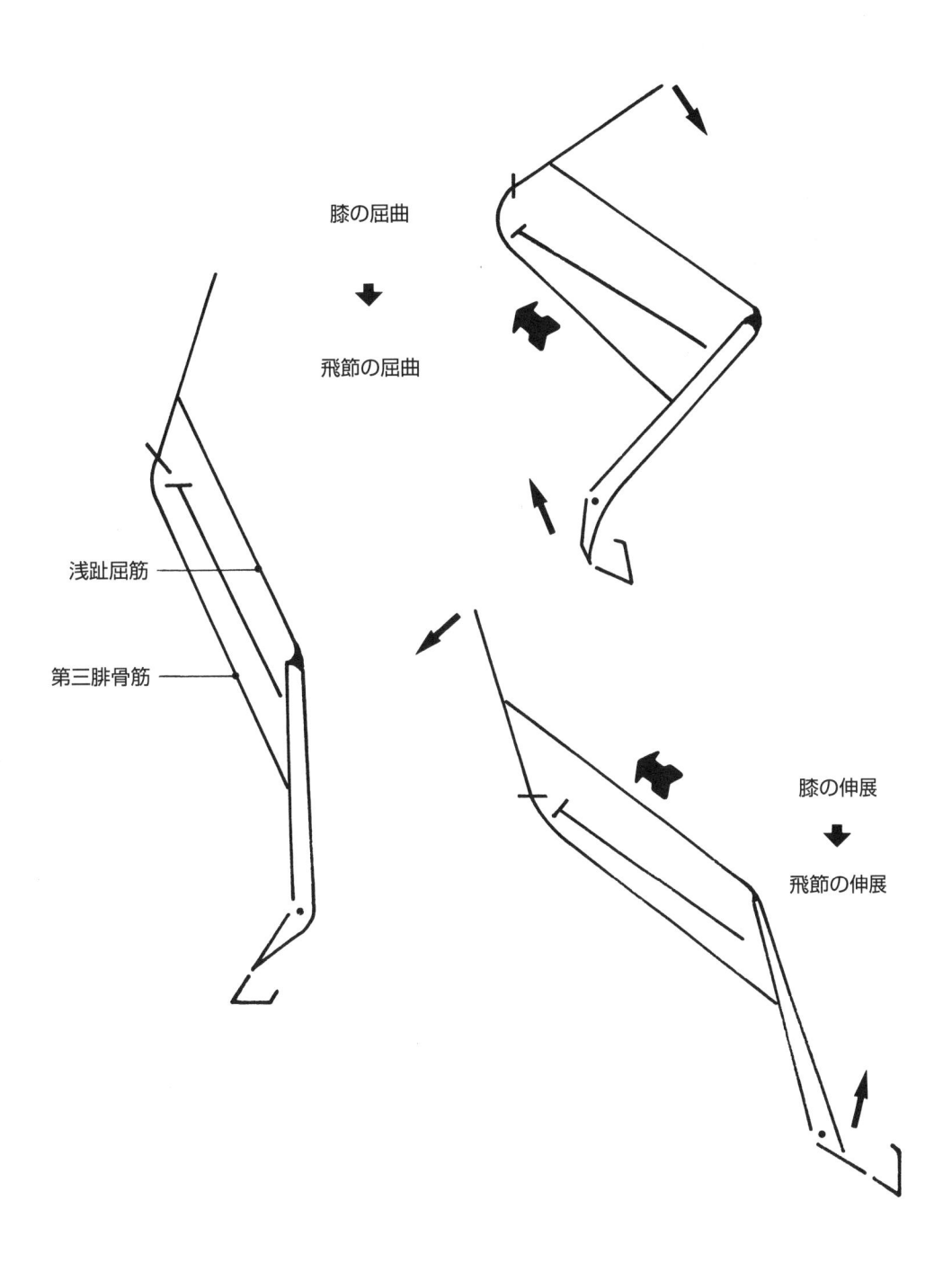

膝の屈曲
⬇
飛節の屈曲

膝の伸展
⬇
飛節の伸展

図54　膝と飛節の動きを連結している仕組み

3 共力と応用

1. 馬の背中は感情や体調を反映する

　人の背中が垂直な柱であるのに対して、馬の背中は肩帯と骨盤帯の間にかけられた水平な橋のようなものである。推進力を生み出すのは四肢だが、馬の生体力学にとって最も重要な解剖学的構成要素は背中である。背中こそが、運動、平衡、協調の本当の源になる。四肢を過度に使って生み出された推進力を、腰の屈曲を伴った柔軟で律動的で力強い本物の動きができたと勘違いしてはならない。脊柱の起動力を発揮させるために騎乗者がなすべきことは：

1. それぞれの馬に最も適した歩調(可動性)を見つけ出す。なぜなら、馬はその独自のテンポをもって成長しており、楽に動けるテンポ、体格や気質に合ったテンポが馬ごとに違うからである。
2. お互いの信頼を基礎にした関係を築き上げること、馬の動きに抑制をかけないようにすることである。

　馬も人と同様に、感情や体調が背中に現れる。その過程はよく知られており、日常臨床にも大きな意味を持っている。私たちが長く緊張状態にあると、それがストレスとなり、疲労となって、脊柱に病的な症状が現れることは珍しくない。ケルト族の人たちは、空が彼らの頭上に落ちてくることを心配して、肩の間に頸をすくめて歩いていたそうだ。この象徴的な姿勢と同じことが、今日でも私たちが心配事のある時に、頸や脊柱の筋を緊張させるという形で現れる。

　このように心理学的な面は重要で、前章で述べたトップ／ボトムラインという二重構造を反映している。生理面(生体力学)と心理面との釣合がとれる一点があって、そこは推進力(トップライン／抵抗と拒絶)と屈曲(ボトムライン／譲歩、弛緩と服従)とが調和した時に初めて到達できる点なのである。この点において独立と服従、拒絶と服従とが出合い、お互いがバランスをとる。

　あらかじめ馬の持つ感覚や本能の特性に関する理解なしには理学療法を試みることはできない。馬が私たち人や身近な環境に反応する様子で感覚の特性はわかる。本能の特性は私たちが馬と共有する情緒的な反応やコミュニケーションの世界に関係している。本当の乗馬の名手はこれら2つをよく知ろうとする。その人と馬の関係が良いことは馬の健全で伸び伸びとした動きになって現れ、関係がまずい時は、競技における馬のためらいがちで臆病な動作となって現れる。

—1● 背中の手入れや治療に関する基本的な3つの方法

(a) 本能的に頸や頭を上げたり、伸ばしたりするのを止めさせる

この訓練によって、椎骨の間が開き、屈筋を発達させ、傍脊柱筋を伸ばし、結果的にその筋をリラックスさせる。これはボトムラインを強化する。

(b) 推進力に関与する筋は徐々に、段階的に鍛える

訓練の最後段階までくれば、腹筋群が協調して腰の屈曲を維持できるようになるが、その時まで、頭を上げさせないようにした方が馬に対して親切である。

(c) 平衡点を補強する

トップラインとボトムラインが互いに調和して働くように訓練するには２、３年はかかるだろう。平衡点の補強によって敏捷になり、平衡が強化される。自動車で言う、小回りがきくようになることである。

2. 踏み込みと弛緩法

──1● 速歩と駆歩を用いての訓練

踏み込みでは股関節と腰仙蝶番関節が使われる。騎乗者の体重は腰仙関節の屈曲運動の妨げになる。したがって、若い馬を訓練する時は２段階に分けてゆっくり騎乗に慣れさせるのが良い。第１段階では数カ月かけて股関節の動きを良くすることに集中する。それには、活発ではあるが、バランスのとれた、決して急がせない歩様を使って訓練すると成功するだろう。もちろん腹筋群も積極的に関与させるが、筋には等張運動をさせるように心掛けて、筋線維の短縮を防ぐ。これが終わったら第２段階として、等尺運動をさせることによって、背腰の屈曲運動を積極的に取り入れ、意図的に腹筋や腹帯筋の筋線維を短縮させるようにする。速歩の時は、腹部帯の筋群が等尺性の収縮をして腹部の『床』を維持することに直接関与する。この関与が筋短縮を起動させて、背腰の屈曲を起こさせ、踏み込みと収縮を向上させるのである。

この訓練が成功すると、騎乗者はよく言われるように「馬の尻が鞍の下を通り抜ける」と感じるようになる。歩調が軽くなり、律動感が出て、馬の姿勢も改善される。しかし、馬にしてみれば、腹部屈筋をこのように積極的に参加させるには大変な努力が必要なのである。若い馬の場合は疲労の原因になり、腸腰筋炎になることさえある。したがって、踏み込み訓練はなるべく屋外で行うのが良い。アップダウンのある地形を歩くことは腹筋の緊張に役立つからである。腹筋の鍛錬は少ない回数で集中的に行うよりも、短時間でも回数を多く行うことが大切である。

駆歩の時は、バランスのとれた歩様であれば、股関節の屈曲には通常腰の屈曲を伴う。そして腹筋群はどちらか優勢な側の腹斜筋と共に短縮性に収縮する。このことから、反対駆歩、あるいは不正駆歩と呼ばれる駆歩を行わせるのがたいへん難しいわけがわかると思う。なぜなら、反対駆歩は、腹直筋と腸腰筋が同時に骨盤を傾け、股関節を屈曲させている時に腹斜筋を収縮させなければならないからである。したがって、若い馬ではこのタイプの訓練を始める前にしっかりした腹部帯を発達させておく必要がある。

それを怠ると、トップラインが硬直して、痛みがでることになる。非常に多くの馬が、この控えすぎて萎縮した姿勢で速歩や駆歩をしている。この時、体の前部は不自然な動きになり、後部は硬直したようになる。若い馬を競技用に育成するのであれば、特殊な動作の訓練を始める前に、独自の綿密なプログラムを作る必要がある。競技が終わって時が経つと、誰しも以前の経験や少しずつ訓練を進めるという原則を忘れがちである。

ここでもう一度、2つの基本原則を繰り返しておく価値がある：

1. 「腹ができていなければ、背中もできない」。健全な動作は丈夫な背中から生まれ、丈夫な背中は強い腹筋群から生まれる。
2. 踏み込みは、馬を苦しめない唯一の訓練法である。

──2●背中の病理学：故障の予防

背中の損傷はほとんどあらゆる訓練において起こる。よくある原因としては、次のようなものがある：

1. 特殊な動作をさせるには時期尚早であった。
2. 不適切な、あるいは間違った弛緩（準備）運動をさせた。
3. 腹筋に比して、背中の伸筋が発達しすぎている。

これらの間違いを正す、もっと良いのはそれを避けることだが、そのためには次のような方法をとる必要がある：

1. 若い馬はゆっくり訓練し、特殊な訓練に対しては自発的な能力を見せるまで待つこと。
2. 決してウォーミングアップをしないで訓練を始めないこと。
3. 背中の動きを良くする運動を傾斜地での訓練と組み合わせて行うこと。こうすると背中や腰や仙骨の柔軟性が養われる。

──3●肩を内へと肩を前へ

「肩を内へ」のテクニックは、著名なインストラクターのラ・ゲリニエール氏の勧め[1]もあって、競技馬の訓練に新しい段階の到来を記すことになった。彼は肩を内に入れて腰や腹の屈曲をすることの良さを発見したのである。このテクニックは腹筋群、特に内腹斜筋の筋線維を短縮させる。また、腹部のすべての治療に大変役立つばかりでなく、脊椎の損傷の予防や治療の方法としても有用である。

彼は、さらに、推進する前に馬が頚を曲げることで騎乗者が負うリスクについても、次のように言っている。「万一、馬が後込みするようなら、その訓練はしばらく中止して、活発な速歩をもっと行わせるべきである」

シュタインブレヒト氏も同じように、「次のステップ」に移ることを考える前に、まず馬に自由に運動させるのが良いという考えを勧めた。彼は、18世紀の胴の短い馬は過去のものになったのだから、現在のような胴の長い馬を効率良く柔軟にしようとするなら、むしろ「肩を内へ」よりも「肩を前へ」を先にすべきだと考えた。胴長の馬の腹部帯強化は、それを生体力学的に効果あるものにするためには、注意深く進める必要がある。

注1) La Guérinière. *Ecole de cavalerie*. Editions des 4 Seigneurs, Grenoble, 1973.

もう一人の評論家、ウィーン出身のハンドラー・レッシング氏は次のように述べている：
「胴長で弱い背中を持った馬は荷重で背中が沈む傾向にあり、騎乗者の体重が筋ではなく、脊柱によって支えられる。そのために馬はその荷重から急いで走り抜けて背中の痛みから逃れようとするのである。後肢が無秩序に動かされて、ますます背中の凹みが強くなり、頸と頭を高く上げて、ついには手綱を引き締めて命令しても全く言うことをきかなくなる」[1]

「肩を前へ」のテクニックは、馬体を「肩を内へ」にもっていく準備運動として大変適している。理由は2つある：

1. 推進力が直接生まれて、腰部腹部の屈曲を可能にする。
2. 内弯を強めることを可能にして、可動性を増す。

4 ● 弛緩法

動作は、抵抗や邪魔が全くない時に最も能率が高くなる。すなわち、「トップ／ボトム」ラインの拮抗作用を避ける必要がある。したがって、最初の目標は協調よりも弛緩法である。弛緩法を始めるにあたって、次のような訓練をしっかりやれば、容易で痛みの伴わない動作が確実にできる：

(a) 歩様をはっきり区分する

弛緩法によって、関節はその可動域いっぱいの動きが可能になる。規則性と歩調が馬を落ち着かせ、心から参加するように励ます。それによって完全で、整然とした、比較的遅いけれどもエネルギーに満ちた動作が生まれるはずである。移行段階に達しても歩調を変えないことが大切である。

(b) 歩様を維持する

馬場馬術の際に使う高度な姿勢は腹筋が十分発達するまで安定しないので、若い馬に用いてはならない。訓練を始める適当な時期は4歳の終わり頃である。それより早いと、関節の軟骨（特に飛節の）を傷める危険性がある。

5 ● 2蹄跡運動による訓練

この種の側方運動を、より重要な腰の屈曲が十分できるようになる前に計画するのは時期尚早である。そうした運動は、トップラインの筋をロックして、屈曲を妨げ、踏み込みや支持の場合よりもむしろ行きすぎた動作になる危険性がある。このように踏み込みのできていない時に2蹄跡上で訓練することは傍脊柱筋の抵抗を招き、次のような病的な連鎖が始まる結果になる：

抵抗→背中の収縮→不服従→協調のない動作

6 ● 結論：知ることと聴くこと

騎乗者が次に掲げた2つの意見に従って努力するならば、馬の動きを分析して理解できるようになる：

1. 生体力学の原理を知って、それに従って訓練をすること。
2. 人馬一体になれ（楽しいフランス式表現を使うなら、「ケンタウロスになれ」）。そうなれ

注1) Handler-Lessing. *La haute École espagnole de Vienne*. Albin Michel.

ば、あなたの体は運動中の馬が発する微かなサインに反応するようになる。それは競技に最も必要な訓練を選択する際に、本当に役立つ指針になるだろう。

その馬の持つ生まれつきの生体力学的な性質を無視して、実用的な自己流の考えに従って、競技用の馬をトレーニングするのは完全に間違っている。脊柱に問題が多い時は、その原因を騎乗者の体重や難しすぎる動作に求めるばかりでなく、私たちが耳をすまして聴かなかったことにもあるのではないかと考えるべきである。もし、馬が人の運動選手と同じように表現することができれば、筋の収縮や凝り、腰痛について訴えるはずだ。そうなれば人の医療の時と同じく、治療のためにトレーニングを中断することが必要になる。人の運動選手が腱の炎症や腰痛の初期症状が出た時点でトレーニングを止めなかったら、さしあたっては軽微な損傷も、ずっと深刻な状態に進行していくだろう。

したがって、馬に聴くこと、馬房に入れる時には前日の訓練によってどこか痛みの出たところがないかをよく観察すること、また、動き始めの様子をよく見守ることが大切なのである。こうすれば将来の健康も守られることになるだろう。

3. 訓練に際してのその他の基準10項目

馬の訓練を指導する時に頭に入れておくべきいくつかの基準：

1. 歩様
2. 動きの幅
3. 推進力
4. スピード（抵抗力や持久力を含む）
5. 歩調
6. 練習頻度と休息時間
7. 体重（騎乗者のある時とない時）
8. 抵抗あるいは共力（筋トーヌス亢進あるいは 筋トーヌス低下：摂食障害）
9. 地面の状態（固い、柔らかい）
10. 訓練をする面（平面、傾斜面）

以上の各項目を馬の年齢や準備状況に合わせて慎重に考慮しなければならない。

4. 斜面での訓練

直径15〜20mの円を描く；その半分を使って、約1.5mの高さの勾配を作る。訓練は調馬索を使って行うが、そうすれば背中は自由で、荷重は何もかからない。この訓練の目的は、背中を教育し直すことである。降りと登りの2段階があり、次のような筋が関与する：

1. 降り：腹筋群と股関節屈筋群に対する伸張性の訓練（下り坂でブレーキをかける努力も含む）

2. 登り：股関節および背中（殿筋および傍脊柱筋）の伸筋に対する共力的、短縮性訓練。推進している時、これらの筋が短縮性に働く。

登る訓練をしている時の主な注目点は、トップラインが伸びて、わずかに開き、鼻が下げられている時に、推進力を出すことである。円の平らな部分に1.2m間隔でキャバレッティが設けられているので、歩調を促し、歩幅を調節させる。馬が訓練に慣れてきたら、登り坂の終点の所で、高さ50cmの横木を飛び越すように促しても良いだろう。もし、その馬がこの訓練に良い素質を示さないのであれば、手綱をつけても何の役にも立たない。とはいえ、ゴムのアタッチメントを付けたシャンボンを使うことによって、いくらか馬を助けることができる。

速歩では、歩調はゆっくりした、落ち着いたものでなければいけない。練習は、はじめのうちは各手前を15分以内とし、徐々に20〜30分に延ばしていくようにすべきである。そして週に最高2回ないし3回にとどめるのが良いだろう。この訓練は脊柱と腹部の関係を発達させる特別な効果があり、しかも特殊化しすぎた運動をさせたために起きた損傷を直すのにも役立つ。弱い背中を持った馬、筋力や推進力の弱い馬の場合には、すぐに改善効果が現れる。訓練の体系を図55に示した。

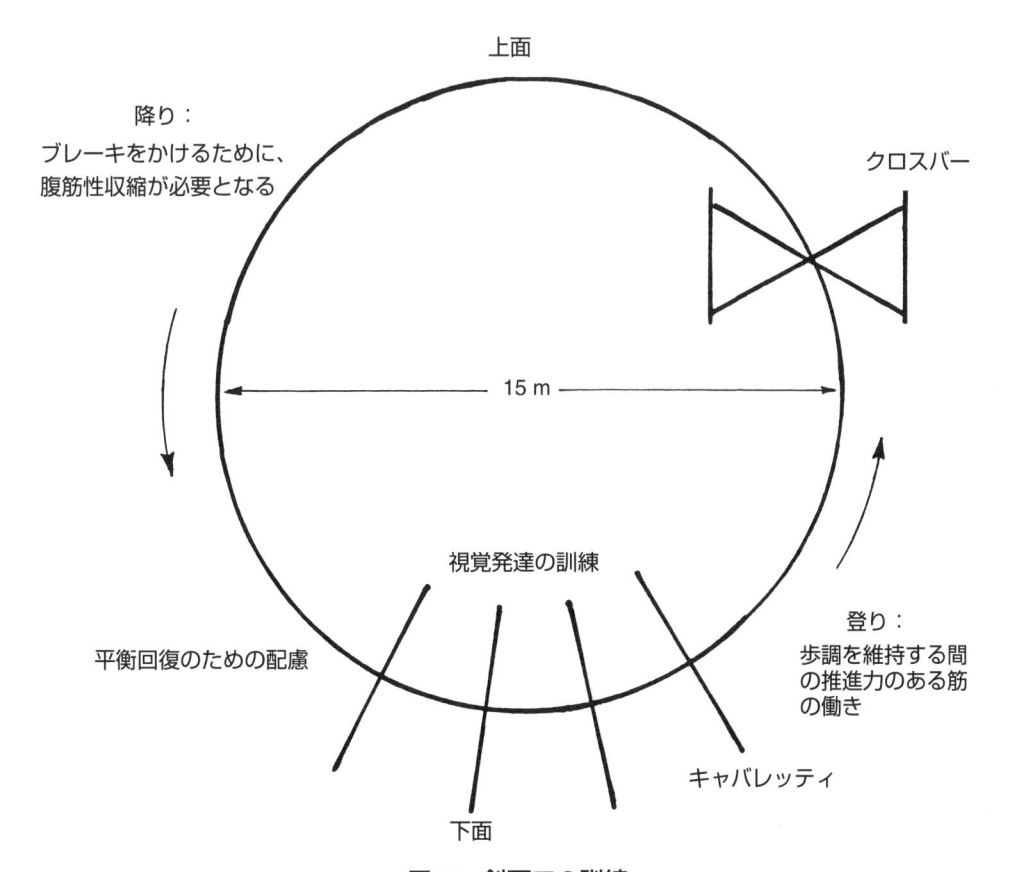

図55　斜面での訓練

PART 2

1 はじめに

人の運動選手であれば、自分が今経験している筋や関節の損傷について正確に話すのは簡単なことである。そのため、それらの損傷の多くは直ちに治療され、早期に解決できる。騎乗者のパートナーである馬も、同程度に筋や関節に損傷が起きるが、しばしば初期症状がわかりにくいために、損傷が深刻化するのを防ぐ手だてを施すのが遅れることになる。

しかし、敏感で注意深い騎乗者であれば、早い時期に損傷のサインに気付く。注意深いトレーナーには、馬房の中、あるいは一連の訓練の中で、馬の初期動作に現れる、固さ、しなやかさの欠如、落ち着きのなさ、さらには特定の命令に反抗することなどが見えるはずである。これは、あたかも寝室から出た直後に110mハードルを走ることができるとでも思っているように、馬を馬房から出すといきなり訓練を始めるような人たちとは、全く好対称をなしている。そのような環境にあっては、馬はすぐに腱の炎症やさまざまな筋痛、腰や背中の損傷などに悩まされ始めることになる。

多くの生体力学的な損傷のもう一つの原因としては、特殊な訓練ばかりを行わせるといった、専門化の問題がある。この場合、同じ筋や関節を繰り返し使うことに原因がある。人のスポーツ医療の場合は、特定の病理も明らかになっているし、選手も健康に気を付けているので、このような問題にも対策や予防策を考え出したり、迅速な治療を受けたりすることができる。

1. 競技用馬：競技と故障

競争のための訓練が始まった瞬間から、ほとんどの馬にとっての受難が始まる。彼らにとっては、競技とは本来故障を引き起こしやすいものであり、生理的にも不自然なことなのである。障害飛越競技のコースでは、彼らの軟骨や棘突起は飛越後の着地の時、あるいは不自然な歩様をとるために、繰り返しショックや小さな外傷を受けている。馬場馬術における踏み込みと収縮姿勢の矛盾は明らかだ。このような小さな故障は、若い馬では気付かれずに見過ごされることが多いものだが、影響は累積されていく。骨の生育について考慮されることは少ないので、子馬に過度なスポーツ活動をさせて、後になってからさまざまな損傷が出てくることになる。関節の近くに成長軟骨があって(図56)、牽引されるとプレッシャーを、圧迫されると拘束を受ける。

外傷はしばしば気付かれずに見過ごされるが、自覚症状のない壊死の原因になったり、関節症、あるいは関節軟骨における関節炎の原因となって長骨や短骨の骨端核を侵すことになる。過度の訓練からくる疲労もまた、関節滑膜の働きに

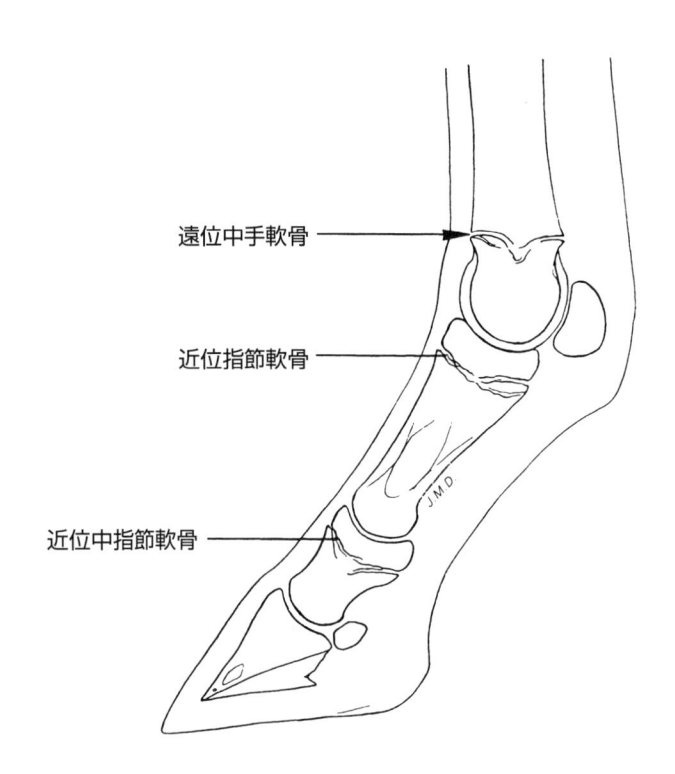

図56　X線像をもとに描いた生後24日の子馬の成長軟骨

（図中ラベル：遠位中手軟骨、近位指節軟骨、近位中指節軟骨）

悪影響があり、関節包が拡張すること（球腱軟腫）がある。

　これらの軟骨は馬の背が高くなる成長過程に関与していて、軟骨の損傷が硬骨の形成過程をゆがめる結果、骨の形や長さに変化をきたすばかりでなく、骨端核に変形をきたし関節症の原因の一つになることがある。

2. 若い馬における関節の発達と生体力学的な適応

　圧力によって生ずる衝撃波を吸収する最初の段階はクッションを用意することである。柔道でも、身体が床に叩きつけられる前に、それを予期して、衝撃波を吸収するために手で床を叩く。この技術なしには、老練な柔道家といえども長く続けてはいられないだろう。馬も柔道家と同じように、前肢で地面を叩くが、蹄鉄を着けているうえに、前肢は衝撃で曲がったりしな

いので、ショックは事実上足、膝、肩を通って一直線に脊柱まで伝わる。そのため、トレーナーは地面の質をよく観察しておく必要がある。固い地面は骨や関節を傷めるリスクがあり、柔らかくて深くぬかるんだ地面は腱や靭帯、筋を傷めるリスクがある。

これらの中間的な性質の地面を見つけることが大切になる。特にアスファルトの上を長時間速歩したり、飛越後に固い地面に着地することは避けるべきで、たびたび休息をとる必要がある。若い馬の最初のトレーニングでは、5分おきに休ませるべきである。トレーニングの時間配分の例を示せば、駆歩を1ピリオド行ったら、3ピリオドの速歩をさせる；飛越を1ピリオド行ったら休息する。

3. 運動の習得

訓練の初回から、その馬が生まれつき持つ歩調を見つけ出し、それに合わせて訓練することを目標にすべきである。それぞれの馬は、その馬固有のテンポを持っているので、それを尊重する必要がある。この歩調を速歩、駆歩の両方に見つけ出すことが、平衡のとれた、健全で、エネルギーに無駄のない動きをとる源になる。

この時期に、トレーナーは馬との間に良い関係が保たれるよう気を付けながら、馬が命令を聞き取って、それに従うようにさせる必要がある。特に：

1. 前進と後退（減速と加速）。
2. 横へそれる動き（カーブを描くことと、曲がること）。

準備運動として、規則的な幾何学模様の上をなぞって歩かせるのが良いと思われる。そうすれば、訓練の初期段階で、馬が身のこなし方を調整していくのに役立つだろう。

歩かせることは平静さを取り戻させ、最初は理解が不十分でうまくできなかった動作を再びやり直す機会を与えることにもなる。それはまた、トレーナーや騎乗者が馬の持っている身のこなしに対する自信のほどを推し量る機会にもなるし、自然に駆歩に戻ったり、2蹄跡運動によるストレッチング訓練に戻るきっかけになる。

4. 障害飛越

若い馬にいきなり障害飛越をさせてはならない。馬場馬術の訓練過程で、あるいは馬に十分準備ができている時だけ、障害物の前に連れて行っても良いだろう。馬と騎乗者の両方にとって、最高のパフォーマンスができるように、次のようなことに留意すべきである：

馬に対しては：
1. 動作のトレーニングに関しては、身体的に過度の負担にならないようにすること。

2. 訓練の過程で、色、形、順序などに関して、さまざまな経験をさせること。
3. 平静さが保たれるように、たびたび休息をとること。
4. 異常な様子(例えば、不安、あるいは緩慢な動作など)が見えたら、治療して筋トーヌスを調整すること。
5. 適度な高さの障害物を設置すること。これは4歳馬にとっては大切なことで、1～1.2m以上の高さにするべきではない。ただし、慎重に配慮した上での1.2mの飛越は、慌てた、歩調の乱れた、下手な80cmの飛越よりも危険は少ない。この下手な低い障害飛越は、騎乗者が馬にまだその準備ができていないのに、何か目立つことをやらせようとした結果であることが多い。
6. 適当な準備運動の時間をとること。訓練の限度としては、週に2回とし、1回に25～30回の飛越を、小さな外傷の繰り返しで累積的な損傷にならないように配慮した地質の場所で行うこと。

騎乗者に対しては：
1. 自分自身の緊張度に注意を払うこと。成功、失敗のどちらにとっても決定的な要素の一つである。
2. 馬が常にあなたの感情や攻撃的な態度などに気付いているということを忘れないこと。
3. 優秀な競技者は常に自分の感情をコントロールしていて、決して審判と論争などしないものである。
4. 歩調と平衡とを支配している馬の背中は、馬の感情を騎乗者に伝えるばかりでなく、騎乗者の感情を馬に伝えるという、双方向の情報伝達路になっている。

5. 乗馬学校が引き起こす問題

　若い馬が、人ならとても考えられないような高度な動作や身体的能力を発揮することを期待されているのを見ることがよくある。このような期待は、馬の生体力学的な発達段階を無視していると共に、頸や頭を不自然にまで高く上げるよう強制したり、体の柔軟性を獲得する以前に2蹄跡の訓練したり、速歩で連続手前変換をさせるために、歩調を無視した訓練をするところにも現れている。

　このような訓練環境の中では、馬の背中は緩んでしまう。もっと正確に言えば、背中が最高の強度や柔軟性を持たないで終わってしまうのである。また、飛節にも酷使された傷跡が残る。さらに重大なのは、多様な訓練をさせることを無視したり、収縮姿勢で過度な訓練をしたのを補うストレッチング運動を怠たる危険があることだ。乗馬学校での無理な訓練の結果は、背中の筋トーヌス亢進、スパズム、あるいは慢性的な腰の損傷や飛節の疲労として現れる。

2 方法とテクニック

1. マッサージ

1 ● 皮膚の生理学

(a) 呼吸器としての役割

皮膚は呼吸作用に関与していて、肺の働きの0.5〜0.8%に相当する働きをする。

(b) 分泌器官としての役割

いくつかのタイプの汗があり、それぞれ異なった腺から分泌される。汗の分泌はさまざまな生理的、心理的原因に対する反応として起こる。馬も人も汗腺の数は他の哺乳類に比べると多い。馬の汗は酸性で、次のような働きがある：

1. 体温調節。
2. 皮膚の柔らかさの維持。
3. 解毒作用。食物や疲労、ストレスなどにより体内にできた有害物質を排出する。

周期的に変動しながら、常に最低量の汗は作られている。馬では、この変動が毎分1〜2回見られる。馬が肉体的に疲れたり精神的にストレスがかかると、発汗は増加して最大量にまで達し、回復期になるまでその状態が続く。臭いは汗の成分（水、乾燥分、有機物、ミネラル）によって異なる。

臭いは性と年齢に関係があり、1歳以下の子馬は、離乳後でも雄雌共に「ミルクのような」と表現される爽やかな匂いがする。雄馬は力強いじゃこう臭があり、発情期にある雌馬では、300mも離れた所にいる種馬が気付くほどの匂いを発する。匂いと性質との間に関係があるとされ、次のように表現されている。

微かな＝無気力な、爽やかな＝快活な、鼻を刺すような＝元気で勇気のある、胡椒のような＝怒りっぽい。

(c) 感覚器官としての役割

皮膚には豊富に神経が分布している。そのため、皮膚は真皮および皮下に自由に分枝した神経終末を持った、広くて大きな1つの神経性の受容器なのである。皮膚の感覚受容器と深部にある器官との間にシナプス結合があるので、経皮的に器官を刺激する反射マッサージのような経皮的筋治療が可能になる。

(d) 感情表現器官としての役割

ジャン・ド・ゴルヘム[1] 教授によれば、感情は大脳皮質−視床−視床下部系で起きる出来事であり、馬の場合はこの系が皮膚における生体電気活動の発生源になっているように思われるという。したがって、それは脳波あるいは皮膚電気抵抗図として記録することが可能である。

注1) J. de Goldfiem. *Physiologie de cheval*. La peau et les phanères, 1er fascicule, Mars 1971.

2 ● マッサージを始める前に

マッサージは生き生きとした体験でなくてはならない。それは、マッサージを知覚の情報源とするために、指先を通して、痛みのある筋が緊張したり弛緩したりするのを探る手段としなければならないことを意味する。それは単なる行為ではなくて、治療的なコミュニケーションである。マッサージでは、痛みのある器官とその痛みを見つけ出し取り除く手との間で会話をすることによって診断ができる。そこにはまた、苦痛を楽にしてやろうとする願いがなくては、手だけで治すことはできない。癒しの行為には完全に集中することが必要なので、馬房の中、あるいは他の静かな場所でその馬だけと一緒になることが望ましい。敏感な局所を探っていると、馬はマッサージをする人の方を見たり、緊張したり、リラックスしたり、さまざまな動き、あるいは態度によって反応を見せる。これらがマッサージの持っている言葉なのである。

マッサージの過程は発展していく。翌日には緊張の度合いは違っているだろうし、毎日、回復の道のりの新しい場所にいることに気付くだろう。

馬は大きく重いので、初めから深部にまで届く強いマッサージが必要に思われるだろうが、実際は人にマッサージを施す時と同じ段取りや繊細さが必要なのである。マッサージは毛並びの方向に沿って行うようにし、ときには横方向に行うこともあるが、決して逆なでしてはならない。スパズムのある筋を円を描くようにマッサージする時は、例えば、複数の指を固く合わせるなどして行う。また、曲げた肘で背骨の周りの筋をマッサージする時は、上腕骨下端の尖った部分ではなくて、むしろ平らな部分を使うべきである。動かすのは筋線維の方向、あるいはそれに直角の方向とする。これらのテクニックを用いれば、誰でも治療的ばかりでなく、刺激的な効果のあるマッサージを行うことができる。

3 ● テクニック

軽く圧することから深部を探る動きまで、さまざまなレベルの接触の仕方があり、それぞれ独自の情報が得られる。表層のマッサージと深部に届くマッサージとを交互に繰り返しながら徐々にその範囲を広げていき、さまざまなレベルにおける緊張の様子を知るように努力する必要がある。

さまざまで特殊なマッサージのテクニックが認められており、それぞれ特定の目的に用いられている：

1. 手のひらを用いるマッサージ
2. 指先を用いるマッサージ
3. 肘を用いるマッサージ
4. 動きをよくする、授動マッサージ
5. 炎症を鎮め、癒着を防ぐマッサージ
6. 位置（屈筋腱の）を回復させるマッサージ
7. 排液マッサージ
8. 緊張のある局所に施す振動マッサージ
9. 特定のツボに施すマッサージ
10. 指先を用いた、皮膚をストレッチするための反射マッサージ
11. 深部にまで届く強い横断マッサージ

(1) 手のひらを用いるマッサージ

これは指を伸ばした状態の手のひらを使って穏やかに圧す、軽い準備的なマッサージである（**写真1**）。マッサージをする人にとって導入的

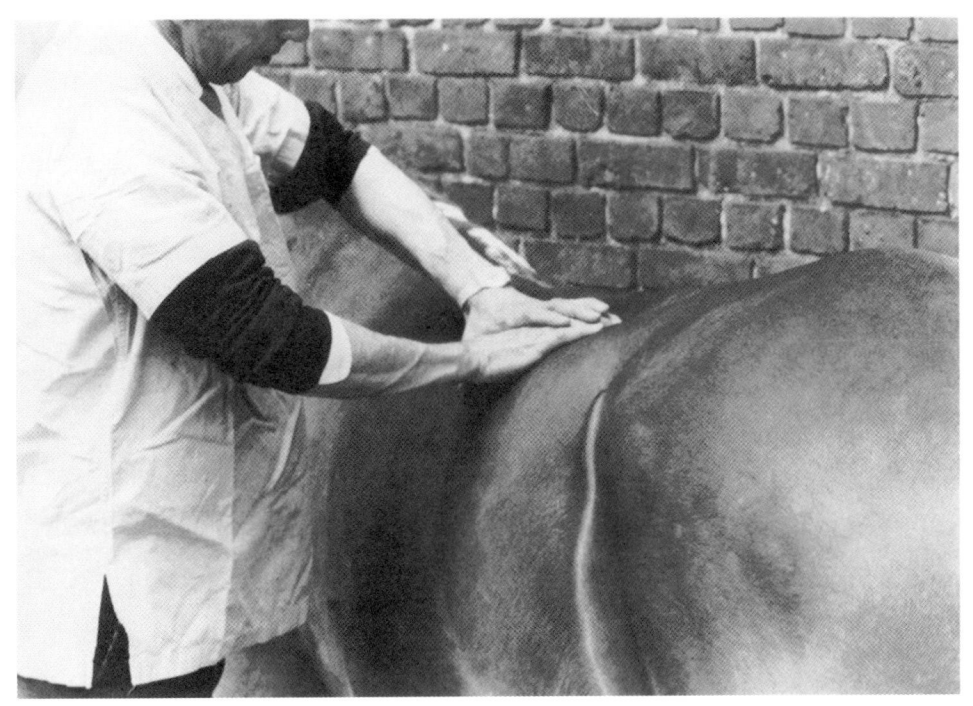

写真1　手のひらを用いるマッサージ

な意味があり、まず緊張している場所を感じとるように行う。これは触られる側である馬の初期の不安を鎮めるのにも役立つ。

(2) 指先を用いるマッサージ

力を強く、しかも狭い場所がマッサージできるように、手先を向かい合わせ、揃えた指先を重ねる(写真2)。

(3) 肘を用いるマッサージ

肘は写真3で示したようにしっかり曲げる。大切なことは肘の先の尖った部分を使うのではなく、上腕骨の肘頭と内外の2つの上顆でできた三角形をした平らな部分を使うことである。この方法は強い効果があるので、気を付けながら適度に施す必要がある。背中をくぼませたり、縮み上がって逃げようとしたりする様子が伺えるようでは適切ではない。飛節を尻に向かってストレッチした後、肘を脊椎骨の間の凹みなどに当てて、斜めに動かしながら十分にマッサージをする。腰部の損傷を治療しようとする時は、腸骨と腰椎が交叉するあたりの中殿筋に肘を使ってぐるぐる円を描くようなマッサージを施す。

原則的には、初めに手のひらを用いたマッサージ、ついで指先を用いたマッサージに移って、まず初期的なスパズムを治療するのが良いだろう。肘を用いたマッサージは、特に殿部や仙腸部の筋の起始部の治療に有効である。

(4) 授動マッサージ

写真4で示したように、このテクニックは筋

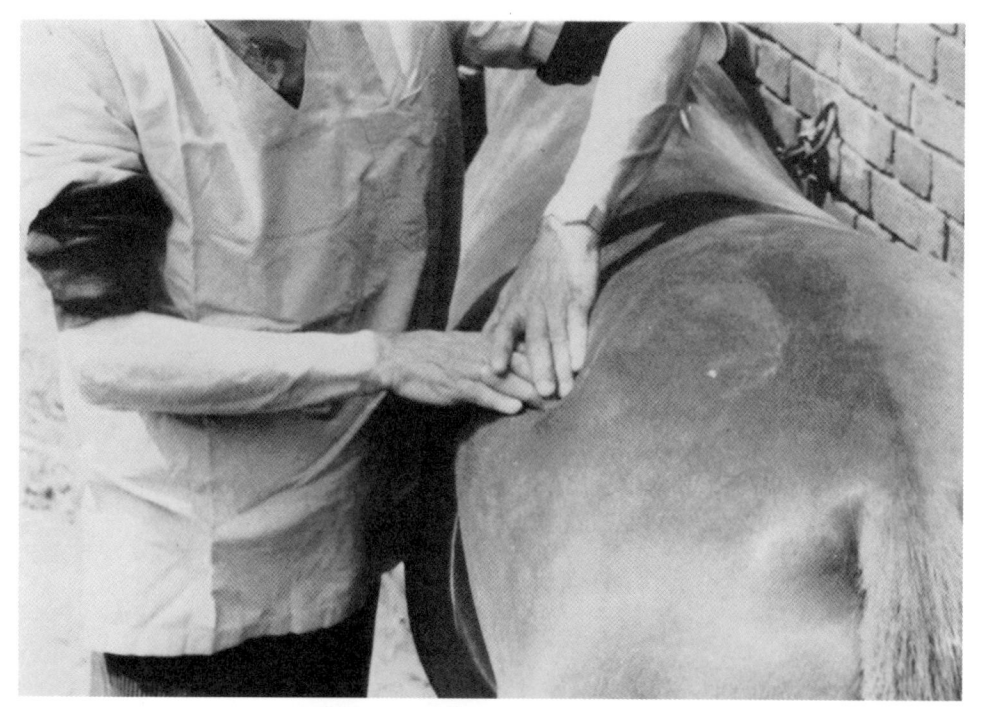

写真2　指先を用いるマッサージ

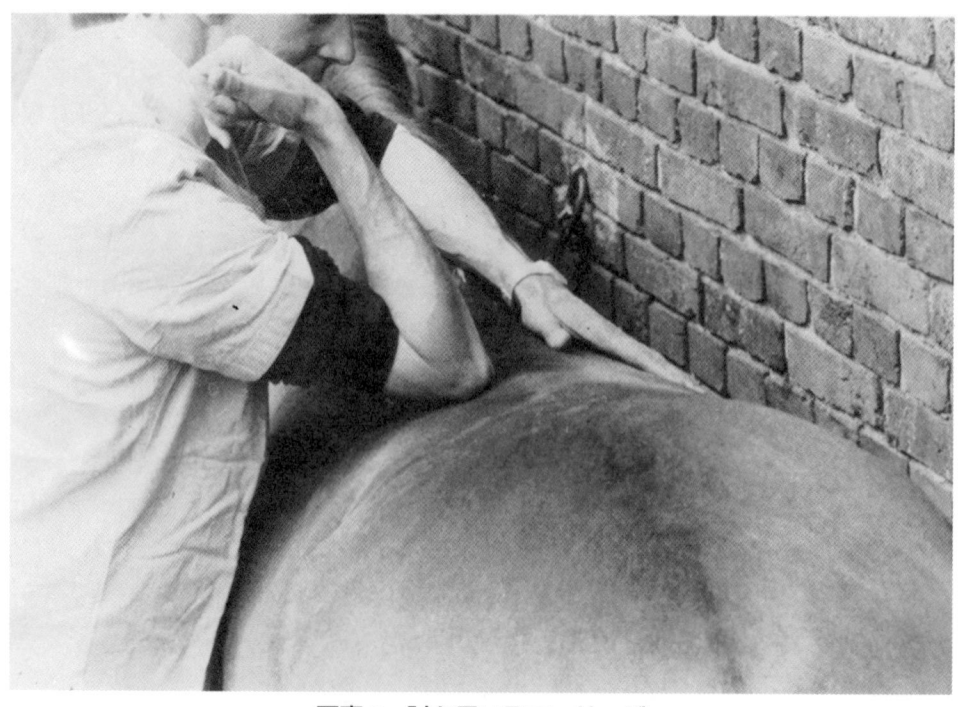

写真3　肘を用いるマッサージ

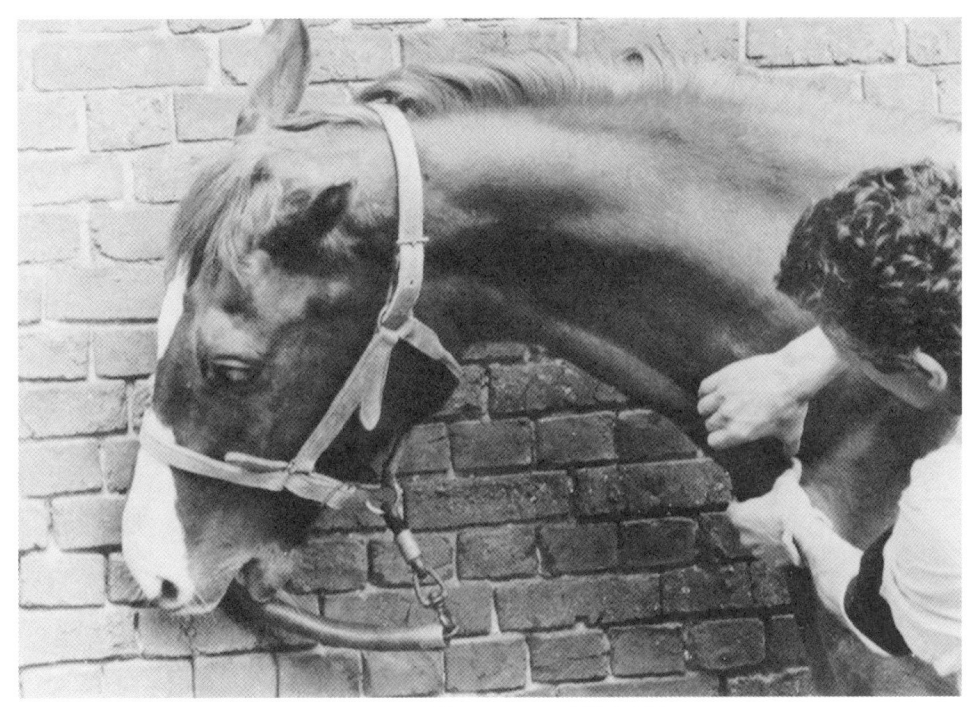

写真4　授動マッサージ（揉捏法）

（例えば、上腕頭筋や大腿後部筋など）を弛緩させるのに用いる。揉捏法の形をとり、両方の手のひらを使ってしっかりこねるような動作をする。この時、馬体の動きを利用しながら、筋を前後に動かすようにする。

(5)　炎症を鎮め、癒着を防ぐマッサージ

写真5に示すように、このテクニックでは両手の間で皮膚のヒダを作り、それを揉んだり持ち上げたりする。このマッサージは、線維性の瘢痕組織が形成されているような個所に施すと、癒着を防ぐのにたいへん効果がある。脊椎の棘突起の周辺に施すのも良いだろう。また、このテクニックは蜂巣炎の時にできた炎症生産物が溜まっている皮膚の層を判別するのに用いる。しかし、このマッサージは強いと痛いことがあるので、ゆっくり慎重にやる必要がある。

(6)　位置（屈筋腱の）を回復させるマッサージ

(4)と同じテクニックを使うが、腱に対して施すところが異なる。写真6と7に示すように、治療する場所を支えておいて、親指と他の指とで両側からマッサージする。マッサージは目的の腱に沿って、その周囲を次々に移動させながら行い、腱をストレッチすると同時に元の正常な位置に戻して行う。対象が腱であるか、靭帯であるかを判別して、それぞれ別にマッサージする。浮腫がないかどうかにも気を付ける。

1回のマッサージの間に、このテクニックと次の項で述べる排液テクニックとを一定の時間

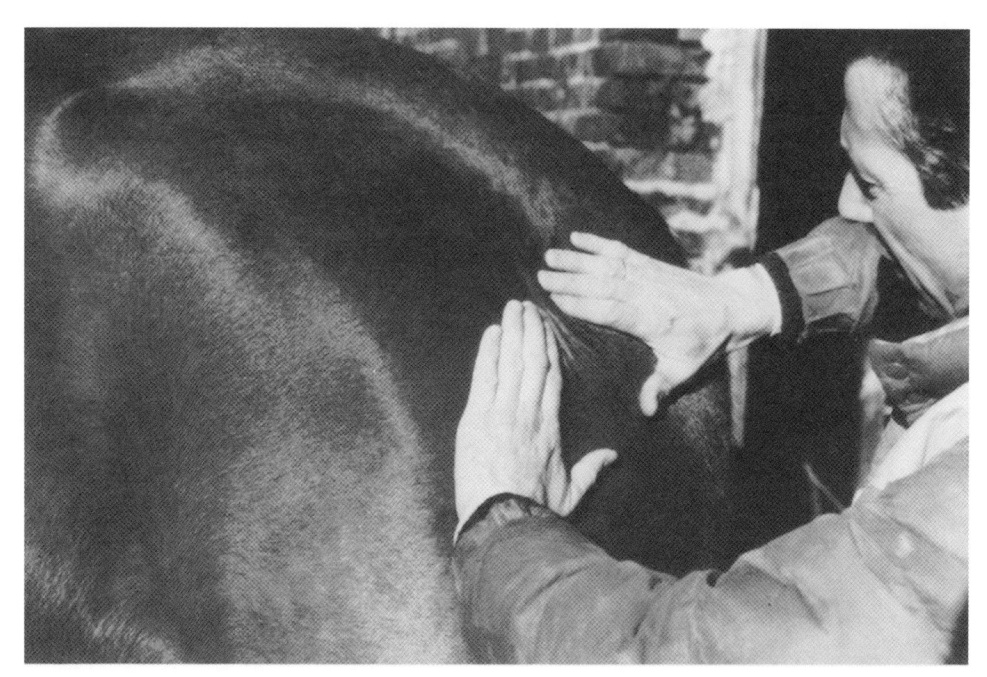

写真5　癒着を解き、筋線維をほぐすマッサージ

をおいて交互に行う必要がある。常にそうだが、徐々に進めることと優しくすることをモットーとしなければならない。対象とする組織の状態に気を付けさえすれば、マッサージは常に効果がある。位置を矯正するマッサージでは加える力を徐々に強くしていくが、決して逆効果になるほど強くしてはならない。

炎症が安定期に入っていない疑いがある時には（例えば、ごく新しい重症の腱炎である時）、簡単な軽いマッサージを行うだけで十分である。そのような状態の時には、腱自体に直接触れないようにして、数日間リンパ液の排液を促すようにするのが良いだろう。

(7) 排液マッサージ

組織の間に出たリンパ液や血液（腫れた肢や裂けた筋の）を再吸収させるには、軽い動きのマッサージから始めるべきである。損傷のある肢の周りを包むように両手のひらで輪を作り、圧力を保ちながら他の部分へ滑るように動かしていく。患部の末端にあたる個所から始め、膝から肘の方へ、繋から膝の方へ、それぞれの場所を5〜10分間、動きを変えながら力強くマッサージしていく。マッサージの後、15分間その肢全体にぽたぽた程度のごく軽いシャワーを浴びさせる。膝から足首の間を厚い半圧迫包帯で巻いてやるとマッサージの効果を高める。包帯は24時間毎にチェックして、毎日のマッサージの後に再び巻いておくようにする必要がある。

静脈炎がある場合は深部マッサージは勧められない。伝染や塞栓症を誘発する可能性がある。

(8) 緊張のある局所に対する振動マッサージ

指先を緊張のある局所に当てる（**写真8、9**）。

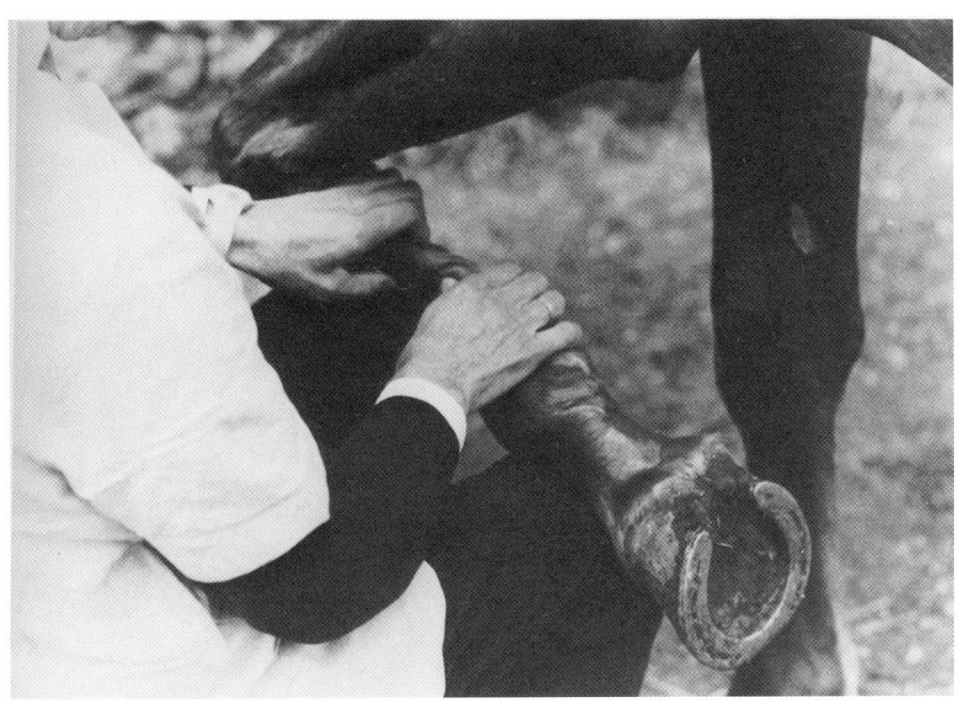

写真6　位置を回復させるマッサージ：緊張させた状態のもとで

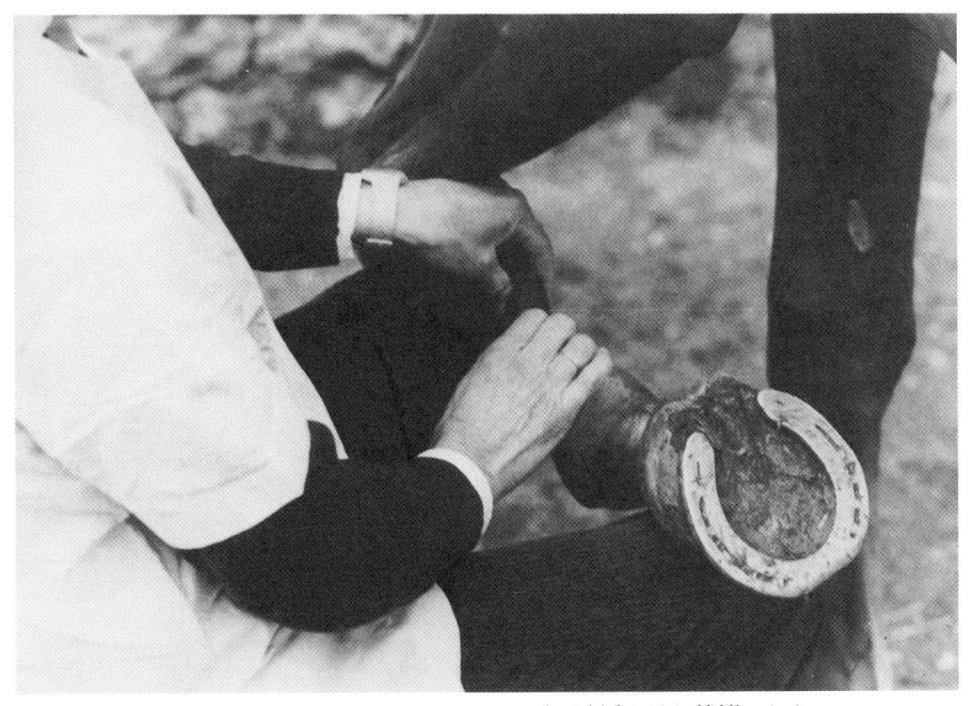

写真7　位置を回復させるマッサージ：弛緩させた状態のもとで

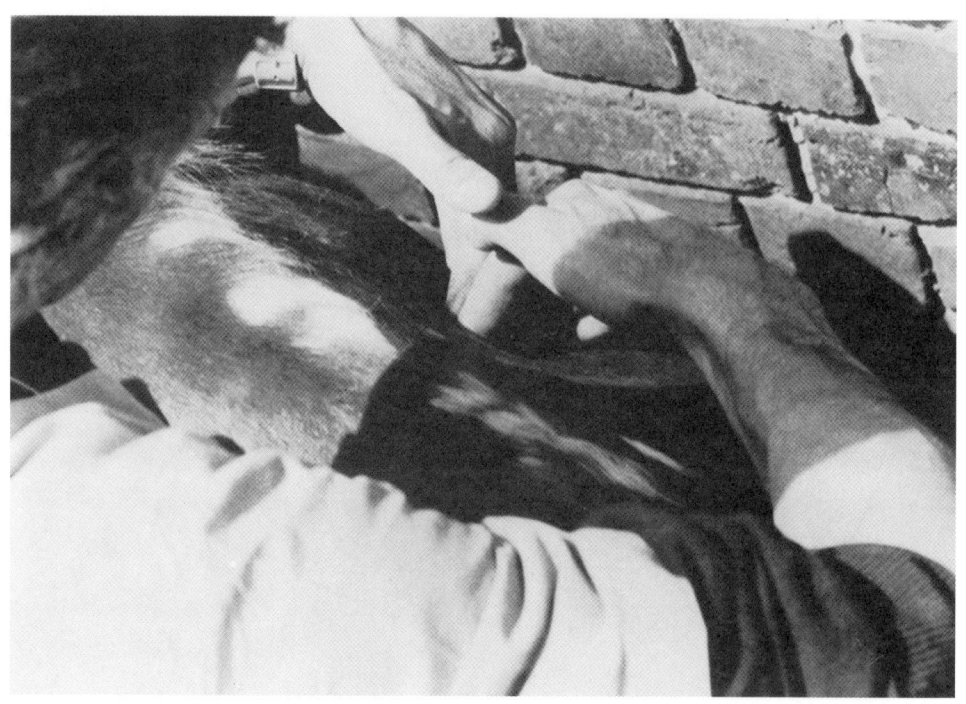

写真8　振動マッサージ

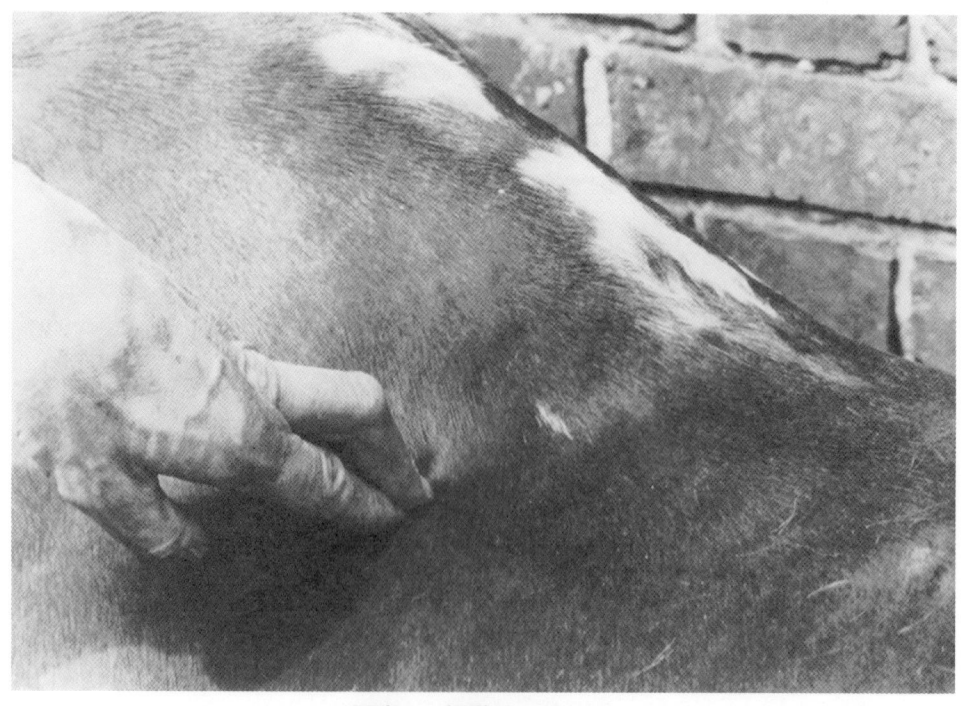

写真9　振動マッサージ

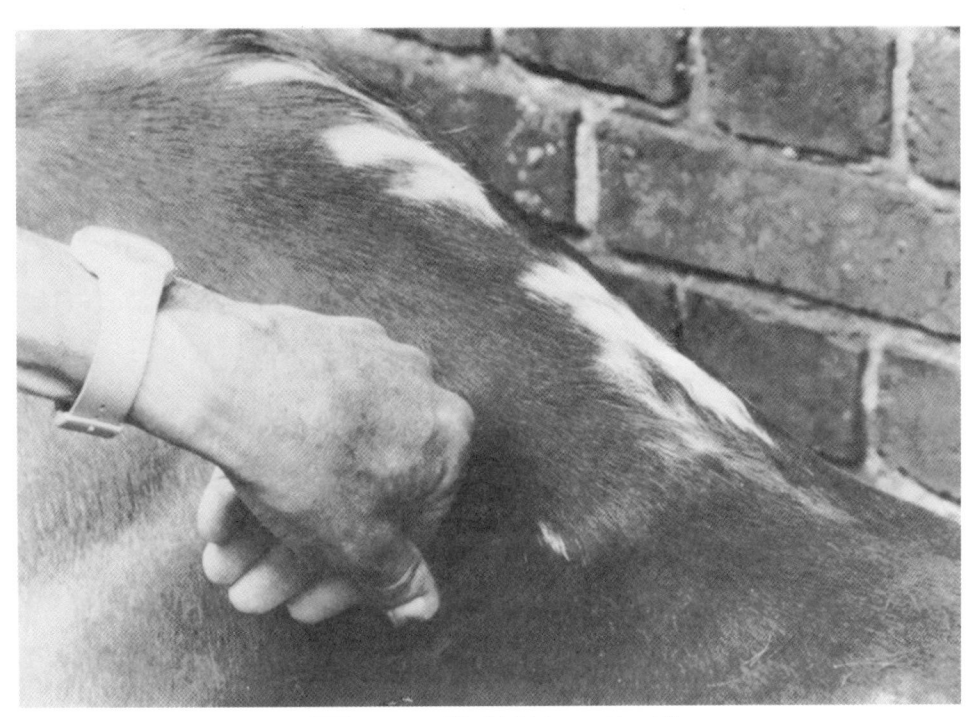

写真10　ツボに対するマッサージ

写真11　皮膚のマッサージ

このテクニックは筋のスパズムを治療しようとするものである。患部にごく近い鍼のツボにも圧力が加わる。

(9) 特定のツボに施すマッサージ

このマッサージは2本の指、あるいは親指を用いて、鍼のツボに対して施す（**写真10**）。動きを狭い範囲に限定して、表層部と深部を交互にマッサージする。それぞれのツボに5分間は行わなければならない。

(10) 指先を用いた、皮膚をストレッチするための反射マッサージ

このテクニックには中指を使うが、指を少し曲げると共に補強のために薬指と小指を添える（**写真11**）。このマッサージは毛の方向とは逆の方向へ向かって行っても効果がある。治療の領域毎に指示されているやり方（第4章、144〜147頁参照）に従いながら、深く押し込み、皮膚に1本の線を描くようにマッサージする。皮膚が反応して線の部分が少し膨らむ。皮膚が圧されてヒスタミンが放出され、血管が拡張する。

(11) 深部横断マッサージ(DTM)

DTMは靭帯や腱、それに筋の腱膜付着部などを治療する時に用いられる（**写真12**）。線維の方向に直角に、初めは表層を素早く、その後は深部をゆっくりマッサージする。中指と薬指を合わせて使うか、親指を使って行う。深部へのマッサージはダメージを与えないように穏やかに始めるようにし、ときどき表層部へのマッサージと交替させる。1回のマッサージは10分間とし、30秒毎に深部マッサージと表層部マッサージを交替する。ただし、指は施術中ずっと皮膚から離さないようにする。

飛節に対しては、気を付けてDTMを施す必要がある。前面内部に神経と血管の束が走っているからである。関節に来ている血管を強く圧しすぎないように、施術者は側副靭帯の位置をよく知っていなければならない。いずれにしても、この効果のあるマッサージは慎重に行う必要がある。

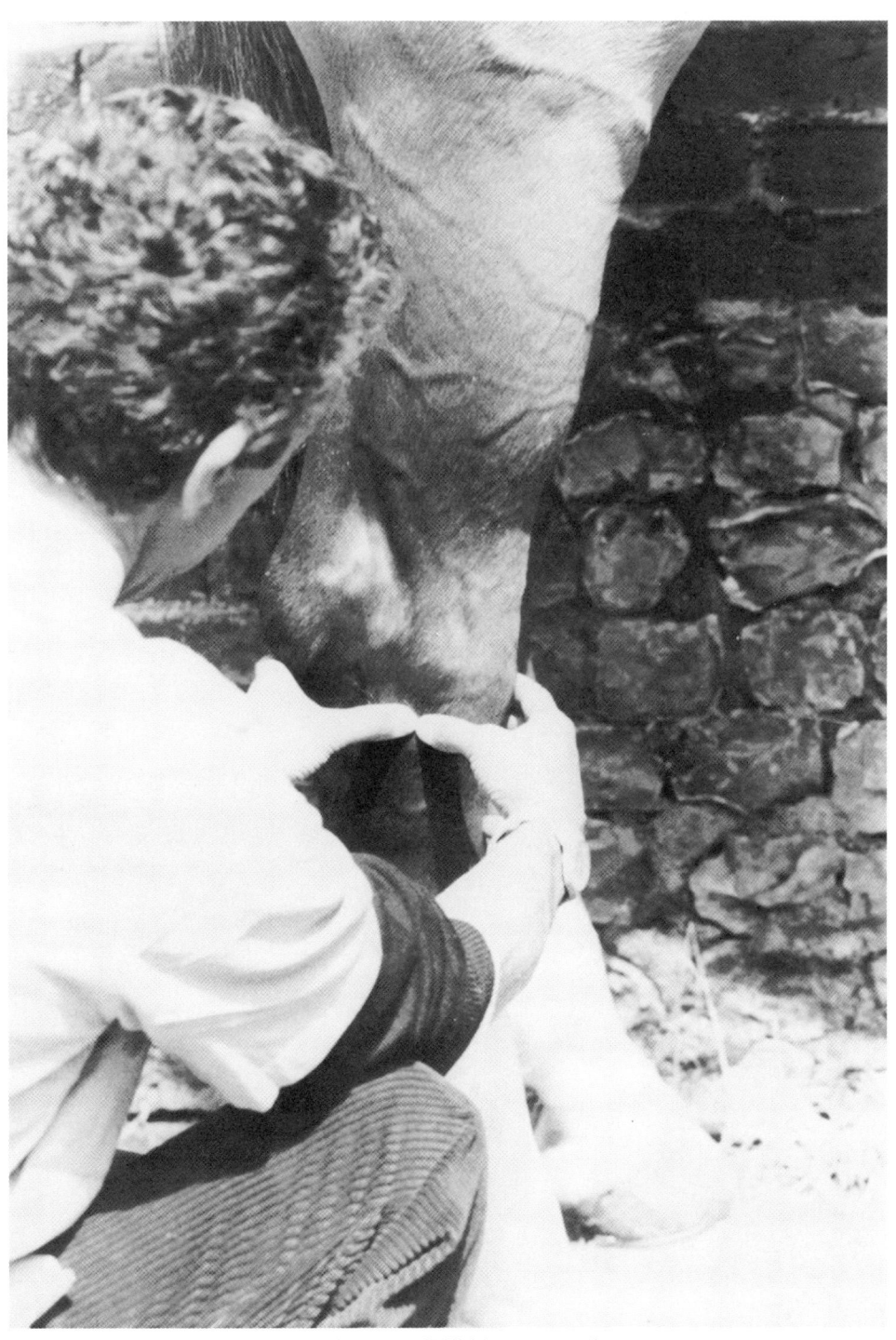

写真12　深部横断マッサージ

2. 理学療法

─── 1 ● 電気療法

(a) 電流のタイプ

低周波、中周波、高周波の3種類が用いられている。

1. 低周波電流

低周波電流は、直流電流（電気泳動、次項参照）、誘導電流、正弦波電流（直流電流と組み合わせることもできる）などのように、変調されていない単純で無修飾のパルスが成分になっている。周波数の幅は0～1,500Hzである。周波数、振幅、持続時間などはすべて変えられるので、可能な組み合わせは無数にあるが、独特の生理学的特性を発揮する組み合わせがいくつかあり、それが治療に用いられている。治療効果としては血管拡張作用、浮腫の吸収作用、鎮静作用、運動神経刺激作用などが認められている。

2. 中周波電流

周波数の幅は3～10kHzである。医療目的には修飾されていない正弦波が用いられている。中周波電流は特に干渉療法でよく使われる（**写真13**）。治療効果としては体温上昇作用、血管拡張作用などがある。

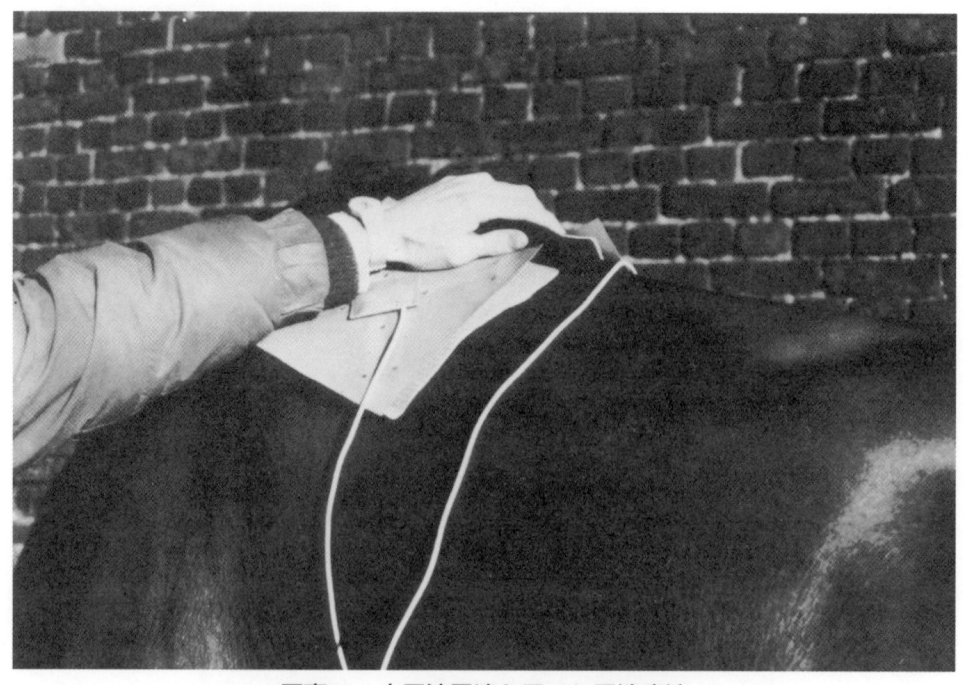

写真13 中周波電流を用いた干渉療法

3. 高周波電流

これは周波数が100kHz、あるいはそれ以上の電流で、電磁波を発生する。周波数の幅は広いが、医療目的に利用されるのは特定の周波数のところだけである。治療効果としては体温上昇作用、血管拡張作用などがある。また組織を切除するのに用いられ、手術に応用されている。

(b) 電気泳動（イオン浸透療法）

1. 適応

関節痛、捻挫、靭帯や腱の損傷

2. 効果

血管拡張作用、浮腫の吸収、治療に有用なイオンの運搬、鎮静作用。

3. 溶液

電気療法によく使用されるものとしては：

- 2％塩化カルシウム、陰極に用いる（腱炎、捻挫）
- 1％ヨウ化カリウム、陽極に用いる（腱炎、裂傷、浮腫）
- 2％サリチル酸ナトリウム、陽極に用いる（腱炎、炎症）

4. 方法（写真14、15）

治療時間は30分間とする。

一番敏感な個所に陰極を当て、その反対側に陽極を置く。肢を治療する時は局所を横断する形で電極を当て、上から包帯を巻いて保持すると共に、乾燥を防ぐようにする。筋を治療する時は、電極を治療する筋の上に最低5cm以上離して縦に並べ、エラストプラストで固定する。馬が動く可能性があるので長いリード線は必要だが、電流の強度を徐々に上げるように気を付ければあまり動くことはない。電流の強度は15～25mAの間とする。治療部の毛を短く刈ることが勧められているが、剃らないことが大切である。剃るとそこに小さな傷ができて治癒を遅らせたり、そこに火傷を起こしたりする可能性がある。もちろん、皮膚を傷つけたり、瘢痕組織ができるようなことをしてはならない。

肢以外の体部では、電極を横に並べるよりも縦に並べるようにして最も痛む所に陰極を置く。電極のスポンジは常に清潔に保つように心掛け、皮膚とスポンジとの間にソパリンの層ができるようにする必要がある。使用後にはスポンジをきれいに洗うが、使用前にもう一度洗って、よく絞り、余分な水分を取り除くようにする。

2 ● 超音波

(a) 治療効果

超音波には次のような効果が期待できる：

1. 温度上昇：超音波が組織内の分子の振動を活発化する。
2. 膜の透過性を増し、滲出物の排出を助ける。
3. 瘢痕組織の線維を破壊する。
4. 鎮痛作用：神経伝導速度を鈍らせることによる。

超音波は電気泳動と併用すると、腱鞘炎、靭帯炎、一般的な靭帯痛、捻挫、関節の損傷、裂傷などにたいへん効果がある。また棘突起の周辺に施せば、腰痛、棘間靭帯炎など脊椎関連の損傷の治療法として有効である。

(b) 方法（写真16）

超音波の透過を良くするために、治療器のヘッドと皮膚の間にゲルを厚く均等に塗る。水を用いることも可能である。超音波の強度は、痛みを起こしたり、施術者に空洞形成の危険が

写真14　電気泳動

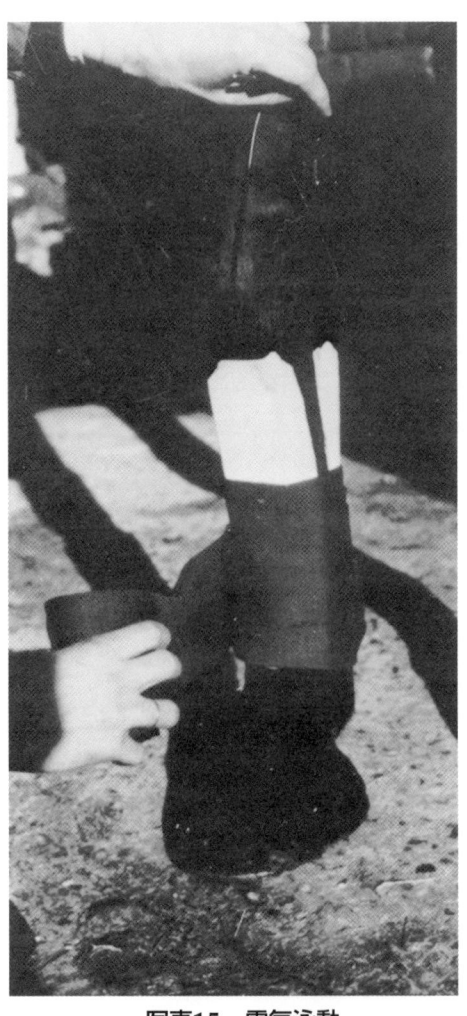

写真15　電気泳動

及ばないように、適度な強さにしなければならない。また、筋内に血腫がある時は、血腫発生後5日以上経ってから超音波治療を始める必要がある。腱あるいは靭帯の損傷が浅い所にある時は、20〜35wの強さで、12分間（6分間ずつ両側に）連続して当てる。患部の上を治療器のヘッドをゆっくり前後させながら、少しずつ移動させていく。超音波を最もよく伝えるのは水なので、腱の損傷の場合は水を張った深い水槽に患側の肢を入れて治療すべきである。しかし、馬を12分間も片肢を水に漬けたまま立たせておくのは難しいので、そのような時はゲルを用いる。透過率は50％も落ちてしまうが効果はある。

損傷が深部にある時は（例えば筋の下にある時）、超音波を35〜40w、12分間のパルスモードで照射する。もし、馬が水槽に肢を漬けていることを嫌がらなければ、水に角氷を加え、12分間水中で治療器のヘッドを当てる。

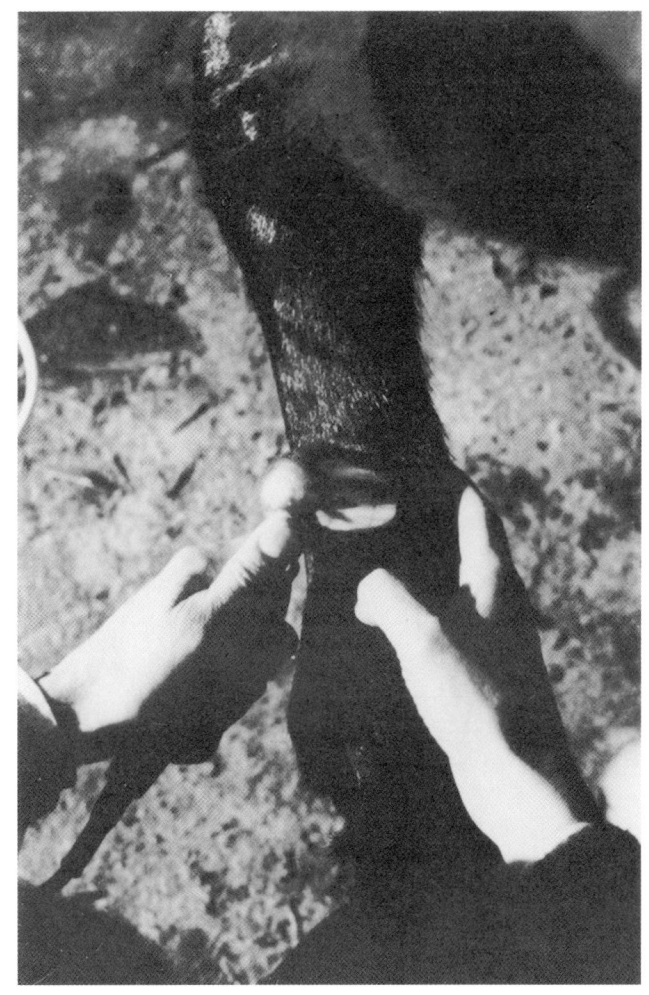

写真16　超音波治療

── 3 ● 低エネルギーレーザー

　筋や腱の損傷に対するレーザーの治療効果については、まだ証明すべき点が沢山ある。これまでに報告された効果は、今のところあまり長続きするものではないようだ。

(a) 低エネルギーレーザーの生物学的効果

　レーザーは分子のレベルで作用し、3つの主な働きがある：

1. 組織の細胞内外のイオンを刺激して、生体の調節に影響を及ぼす。
2. 抗炎症作用：プロスタグランジンの合成を促す。
3. 鎮痛作用：神経系のゲートコントロール機構に働きかける。

　レーザーが到達する有効範囲は、体表から30mmまでである。

(b) 治療への適用

最も確かな治療効果は、瘢痕組織における修復作用と血管再生作用である。また、他の従来からある治療法（電気泳動や超音波療法）と組み合わせて用いると、靭帯や腱の治療にも有効だと思われる。レーザー単独では、筋関連の損傷（例えば、裂傷や腰痛）の治療には修復効果を期待できない。

4 ● 温熱療法

熱伝導を利用するものと輻射熱を利用するものの、2つの方法がある。鉱泥の熱伝導を利用する療法の方が、赤外線ランプの輻射熱を利用する療法よりも効果がある。赤外線は治療を始める前に、馬の体を乾かしたり背中を暖めたりするのに役立つくらいの意味しかない。

5 ● 水浴療法

馬の体全体をすっぽり水に入れることは、再教育に都合の良い無重力状態を作り出すと共に、水中での運動は心血管系に良い影響をもたらす。しかし、脊柱を過度に伸長させる原因になる可能性や、ボトムラインを中断させることで頸・背部に疲労をもたらす可能性もある。これを防ぐために、米国の多くのトレーニングセンターでは、馬の体のまわりに浮袋を着ける。この療法のもう一つの欠点は、骨・靭帯・腱系を通して筋の発達には良い影響があるが、無重力状態のもとではその骨・靭帯・腱系が固有感覚に関して、あるいは生体力学上、最小限の抵抗にしかあわないために虚弱になる傾向がみられることである。そのため、水浴療法をしたら、その後できるだけ早い時期に、第1部の第1章で紹介したSRPテクニックを用いた訓練をすべきである。また、このような後退現象に悩まされずにすむ有効な方法として、馬の腹帯の高さまで水を張ることのできる水路を作り、その中で水中ジェットを使ってマッサージするものがある。

6 ● その他、理学療法の補助薬など

(a) 軟膏

治療の初期に、純粋に抗炎症作用だけを持った軟膏、あるいは皮膚の反応を防ぐための中性クリームの後に使う軟膏などは使用しても構わないだろう。治療目的ではなく、健康維持のためのマッサージなら何も塗る必要はないが、例外として、関節や腱の治療の場合は作用の穏やかな成分を含む中性クリームを塗っても良いだろう（例えば、アロマセラピー）。マッサージの後は、1リットルの水にスプーン3杯のシントール*を溶かした溶液で患部をきれいに拭いておく必要がある。特に、毛が刈ってあるような時には、皮膚の反応を誘発しないように作用の強い製品の使用には十分気を付けなければならない。毛が刈られていると真皮の活動が高まっていて、表皮がより強く反応するからである。

主要な治療効果をもたらすのはマッサージなのだということを常に念頭に置く必要がある。軟膏はせいぜい補助薬であり、関節や靭帯、腱などの治療に使用する時は慎重でなければならない。軟膏によっては粘膜を刺激するものがあるので、舐めるのを防ぐために馬にカラーを着ける必要がある。

訳注＊シントール (synthol)：高圧のもとで、触媒とともに水素と一酸化炭素を反応させて得られる炭化水素

(b) バイブレーター

理学療法ではほとんど使われない。治療に真剣に取り組んでいる人たちにとっては、一種の手抜きとして排斥されている。バイブレーターの使用には触れ合いという繊細な行為がないために、施術者は患者に触れることによってのみ得られる治療に必要な情報を収集できない。

表1 イオン浸透療法に適した主な化学物質
(La Galvanotherapie by Dumoulin and G.de Bisschopより)

物質	溶液	極性	作用	適応
アドレナリン	2%	+	血管収縮作用	末梢血流による傷害
αキモトリプシン	1%	+	抗炎症作用	打撲、捻挫時の炎症
コカイン	1%（アルコール中）	+	局所麻酔作用	帯状疱疹、三叉神経痛
塩酸メピバカイン（エピカイン内に）	2%等張食塩水	獣医師のアドバイス	局所麻酔作用	帯状疱疹、三叉神経痛
ヒスタミン	0.2%	+	対向刺激、血管拡張作用	リウマチ、関節痛、スパズム
塩化カルシウム	1%	+	鎮静作用	交感神経の機能障害、片麻痺、外傷後疼痛、骨粗鬆症
塩化ナトリウム	2%	−	線維分解作用	線維性瘢痕、ケロイド
塩化亜鉛、硫化亜鉛	1%	+	殺菌作用	粘膜の殺菌
クエン酸カリウム	1%	−	抗炎症作用	小関節のリウマチ
ガラミン（フラキシジール）	4%	両極性	筋弛緩作用	筋収縮、パーキンソン病
ヒアロウロニダーゼ	150単位（使用直前に調整する）	+	消炎作用	慢性リンパ水腫、血栓性静脈炎、リンパ管炎
ヨードカリウム	1%	−	脈管性、抗関節炎、線維分解作用	関節炎、関節症、疼痛、外傷組織の癒着、ケロイド
硝酸アコニチン	0.25%	+	鎮痛作用	ひどい神経痛
硝酸銀	29%	+	抗炎症作用	小関節のリウマチ痛
アドレナリンのリン酸塩	1%	+	血管収縮作用	喘息
コルチコステロイド	1%	+	抗炎症作用	リウマチ、痛風
ヒドロコルチゾン	1%			
サリチル酸ナトリウム	1%	−	鬱血除去、鎮痛作用	静脈周囲炎、急性関節リウマチ、筋痛
硫酸銅	2%	+	消毒・殺菌作用	真菌症、毛包炎
硫酸または塩化マグネシウム	25%	+	破壊作用	疣
イボチオムカーゼ	溶液または軟膏として	−	消炎作用	セリュライト、リンパ水腫、手術後の浮腫

表 2　電気療法の治療的応用に関する指針

直流電流
- 温度上昇、血管拡張：重要性は小さい。
- 膜の分極：次のような効果があり、たいへん重要。
    - 電気浸透（抗浮腫作用）
    - 神経終末に直接作用する鎮静作用
    - 電気泳動（物質の移動）
- イオンの運搬：たいへん重要、準特異的、次のような医学的イオンの活性化。
    - カルシウム（鎮静作用）
    - ヨード（硬化した組織の除去）
    - サリチル酸塩（抗炎症作用）
    - クラーレ麻酔（収縮停止作用）
    - ヒスタミン（対向刺激作用）
- 組織破壊：陰極での電気分解、美容的な皮膚科学への応用。

低周波電流
- 温度上昇、血管拡張：重要性は小さい。
- 膜の分極：直流電流ほどではないが、鎮痛作用がある。習慣性にならないように変調できる。
- イオンの運搬：電流が一方向性のものならば可能。
- 運動神経刺激作用：診断(刺激して／見つけ出す)に利用されているが、健康な組織に対しても、損傷のある組織に対しても、治療法として利用できると思われる。

中周波電流
- 温度上昇、血管拡張：連続電流や低周波電流の場合よりは重要だが、高周波電流の場合より重要性は低い。
- 膜の分極：中等度、弱い鎮痛作用がある。
- イオンの運搬：利用されていない。
- 運動神経刺激作用：強力で、健康な筋線維を強縮させる。変調ないし干渉療法が可能で、特定の筋線維、および律動性強縮の治療ができる。

高周波電流
- 温度上昇、血管拡張：栄養上の効果もあり、たいへん重要。
- 膜の分極、およびイオンの運搬：利用されていない。
- 運動神経刺激作用：ない。
- 組織の破壊：重要で、凝固促進、組織の切断、高周波療法など、外科的に応用されている。

表3 電気治療に用いられるイオン化溶質

イオンの種類		
・カルシウム		
使用する塩	塩化カルシウム	
濃度	1%	
極性	+	
・ヨード		
使用する塩	ヨードカリウム	
濃度	1%	
極性	−	
・サリチル酸		
使用する塩	サリチル酸ナトリウム	
濃度	3%	
極性	+／−	
・マグネシウム		
使用する塩	硫酸マグネシウム 塩化マグネシウム	
濃度	2, 5, 10, 20%	
	臭化マグネシウム	
濃度	1, 2%	
極性	+	
・亜鉛		
使用する塩	塩化亜鉛、硫酸亜鉛	
濃度	1%	
極性	+	
・銅		
使用する塩	硫酸銅	
濃度	0.2%	
極性	+	
・クエン酸		
使用する塩	クエン酸カリウム	
濃度	1%	
極性	−	
・麻酔薬		
使用する物質	塩酸メピバカイン（エピカイン内に）	
濃度	2%（非等張液に溶かす）	
極性	獣医師のアドバイスによる	
・血管収縮薬		
使用する薬剤	アドレナリン	
濃度	0.2%	
極性	+	
・筋弛緩剤		
使用する薬剤	三ヨウ化エチルガラミン（フラキシジール）	
濃度	80mg/L	
極性	+	
・酵素		
使用する物質	ムコ多糖加水分解酵素	
濃度	10,000TRU/L（チオムカーゼ1ビンを10mL 溶媒に溶解）	
極性	+	
・アコニチン		
使用する塩	硫酸アコニチン	
濃度	0.025%	
極性	+	
・ヒスタミン		
使用する塩	ヒスタミン二塩素水和物	
濃度	0.02%	
極性	+	

3

単純な損傷に対する理学療法

　この章では、関節、腱、筋などにごく普通にみられる損傷について述べた後、それに対する適切な治療法を考える。

1. 関節の治療

1 ● 原因

　関節の痛みを伴う損傷の原因としては、外傷とリウマチがある。

1. **外傷**：事故あるいは捻挫を含めて、転倒の結果であることが多い。損傷の程度は、軽くくじいた程度のものから関節包や靭帯の裂傷まである。
2. **リウマチ**：先天性、あるいは装蹄の不具合や酷使などによる二次的な原因によることが多い。若い馬が尚早に過酷な訓練を受けると、例えば固い地面に繰り返し着地させられると、関節が繰り返し小さな外傷を受けるため、骨や軟骨の成長に損傷をもたらす原因になる可能性がある（97～98頁を参照）。

　リウマチになりやすい素質を作るものとして、ある種の栄養上の欠陥がある。それには、栄養のバランスがとれていない場合（例えば、若い馬に干し草を与えすぎてリン酸カルシウムの過剰摂取になる）、あるいは金属微量要素が欠けている場合などがある。

2 ● 臨床的な徴候

　症状が長引く（慢性化）こと、固い地面になると跛行を呈する、関節を曲げる時に明らかな反応が見られることなどの徴候がある。

3 ● 治療

(a) 外傷の治療

1. アイスパック

　皮膚に直接触れないように砕いた氷を布に包み、1日に2回、45分間患部に当てる。夜間は温かい抗炎症性のパックを当て、翌朝それを取り除いたら20分間患部に軽くシャワーを浴びせる。

2. マッサージ

　1日に1回、次の要領で行う：

1. 関節全体に軟膏を塗り、最大限に皮膚に触れることができるように、毛並びとは反対の方向にマッサージを行う。
2. 関節の周りの凹みをよくマッサージすること。凹みは皮膚のひだに隠れているので、肢を曲げさせるとよくわかる。親指を前後させ

ながらこれらの凹みをマッサージすると共に、関節周囲の靭帯線維に対しては横方向に、10分間深部マッサージをする。これが110頁で述べたDTMのテクニックで、人の理学療法において、たいへん効果があることが証明されている。

3. 関節の周囲では、血管が走っている領域をマッサージしないことが特に大切である。膝では関節の後内側部、飛節では前部で、そこでは太い血管に容易に触れることができる。

4. 馬を歩かせる前、あるいは再訓練期間の前にマッサージをすること。

5. 腱や靭帯の周囲を深部マッサージしている時は、途中で一度その肢を数分間曲げる。肢を固定した時には、その肢をときどき静かに曲げたり伸ばしたりする必要がある。

3. 理学療法

もし治療器具が利用できるのであれば、30分間電気泳動をすると良い結果が得られることがある。電極を浸す溶液は2％ヨウ化カリウム液（－）、2％サリチル酸ナトリウム溶液（－）、および2％塩化カルシウム溶液（＋）である。球節関節の捻挫に対しては、25～30wの超音波を12分間照射するのが良いだろう。

(b) リウマチの治療

多くの場合、整形外科的な矯正が必要である。トリミングや装蹄について、装蹄師や治療している獣医師と話し合う必要がある。関節の支持組織に対する手術、あるいは関節の減圧手術をする時は十分すぎるほどの注意が必要となる。行きすぎた手術によって関節における緊張や支持の力がかかる場所が逆転し、その関節を損傷する危険性がある。

1. 理学療法

外傷の治療とは逆で、低温パックをしてはならない。その代わりに、1日に1時間患部に温泥パックを行う。関節を支持する腱や周囲の靭帯をマッサージする必要がある。テクニックとしてはDTMの時よりは浅くマッサージし、前述のように軟膏を毛並みとは逆方向に擦り込む。また、前述と同じような電気泳動を行うのも効果がある。

2. 運動

馬が馬房を出たら、再訓練として、関節の動きを良くする目的でまっすぐ10回ぐらい歩いて往復させる。これを登坂、降坂も組み合わせて30～40分続ける。その際、調馬索は使わず、固い地面や深くぬかるんだ地面も避けるようにする。ウォーミングアップはジョギングのペースで歩調をくずさないようにしながら、ゆっくりと、普段よりも長めにする。騎乗せず、関節の状態が回復するまではスピードを出すことも、踏み込みもさせないようにする。「この病気にかかった馬には1日も休息日はない」という格言があるように、リウマチにかかった関節は必ず毎日、軽く、しかも累進的な運動をさせる必要がある。

罹患した関節は、最高のパフォーマンスができるように回復することを期待せずに、しっかりと、しかし十分気を付けて訓練しなければならない。罹患した馬は、その週の間は基礎的なレベルの訓練にとどめ、競技会においてのみ最高の力を発揮するように元気づけてやるべきである。

(c) 球腱軟腫と飛節軟腫

漿液の過剰な分泌によって膨らむのは、関節

内部の腔所や滑膜の部分である。これらの損傷が起こるのは、たいていの場合、固すぎる、あるいは深くぬかるんだ地面で練習をしすぎたことが原因になっている。若い馬の肢にこれら軟腫の症状が現れたら、特に気を付けなくてはならない。次に述べる基本的な治療方針に従って治療すれば、たいていの場合、急速に腫れがひくはずである。

1．整形外科
馬蹄や姿勢をチェックする。

2．訓練
訓練は平らで、深くぬかるまない所で行う必要がある（馬が回復期にある時には、さらに柔らかい地面という条件が必要）。また、静脈瘤に対して使うような、弾性包帯を当てるべきである。

3．理学療法
1. 朝、訓練前にドレイン・マッサージを行い、その後、穏やかな冷水シャワーに15分間当てる。
2. 午後、運動神経を刺激する目的で低周波電気治療か、干渉療法としての中間周波治療を施すようにする。超音波は用いない。この電気治療の後、もう一度マッサージをしておく。
3. 夜、収斂剤による湿性パックをしておく。

これらの治療を週4〜5回、2週間にわたって行えば、十分正常の状態に戻るはずである。

2．腱の治療

1●解剖と構造の概要

(a) 構造
腱はたいへん長く、肢の先全体に達している。関節の部分では、内部が滑らかな滑膜でできた鞘の中で動くようになっている。個々の腱は、さらに、パラテノンと呼ばれる弾性線維に富んだルーズな結合組織に包まれている。このパラテノンは関節の周囲における腱の滑りをいっそう滑りやすくしている。腱の表面に近いほどパラテノンの組織が密になっていて、最終的にエピテノンと呼ばれる細胞の層が形成されて、それが腱の表皮になっている。このエピテノンは、腱の内部で腱線維の鞘と鞘を隔てているエンドテノンにつながっているのである。

(b) 構成要素
腱の3大構成要素とは：
1. 線維芽細胞；後に発育して膠原線維になる。
2. 膠原線維および弾性線維；この線維が腱にその力学的性質を与えている。
3. ムコ多糖類に富んだ物質；線維束をまとめている。

膠原線維が弾性線維とムコ多糖類に包まれながら立体的な網状ラセン構造をつくるように配置されていて、腱に粘弾性を与えている。

(c) 血液の供給
腱の中を血液が循環しているかどうかは不明である。馬では、主な脈管はパラテノンを経て入り、エピテノンの中で縦横に分枝した後、さ

らにエンドテノン内で微細なネットワークを形成している。

2 ● 腱の病状：臨床的様相

(a) 症状

1. 機能障害
1. 跛行の程度は、多少なりとも損傷の大きさの影響を受けるものだが、柔らかい地面を歩かせてみても改善されない。
2. 球節の動きが中断される。

2. 局所の徴候
腱内部あるいは腱周囲の炎症の徴候は：
1. 腫れている。
2. 触ってみると熱を持っている。
3. 圧したり、伸ばしたりすると痛みがある。

腫れの様子は、どの腱を傷めたかによって異なり：
1. 浅在性の屈筋腱：後方、あるいは側方が腫れる。
2. 深在性の屈筋腱：側方が腫れる。
3. 球節の提靭帯：外側、あるいは内側中手骨の後側が腫れる。

橈骨と手根骨の癒着がみられる場合は、より深い所に損傷があることを示唆している。

(b) 原因

1. 素質的な要因
これには解剖学的／力学的要因と生理学的要因がある。

1.1 解剖学的／力学的要因
1. 肢、または繋の脆弱さ。
2. 長すぎたり、短すぎる管骨、または趾骨の欠陥。
3. 肩周りや前肢の間の過剰な重量。

1.2 生理学的要因
これには訓練の質や、バランスのとれた食事が大いに関係する。腱や靭帯の抵抗力は訓練中に発達してくる。腱の損傷が起こる原因になる筋収縮に関する問題は、馬が疲れていたり、バランスを欠いた食事によって起こりやすいものである。低血圧もまた、靭帯や筋・腱に関連した損傷を起こす可能性がある。馬が自分の状態に気付いた時に、バランスを保ったり、安全を確保したりする反応が遅すぎるのかもしれない。固有感覚の調節能力は訓練によって向上するし、心血管系が発達すれば腱や筋へ流れ込む適度な血流を確保できるようにもなる。

2. 引き起こされる要因（後天的要因）
これらは外傷性の要因である。外部的な損傷としては、他の肢の蹄による打撲や、体に合っていない肢巻や肢当てによる打撲などがある。内部的な外傷としては、筋の弾力性が失われたり、関節が過度に伸展されて無理な力が腱にかかったためにできるもの、あるいは衝撃の繰り返しで生ずる小さな損傷などがある。

このため、運動時の衝撃の吸収段階で、浅指屈筋腱（貫通性の）、およびその補助的靭帯に対してばかりでなく、球節の線維性提靭帯にも無理な力がかかり、橈骨の癒着の原因になる可能性がある。逆に、推進段階では、深指屈筋腱（被貫通性）、およびその補助的靭帯がプレッシャーに耐えており、手根骨部の癒着の原因になるの

である。

3. 損傷
1. 腱が切断した場合は、外科的な処置と入院が必要である。
2. 裂傷の場合は、裂け目はたいへん小さいことが多いが、触れると痛みがあり、速歩すると跛行を呈するようになる。しかし、例えば、球節の提靭帯の裂傷では事態がもっと深刻になる可能性がある。
3. 腱鞘炎の場合は浅部の炎症の様相を呈し、長い腱全体が侵されるわけではない。
4. 腱の損傷は、筋の停止部、すなわち腱の膠原線維が骨や軟骨に付着しているところで起こることもある。

4. 予後
すべての場合において大切なことは、腱の周りを調べて、腫れや充血の程度から腱自体の損傷の程度を知ることである。パラテノン内の充血は腱の損傷とは関係なく起こり、一般的には2〜3週間の治療で解消することが多いものである。ただし、腱が裂けて膠原線維が破壊され、出血している時は外科的な処置が必要となる。このような場合には、理学療法は補助的な役割しか果たせず、運動に関与する筋の再教育を補助することになる。

3 ● 理学療法

(a) 一般的な原則
副腎皮質ホルモンを使った治療には、常に何らかのリスクを伴う。痛みや腫れがひいていくにつれて、深部の損傷を見過ごし、完全に治らない前に訓練を再開しやすいものである。痛みがあるというのは、過度の訓練や時期尚早に訓練を再開したりすることを防ごうとする身体の防衛手段なので、腱の組織や力学的性能が元に戻るまでは鎮まらないものだ。

馬の場合、運動および固有感覚能力の再教育をする際に、拘束が強いこと、再訓練的動作が制限されるという2つの大きな弊害によって、筋-腱系、および骨格-関節系の全体的な機能が阻害されるが、理学療法はこの再訓練の過程で重要な役割を果たすことができる。

腱は筋と同様に、寒さや湿気に影響されて、伸びが悪くなり、脆くなる。歩様が不規則になったり、その他の変化が見られた時には、それが深刻な損傷の警告である可能性を考えて原因を詳しく調べなければならない。癒着や腱の退縮あるいは伸長を予防することが主な目的になる。

(b) 腱鞘炎
馬の動きからは何もわからないが、その腱に触れると熱がある。したがって、発見するには強い注意力が必要である。

治療には3段階ある：訓練の量を減らすこと、日に2回患部にやさしくシャワーをすること、次のような手順でマッサージすること：

1. 姿勢
写真17、18に示したように、施術者は治療する肢の近くの椅子に腰掛ける。肢を手根骨で曲げ、砲骨を施術者の膝の上に置く。この状態で他方の膝を繋の下に当てがうと、球節が屈曲できるようになり、屈筋を弛緩させることが可能となる。この膝を外すと球節の伸展が起こり、屈筋が緊張する。このように膝を動かすことによって患部を緊張や弛緩の状態にできるので、施術者は多くの有用な情報を得ることができる。

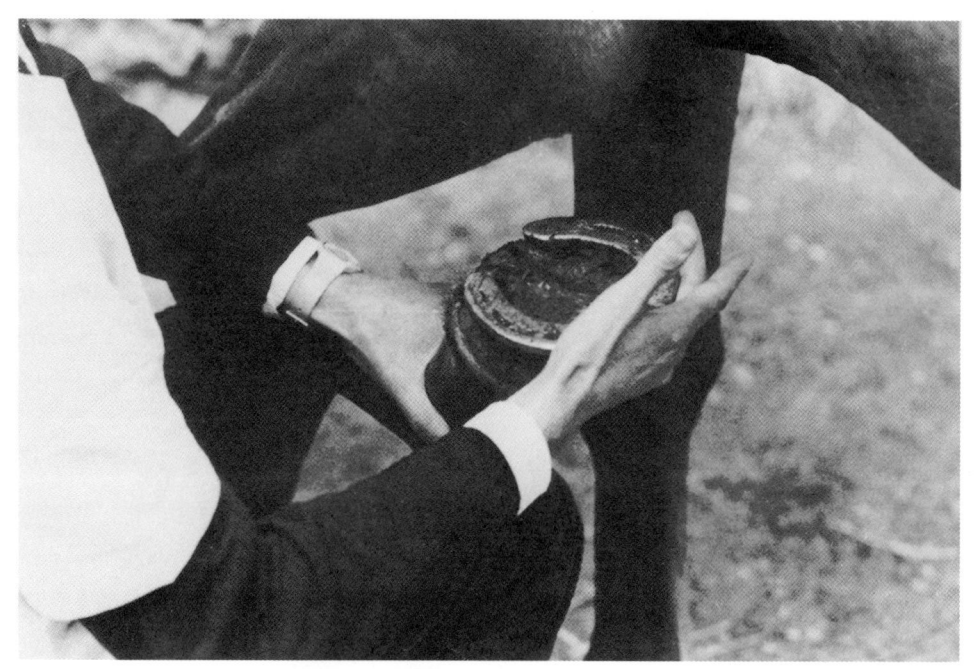

写真17　授動マッサージ

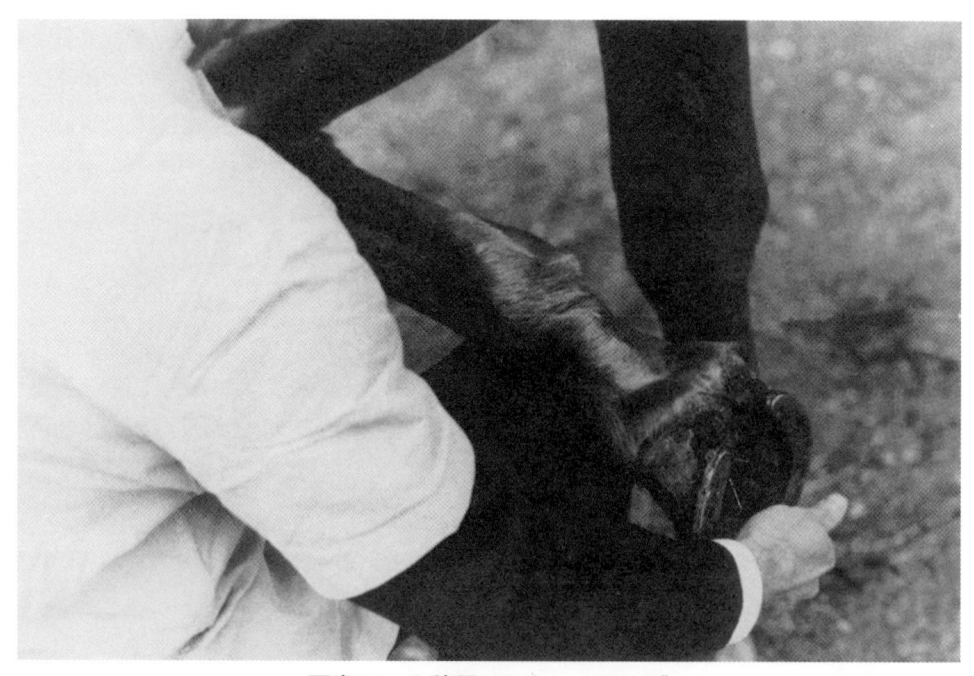

写真18　6秒間のストレッチング

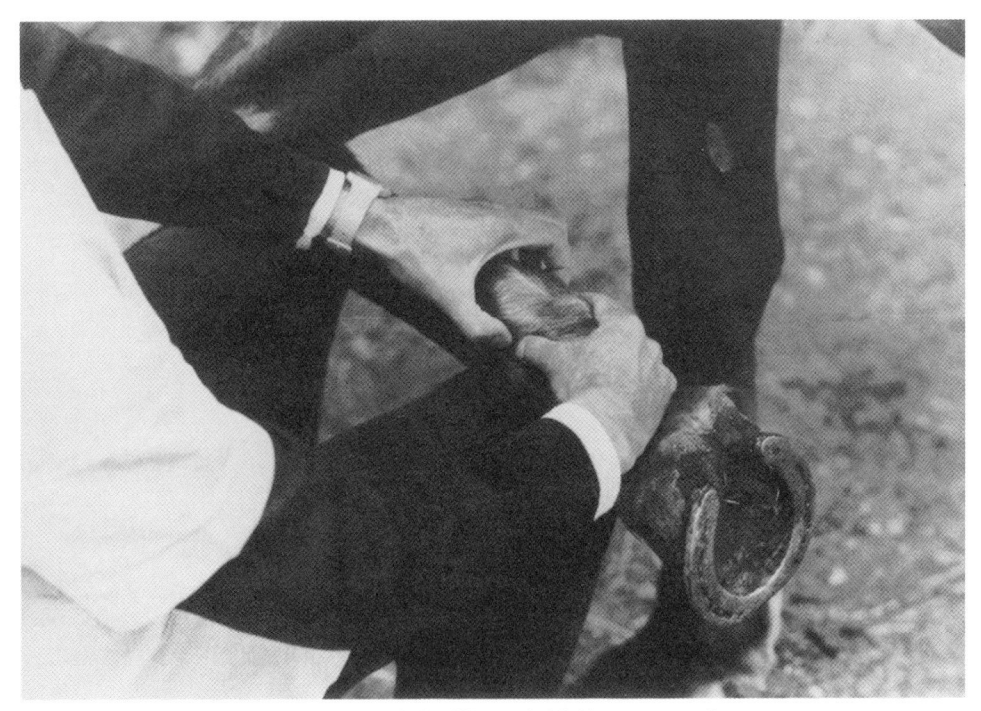

写真19　側副靭帯の深部横断マッサージ

2. テクニック

両手を使って、親指と他の指とで緊張させておいた腱をつかみ、腱に対して横方向にマッサージをしていく。皮膚もつまみ上げたり、離したりを繰り返してマッサージする。マッサージを行う部分は、繋の関節から手根骨の曲がり角までである。この授動マッサージのテクニックを使うと、各々の腱が正しい位置に戻り、それぞれ別々にマッサージされる。膝を動かすことによって緊張と弛緩が繰り返されると、その度に腱の位置が変わるので、パラテノンまでがマッサージされて排液が促進されたり、より柔軟になったりする。マッサージの時間は15～20分間で、その後球節周囲の側副靭帯にDTMを施す（**写真19**）。最後に、4～5回足の部分を下方へ6秒間圧し腱のストレッチを行う。どの段階においても、痛がるような反応があってはならない。

(c) 裂傷

傷がどんなに重症でも、また、どんなに広範囲なものでも、理学療法はより正統的な治療法の補助として役立ち、訓練に復帰するのを早める。

1. 治療の基本

1. 運動時の様子から訓練の量を減らすべきか、それとも全く中止すべきかが判断できるはずである。
2. 直ちに電気泳動を施す。
3. 10日間は超音波による治療は行わない。

2. 裂傷治療の例

治療期間は3～5週間の幅があるが、マッサージ、抑えた運動（歩行、速歩の両方）、電気治療を併せて行う。跛行が見られなくなったら直ちに運動を始めるようにするが、この運動を

始める前までは軟膏を用いないでマッサージをする。訓練用の包帯はきつく巻いてはならない。適度な固さに巻き、それをすね当てを使って正しい位置に保持するようにする。

1日目

- 朝：15分間マッサージ；2〜3分間固い平らな地面を歩かせる；15分間軽いシャワー。
- 日中：手根骨の曲がり角から球節のすぐ下の所まで、腱の全長にわたって砕いた氷を30〜40分間当てる。氷は直接皮膚に触れないように袋に入れ、かつ温度が2℃以下にはならないようにする。
- 午後の早い時間：15分間のシャワー。
- 午後の遅い時間：アイスパックを30分間。
- 夕方：マッサージ15分間；歩行2〜3分間；シャワー15分間。
- 夜：スプーン2杯のアルニカ*と3杯のシントールを1リットルの温水に溶かした溶液に浸した包帯を巻く。

2日目

1日目と同じ。

3日目

- 1日目と同じ。歩行の前に電気療法を受けさせる。
- 電気泳動は25分間（写真14、15参照）、2％塩化カルシウム（＋）と2％塩化ナトリウムまたはヨウ化カリウム（－）を用いる。
- 弱い（25w）超音波を12分間。ゲルを使ってヘッドを直接当てるか、肢を氷水に浸して行う。
- 歩行：3分間、日に2回。

4〜7日目

3日目と同じ。歩行時間を延長して、固い地面を5分間と柔らかい地面を2分間歩かせる。

8〜10日目

上と同じ。曳き馬で固い地面を2〜3分間速歩させる運動を加える。

11〜15日目

上と同じ。騎乗して、屋外で15分間固い地面の上で訓練する。電気療法は10回で終わりにするが、腫れが残っている場合は15回まで続ける。馬の動きが満足できる程度にまで回復したならば、朝、訓練に先だってマッサージを15分間、軟膏を塗らずに行う。訓練用包帯の使用は継続するようにして、訓練後15分間シャワーを浴びる。

3．ストレッチング（写真20）

第4週か5週目あたりから訓練を強化していくが、その際ストレッチングの時間を加えると運動神経の再訓練に役立つ。ストレッチングは、訓練の後でシャワーを浴びる前の馬の身体がまだ温かいうちにするか、訓練前の15分間マッサージの後に行うようにする。初めは手を使って行うべきだが、その後その肢を負荷伸展器に乗せて3〜5回、ごく穏やかにストレッチングを続けるようにする。

必ず、痛みのある患部の下から始めること。それぞれ10秒間のストレッチングと休止とを交互に繰り返しながら3〜4分間続ける。その後、10〜15分間のシャワー、続いて30分間アイスパックを当てる。

負荷伸展器を使う時は、個々の腱の生体力学的性質に応じてやり方を変える。

訳注＊アルニカ：ウサギギク属の草（Arnica montana）の花から採れる成分を含み、打撲などに用いられる外傷薬

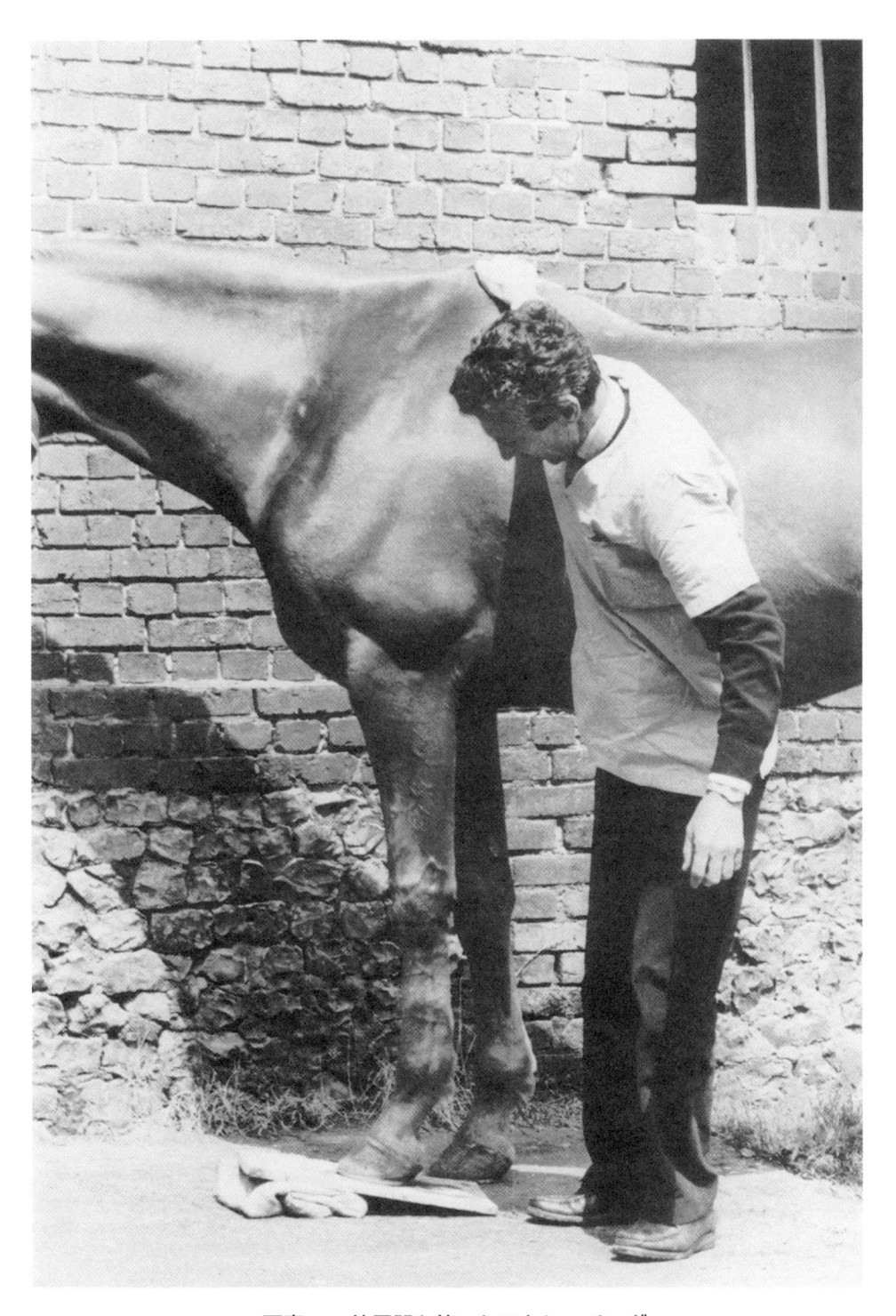

単純な損傷に対する理学療法　129

写真20　伸展器を使ったストレッチング

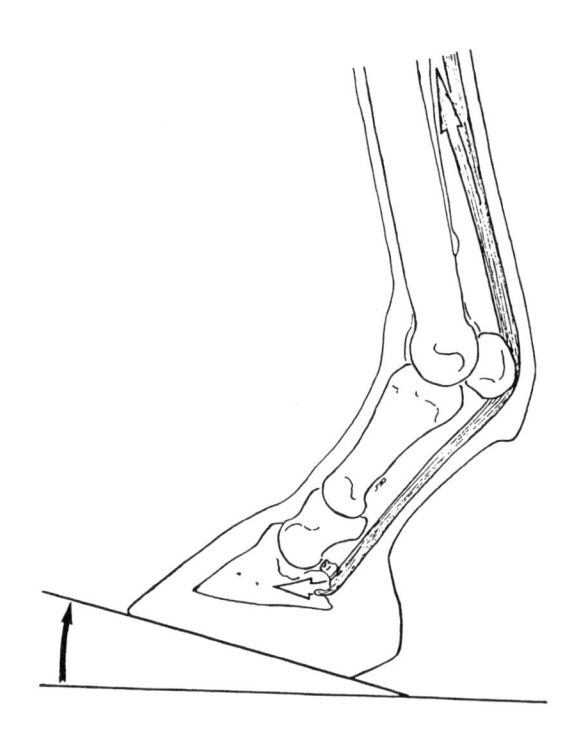

図57 深指屈筋腱と手根骨稜のストレッチング

1. 深指屈筋腱と手根骨癒着部を引っ張るためには、指節間部の末端を伸展する必要がある。それには、長さ30cmの厚い板の片方の端を5cm高くして斜面を作り、そこへ馬の足を乗せる(図57)。もっと長い板(130〜150cm)を使って、その端を徐々に、正確に持ち上げていっても、同様に指節間部を高度に伸展させることができる。初めは、馬のき甲をしっかりつかんで板のところへ連れて行き、足を板に乗せる。それから反対側の足を持ち上げる。施術者は球節を持ち上げていき、馬の反応をチェックしながら、腱の張り具合をコントロールすることによって、高度な伸展の程度をコントロールできる。
2. 浅指屈筋腱と球節の提靱帯を引っ張るためには、上と同じように行うが、違うのは、この場合では踵を高度に伸展させて、腱を弛緩させるために踵を持ち上げていることである。短い(30cm)、あるいは長い(100cm)板が利用できる。また、伸展の程度は、球節の下がり具合、腱や靱帯の張り具合、馬の反応などを観察しながらコントロールする。

(c) パフォーマンスに関するリハビリテーション

跛行が見られなくなったら、できるだけ早く馬を歩かせることが特に大切である。これは腱の患部に力学的、固有感覚的、血流的に最低限の刺激を与えて力づけようとするものだ。歩行中に数歩速歩を入れてみるのも良いだろう。そして、この歩様でも跛行を示さなくなったら、歩行に速歩を組み込んだこのトレーニングプログラムを8日間注意深く継続する。この期間は「聖なる8日間」と言われ、よく知られている。訓練は固い地面の上で行う。馬を馬房から出す

前に、腱の患部をマッサージを行うこと。この リハビリ期間中は馬にサイド・レーンを着ける ことが好まれるが、馬の反応をコントロールす るために、特に訓練の強度を実質的に下げる必 要がある時は、積極的には使わないようにする。

3. 筋の治療

痛みのある筋は急いで検査、分析する必要が ある。それは再訓練のプログラムを作るのに役 立ち、また、リハビリテーション中の筋に不適 切な活動をさせるのを避けることにも役立つ。

1 ● 筋の生理学

筋は結合組織の層で区分けされた筋原線維の ネットワークで構成されている。

1. 筋原線維は血管に富み、収縮性と弾力性が ある。
2. 結合組織は血管の分布が少なく、丈夫で変 形に耐えるが、収縮性や弾力性はない。引っ 張る時間が6秒以内であれば、わずかに伸び ることが可能である。

筋が見せる2つの主な活動の様相は、これら 2つの構成要素によって支配されている：

1. **収縮**：この時、筋が短くなる。
2. **ストレッチング**：この時、筋が長くなる （特に拮抗筋の収縮に反応して）。

2 ● 症状の判断

筋の痛みの主な現れ方は3つある：
1. その筋が収縮して短くなる（図58）。
2. 拮抗筋が収縮した結果、あるいはテコの原 理で広げられて、その筋が長くなる（図59）。
3. 「能動的制動」。これは伸張性の抑制と、そ れに続く短縮性の活動からなる。例えば後肢 を踏み出した時、衝撃を吸収する過程で大腿 四頭筋がまず後膝にブレーキをかけ、それか ら短縮性な働きに戻って推進の過程に移る。

(a) 機能診断

跛行の診断には、さまざまなことに注意が必 要である。筋の痛みには、活動している筋の収 縮による痛みと、拮抗筋が反応して伸長した際 の痛みがあるからだ。

例えば、馬の片方の後肢が踏み出せない時（骨 や関節が原因の場合は考えないことにする）、 その原因は腰や尻の伸筋の収縮による痛みか （その筋に触れると痛がる）、あるいは腰や尻の 屈筋の機能障害かのどちらかである。このよう な場合は、踏み込みの始めで筋を動かした過程 （短縮性収縮）か、筋が伸長する過程のどちら かで痛みを感じるのである。

そのどちらであっても、多くの場合動作の始 まりの段階で馬が痛がることがわかる。

(b) 検査

視覚による検査が大切である。体表の凹凸や その下の構造を比べるために、両側の筋を触診 する必要がある。また、脊柱周辺の筋による起

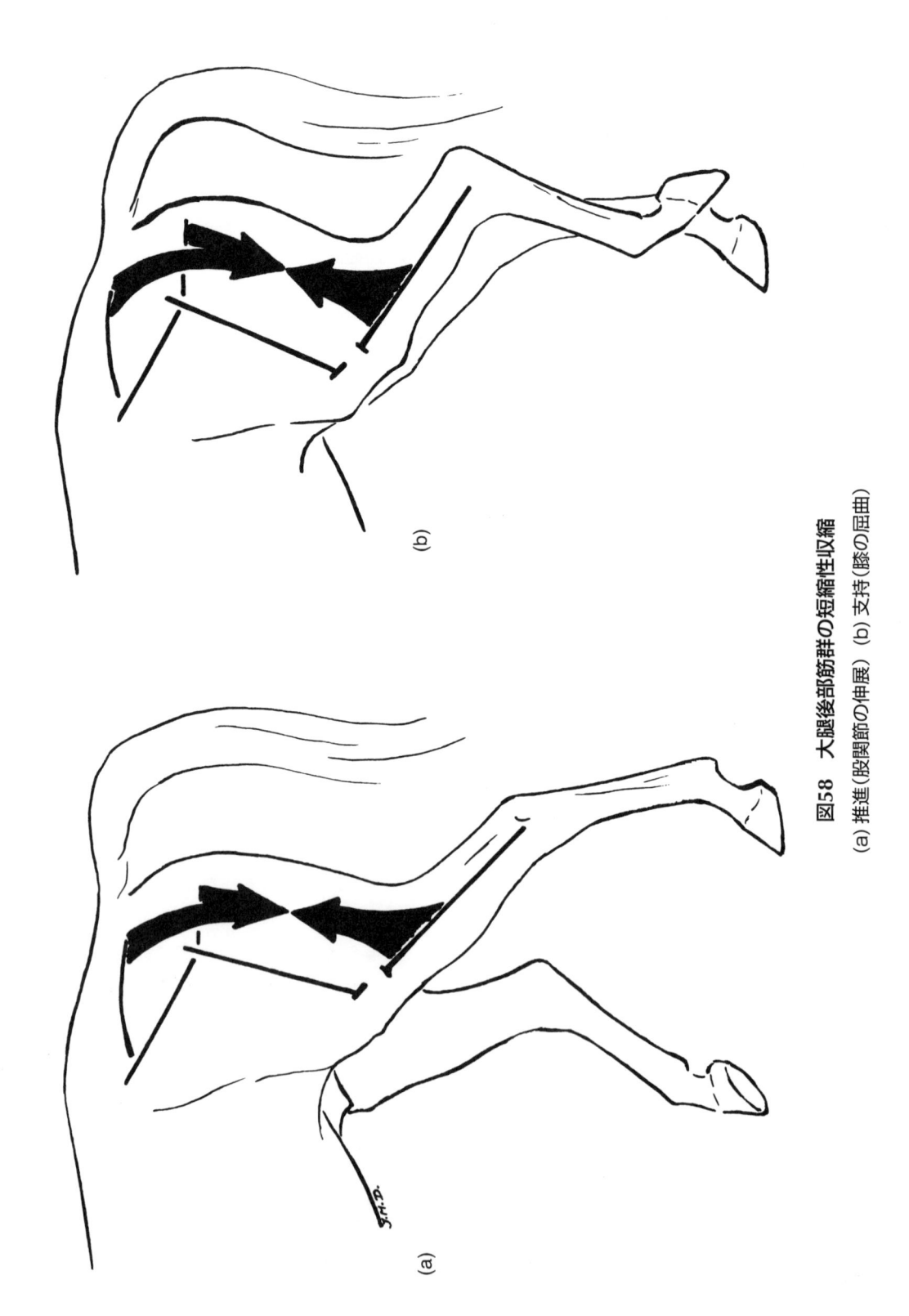

132　単純な損傷に対する理学療法

図58　大腿後部筋群の短縮性収縮
(a) 推進(股関節の伸展)　(b) 支持(膝の屈曲)

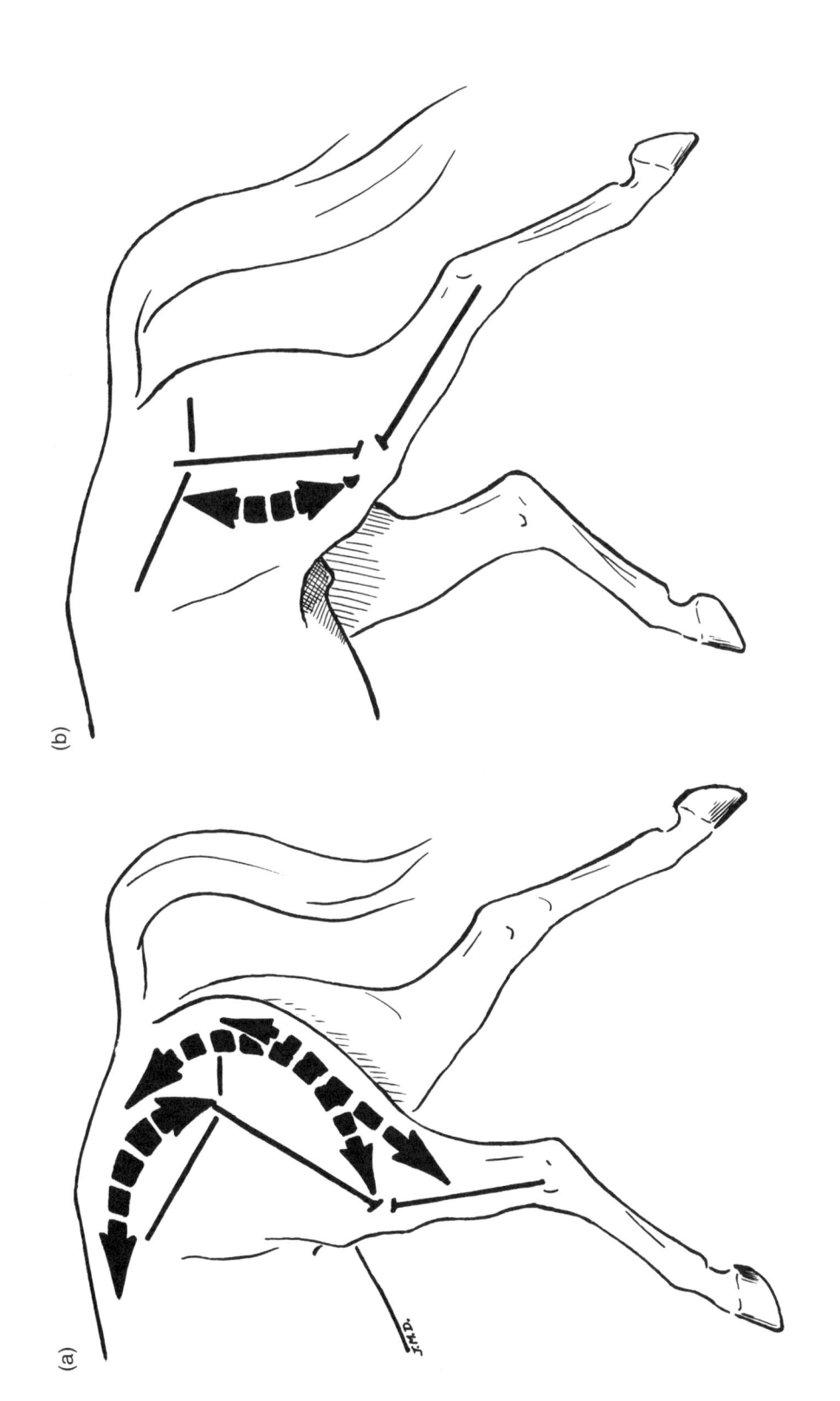

単純な損傷に対する理学療法　133

図59　骨盤および大腿筋群の伸長

(a) 伸長（殿筋および大腿後部筋群の伸長）　(b) 推進（大腿直筋および大腿筋膜張筋の伸長）

伏の対称性を、正面の少し高いところから見るのも役に立つことがある。それには干し草の袋を踏み台として利用できる。この方法により多くの情報が得られるが、特に脊椎骨の並び具合や、僧帽筋の緊張の様子、肩周辺の凹凸の様子を観察評価するのに役立つ。

(c) 触診：痛みの中心と緊張領域

損傷を受けた筋の痛みは拡散していくので、その源や中心を特定するのが困難なことがある。人の運動選手でも同じことで、歯痛で顎全体が痛く感じるのと同じとも言えるだろう。触診によってすぐに患部が明らかになるとは限らない。まず、スパズムの手当をすべきで、その治療を2、3回重ねているうちに源がわかってくるはずである。馬の緊張があまり高いと、筋や皮膚から伝わる情報がはっきりしなくなる。馬をリラックスさせるために、耳の間（頂）を静かに撫でてやり、穏やかに話しかけるようにすれば、徐々に緊張の真の源が明らかになってくるだろう。

馬が嫌がったり、四肢で立っていられない状態の時は、スパズムの真の原因を知るのはたいへん困難である。緊張領域に関する有力な情報を手に入れるためには、馬が左右対称に肢を置いて立っていることが大切である。

(d) 手順

1. 馬房の中での静的な検査（観察、触診、経歴調査）。
2. 動的な検査：馬に調馬索を付けて、あるいは騎乗して行う。
3. 触診による徹底的検査：再び馬房の中で。

このやり方は、注意深い癒しの手と、表出された痛みとの間の会話に重点を置くという点で、古典的な検査法とは異なっている。これまでは、動的な検査と経歴調査とが主な情報源であった。

触診の目的は、さまざまな情報源から情報を引き出すことにある。触診が情報をまとめ、治療を導く。触診は手近な発見の道具なのだ。馬の反応は雄弁で、不安や驚きを表し、痛いところに触れられれば身を引く。肢の曲がり具合や背中のカーブなど、身振りや態度がそれをさらに確かなものとする。こうして、施術者と患者とのコミュニケーションの内容が豊富になり、具体化してくるのである。

3 ● 筋力のリハビリテーション

(a) 一般的な対処法

あらゆる努力をして損傷の原因を突き止め、馬の痛みがどのように表れているかを知ろう。最初の課題は、適切な再教育の計画を立てるためにも、どの筋が負傷したかを明らかにしたうえで、損傷周辺部分のすべての働きが奪われてしまわないようにするために、どのような動き、あるいはどの動力を存続させておくかを決めることである。

例えば、左肩の半棘筋の裂傷に対する再教育プログラムは次のように進める：

1. その筋を引っ張らないようにするために、右側の手綱を使うのを中止する。
2. 漸進的で、直線的な訓練に戻す。
3. 左側の手綱を使った速歩の訓練を痛がる様子が観察されずに行えたら、徐々に右側の手綱を使った訓練を取り入れていく。
4. プログラムのストレッチングの段階で行われる運動、例えば傷の反対側を内側へ曲げる運動のような筋運動は、新たな裂傷を作る危

険性を避けるためにも、瘢痕組織が形成されるまで行わせてはならない。

損傷のある位置が正確に特定され、その筋の果たす生体力学的役割などがわかったら、次のことを決める：

1. 動作の方向や幅。
2. 訓練で用いる歩様や期間。
3. 負荷（騎乗するか、しないか）。

(b) 治療の手順
1. 損傷がある局所のストレッチングは避けること

　大原則は、炎症のある部位や、瘢痕組織が形成されつつある部位のストレッチングは避けるということである。再教育のプログラムの中で行われる訓練は、常にこのことを念頭に計画を立てる必要がある。特定の弯曲運動などは慎重に選び、筋の傷が回復するまでその方針を堅持する。この原則が適用される例は、傍脊柱筋や肢の筋の痛みの治療においても見ることができる。

1.1　傍脊柱筋の痛み
　側方にある損傷に対しては、輪乗りをさせると痛みのある筋を伸ばすのを嫌がるので、患部は弯曲によって作られた凹面側にあることになる（図60）。例えば、筋痛が僧帽筋、あるいは脊柱起立筋の左側に起きた場合、触診で明らかな改善が感じとれるようになるまで、8〜10日間同じ側の治療を続ける必要がある。その後、徐々に反対側へ弯曲させる歩行を導入する。もし弯曲によって痛みの原因になっている傍脊柱筋が短縮するようであれば、その馬に調馬索を付けて、大きな弯曲を作りながら直線的に進む訓練をさせなければならない。

　腰部を腹側へ屈曲させることは、傍脊柱筋にストレッチングを誘発するほどの力はないが、神経-筋紡錘で発生した痛みの情報を阻止するという点で有益である。

1.2　四肢の筋の痛み
　大腿後部、および殿部の推進力を司る筋、ならびに前肢の牽引を司る筋による踏み込みが制限される。このように筋や関節の動きの制限によって、筋線維が引き伸ばされるのを防ぎ、損傷からの回復を待つのである。したがって、リハビリテーションのプログラムにストレッチングを加えるのはずっと後からになる。ただし、そのストレッチングには、強さを加減すること、筋を十分ウォーミングアップしてから行うこと、馬が嫌がらないことなどの条件を満たしている必要がある。こうすれば、翌朝に馬体がこわばるのを防ぐことができるはずである。

2. 筋の再教育のための基準
2.1　方針
　損傷のある側へ体を弯曲させたまま訓練するが、筋線維をあまり伸ばさないように動作を制限する。

2.2　強さ
　ほとんど推進のない程度まで弱める。すなわち、とぎれとぎれに速歩を交えてジョギングする程度である。馬がもはや不快に感じなくなったら、動作の幅を広げて、患側に弯曲を持たせて訓練しても良いだろう。その後で、直線上を歩かせながら方向転換させるが、初めは常歩で行うようにする。

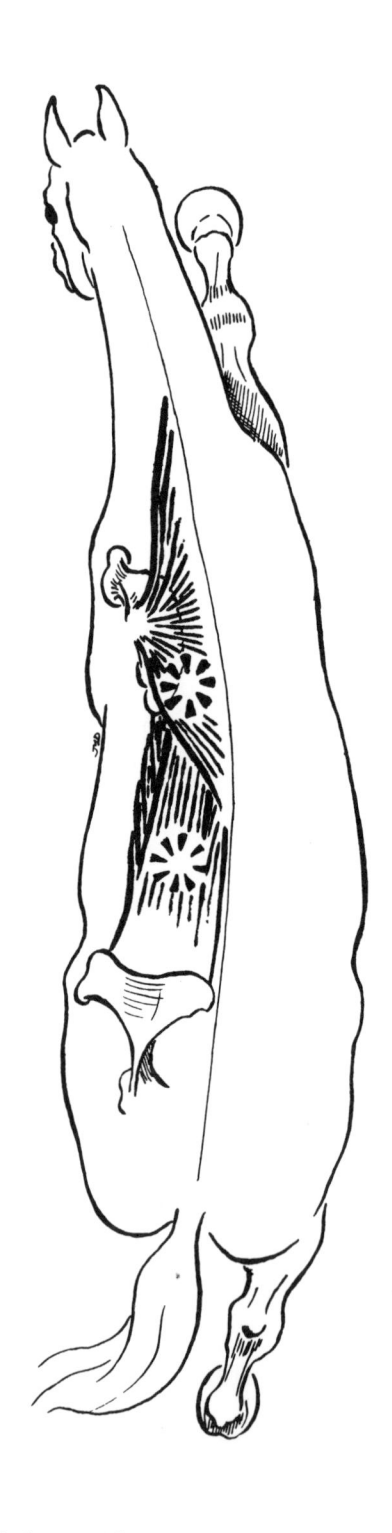

136　単純な損傷に対する理学療法

図60　損傷部を伸ばすのを嫌うので、馬体が損傷部のある側に弯曲する

2.3 期間

訓練時間を毎日5〜10分間延長していく。

2.4 騎乗の有無

筋の損傷が肩や腕、背胸部の場合、炎症の症状（痛み、熱、収縮）が治まるまで、騎乗しないでリハビリテーションを行うべきである。損傷が腰殿部の場合は、もっと早い時期に騎乗してもかまわないが、ゆっくりした常歩を守るようにする。

肩や腕の損傷が筋以外の部位である場合は、騎乗者は鞍に全体重をかけないようにして、普段よりもずっと後に位置をとり、馬の胸や前部が高くなるようにする。逆に、損傷が背中や後躯にある場合は、騎乗者はあぶみに立ち、体重を前にかけてバランスをとり、馬の背・腰部が自由になるようにする。

2.5 訓練復帰のための準備

この段階に入るのは、もはや馬が跛行、あるいは神経質な様子を見せなくなった時からにすべきである。常に始める前に15分間のマッサージをしてから訓練を行う。調馬索を使って15分間患側の訓練をした後、続いてさらに15分間反対の手前で訓練する。筋と腱との移行部で起きた損傷に対しては、訓練（騎乗による）の後15分間シャワーかアイスパックを当て、その30分後に15分間のマッサージを施すようにする。

裂傷を伴う筋の損傷の場合は、傷のすぐ近くをマッサージする。手のひらを使って、穏やかに、円を描きながら筋全体に沿って痙攣を鎮めるマッサージをしていく。また、中周波数（干渉）電気治療、あるいは超音波療法を施せば、瘢痕組織形成を促進することになる。これらの治療法は8〜10日間継続する。

4 ● 特殊な治療テクニック

異なったタイプの筋損傷

(a) 打撲傷

直接的な衝撃が原因の損傷、あるいは過激な努力の結果起きた損傷で、筋の中に血腫ができている。重症度に関係なく、治療法は同じである：

1. 馬房の中で休ませる。
2. 日に一度、アイスパックを（皮膚温が2〜4℃以下にならないように袋に入れて）当てる。
   夜間は抗炎症剤で温パックをする。
3. ごく穏やかなシャワーを、温冷交互に、日に2〜3回、10〜15分間当てる。
4. 損傷部位に直接触れないで、そのすぐ近くにリンパ液の排除を意図したマッサージを施す。
5. 負傷後3日経っても跛行の徴候が現れなければ、その馬は歩行させてもかまわない。
6. 6日目の初めに、最大30wのパルス性、あるいは連続性の超音波で治療する。
7. 電気泳動を施す。

1. リハビリテーション

1. 損傷側を確かめて、再教育のプログラムに損傷側への弯曲運動を加えること。特に、脊柱傍筋が損傷している時はその必要性が大きい。筋内に血腫がある時は、出血する危険があるので圧力を加えてはいけない。
2. 副腎皮質ホルモンは、出血のリスクがあるので投与してはいけない。超音波治療は第6日より以前に施してはいけない。

3. 運動神経を刺激する電気療法は6日目から始めるようにする。この電気療法に小さな針を用いる方法を2～3回併用するのも効果がある。

(b) 収縮、伸張

馬に休養を与えずにスポーツ活動を続けていると、筋に収縮や伸張が起こり、それが裂傷の原因になることがある。2週間ほど訓練を弱め、リラックスしながら、次のような治療的なプログラムを平行して行う：

1. 日に1回、30分間の泥パックをする。
2. 痛みの源に近い、緊張しているところをマッサージする。
3. 超音波療法、運動神経刺激電気療法を施す。
4. 冷えるのを防ぐ。
5. 筋に収縮の症状がなくなるまでは、痛みが出ないように、適度に体を弯曲した状態のまま訓練を行う。
6. 痛がらないことがはっきりしたら、直線的な訓練を行うようにし、その後で反対側へ弯曲する運動を加えた訓練に移る。

(c) 筋の裂傷

血腫を最小限にくい止めるために厳しく安静を守らせる。筋内の液によって筋の形状の変化を見つける一番良い方法は触診である。目で見えるほど膨れていればさらに重症である。

裂傷は最低でも1カ月間の手厚い治療が必要である。早急に、十分な手当と綿密なトレーニングを行わないと、数カ月間も跛行が残ることになりかねない。典型的な例は、肩の裂傷による跛行で、長引くことでよく知られている。診断が困難な場合があることや、抗炎症治療が一時的に痛みを抑えるために、早まって訓練に戻ってしまい、新たな損傷を招くことがある。治療方法は筋内血腫を伴う打撲傷に対するものと同じである：

1. 出血は数日続く可能性があるので、血腫を最小限にくい止めるために絶対安静が必要。
2. 肩周辺の裂傷については、マッサージによって損傷の場所を正確に把握する。肩の損傷に関する情報を手に入れる最も有力な手段は、毎日のマッサージである。

ここで一つの症例を挙げるのが役に立つだろう。

ある馬が、無理に体を左に曲げて入れられた馬運車の中でパニックに陥り、左肩を損傷したために跛行になった。最初のマッサージでは、広背筋がかなり腫れていること以外は何もわからなかった。しかし、3回マッサージをした後で、損傷の位置が正確にわかってきたのである。治療を始めた当初はたいへん強かった胸部僧帽筋の痛みも急速に軽快した。広背筋にはまだ腫れも痛みも残っていたが、触れてみると、棘下筋に裂傷があるのがわかった。このように、深部を探るマッサージを毎日行っていなければ、損傷の実態はわからなかっただろうし、適切な治療も施せなかっただろう。

リハビリテーションの期間中には、損傷のある側へ体を弯曲させて筋線維が伸ばされないようにしているのも、裂傷を治すためにはやむを得ないことであろう。騎乗しての訓練は、治癒が進んで、跛行が見られないという確証が得られるまでは禁止である。

1. 馬房の中での再教育

頚や肩周辺の損傷に関しては、6日目の初めに、ゲームを通して頚の運動を促してやることができる。馬房の中に拘束されている馬はゲームを面白がるはずだ。例えば、風船に糸を結び、それを馬の頭の横に下げる、あるいは長さ80cmの太い紐2～3本を足元の地面に固定する。馬はその紐を動かそうとしたり、風船で遊ぼうとしたりして、頚や肩を動かすことになる。

4
部位別の治療

1. 頸と項

馬では、脊柱の内で一番しなやかな部分が頸である。頸に起こる損傷の主な原因は3つある。

1. 内反を含む、先天性の構造欠損。
2. 虐待：第3章で述べたように（88頁参照）、頸もその一部である脊柱には、感情を反映する働きがある。頸部に見られる筋の発育不全やスパズム、収縮などの損傷は、騎乗者や騎乗者の間違った訓練法によってもたらされた筋トーヌスが原因になっていることがしばしばある。
3. 外傷：転倒など、事故が原因になっているあらゆる損傷を含む。

騎乗者の体重および騎乗者の動きに耐えている背–腰ブリッジに比べれば、頸部は生体力学的に見て直接的に問題が起こる理由は少ないと思われる。しかし、頸は騎乗者のすぐ前にあって、有力なコントロールの手段となっている。この手段を利用しすぎると、馬の動きに対してブレーキとして働くようになり、全般的な生体力学的能力に影響のある脊柱周辺部に防御的な緊張をもたらすことになる。スタインブレヒトをはじめ多くの著名な評論家たちが、発育中の若駒の頭をあまり早い時期から上げさせると、頸椎を内方へ歪める危険があると強調している。

1 ● 全般的な取り組み方

(a) 患部の位置を突き止める（図61）

緊張のあるポイントを探ろうとする時に念頭に置かなければならないことは、脊柱のどこかに問題があると、頸や項にそれが反映することがあるという事実である。騎乗者によく知られている行動パターンは：

1. 頭部を屈曲させようとすると抵抗する。
2. 気まぐれな、落ち着きのない動作をして、馬が落ち着かない。
3. コントロールに対して抵抗する、防御的な動作をする。
4. 肩の僧帽筋や菱形筋の緊張、伸展の制限がある。
5. カーブさせようとすると抵抗する、あるいは拒否する。

(b) 治療

触診によって緊張している箇所（原因は筋の問題であることが最も多い）がわかったならば、マッサージその他の理学療法を利用して治療する（**写真21、22、23**）。裂傷に対する治療法については127～128頁に述べた。収縮や筋痛の原因は、リウマチか外傷のどちらかであることが多いが、訓練を始めるに先だって、1日に1回

部位別の治療　141

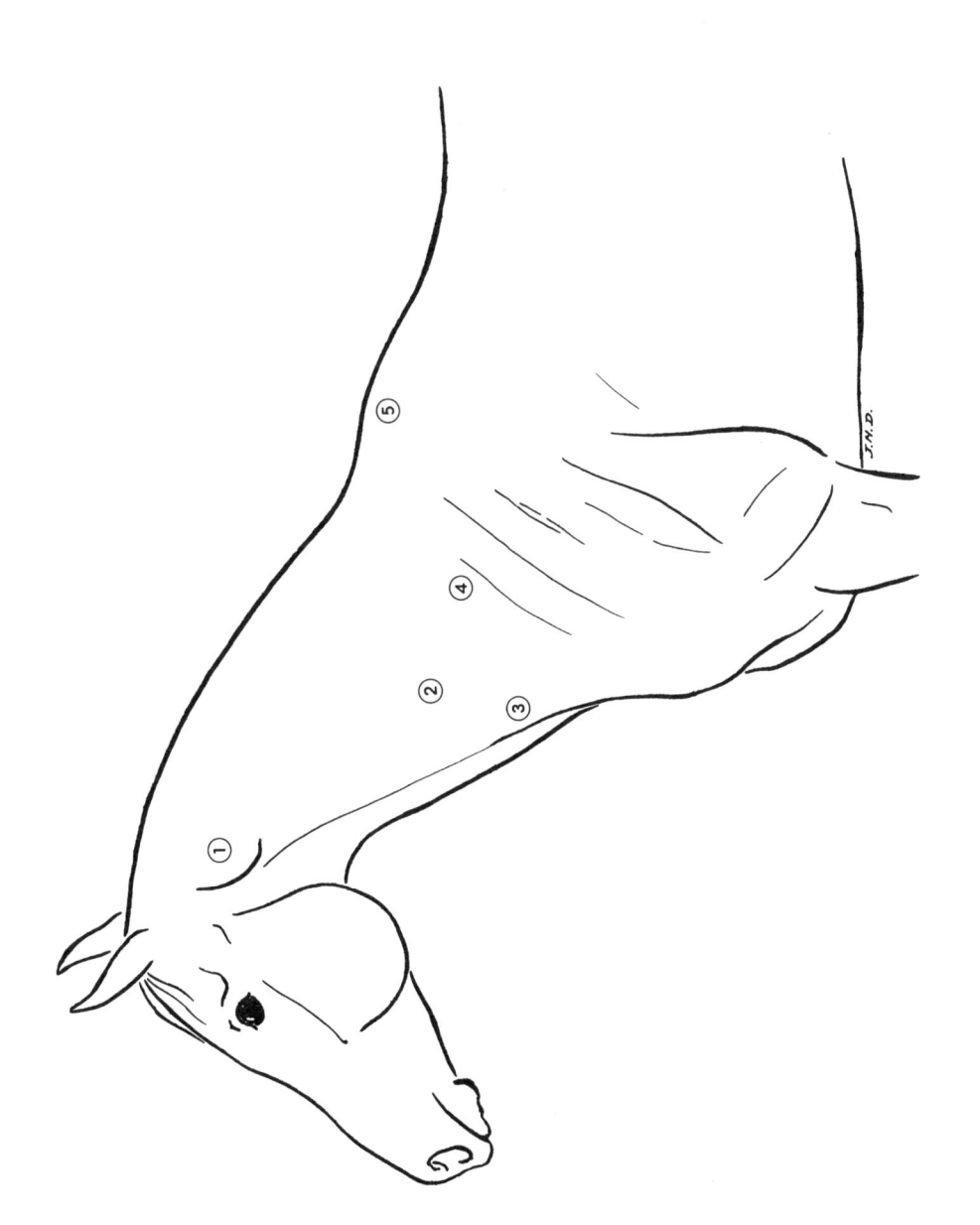

図61　頚の緊張点：
1. 頭直筋と頭斜筋　2. 頚部のくぼみ　3. 上腕頭筋　4. 頚鋸筋　5. 僧帽筋および菱形筋

142　部位別の治療

写真21　頚と頂

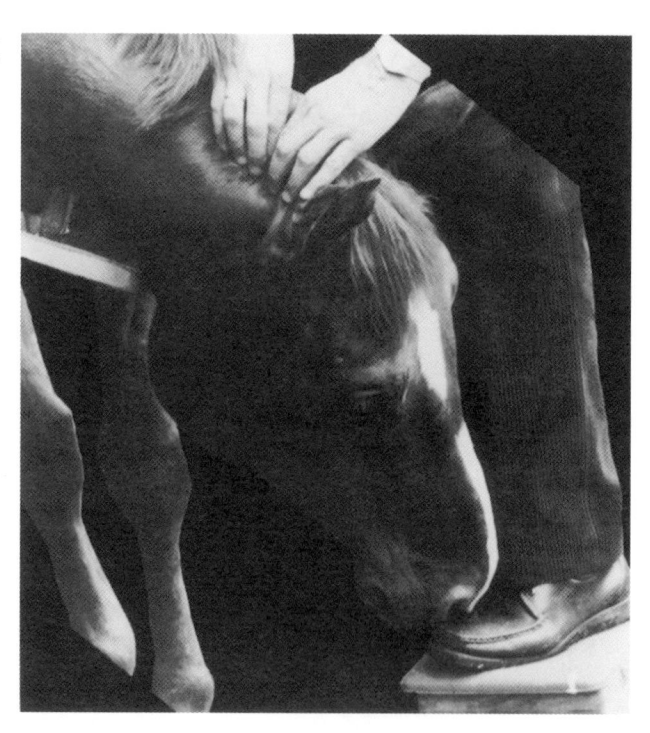

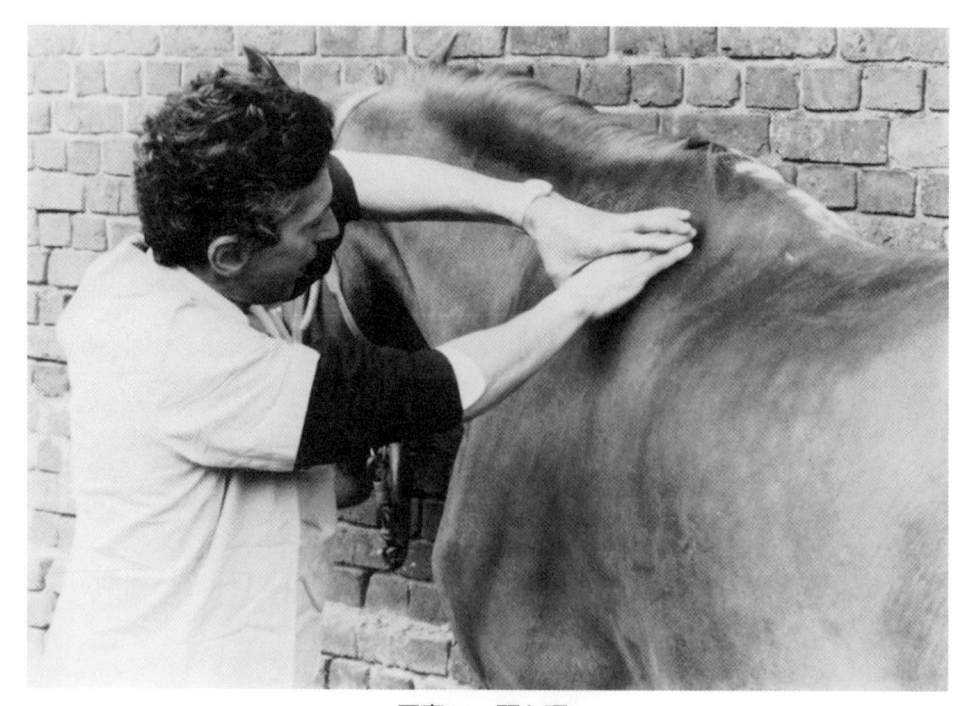

写真22　頚と頂

写真23　頚と頂

次のような治療を施す：

1. 超音波；連続波なら25～30w、パルス波なら35～40wで12分間、患部に弧状に広範に照射する。
2. マッサージ；15～20分間。損傷のある筋を主として、穏やかに、筋線維に対して横方向にマッサージする。徐々に深くしていき、指の下で筋が動くのがわかるくらい行うが、馬が痛がるほど強くしてはならない。
3. 中周波(干渉)電気療法；15分間。頚の片側から他の側へ移動させていく。これも痛がるほど強くしてはならない。
4. 低周波電気療法(経皮的神経電気刺激など)；5Hzで10分間、その後、80Hzで10分間。この治療法は、馬が驚くことがあるので、頚の上部に施してはいけない。また、同じ理由で、強さも徐々に変えていく必要がある。

2 ● 損傷が起こる可能性の高い部位

(a) 頂と頚中間部（部位1および2）

1. 症状
(a) 頭を横に曲げさせるのが困難である。あるいは曲げることに抵抗する。
(b) 頭を振る。
(c) はみを嚙んで離さない。

2. 治療
部位1から始める。後頭骨の後を横方向に、穏やかに5～10分間、頚がリラックスして下

がってくるまでマッサージをする。馬が頭を下げてくるようであれば、マッサージがよく効いていることである。指先で円を描きながら深部を探る。そのまま、マッサージを続けて部位2まで下がって行く。

(b) 上腕頭筋(部位3)

1. 症状
(a) 収縮。上腕頭筋単独の問題であることもあるが、肩の損傷と関連している場合もある。
(b) 肢の伸びが制限される。
(c) こぶのある肩、あるいは前肢の伸展が制限される、あるいは痛む。

2. 治療
損傷のある上腕頭筋全体に授動マッサージを行う。下部の停止部から始めて、頚の3分の1くらいの高さのところまで、揉捏（105頁参照）と組み合わせながら5分間マッサージをする。また、肩を揺すりながらその肢の後側をストレッチをする。

(c) 鋸筋(部位4)と僧帽筋および菱形筋(部位5)

1. 治療
施術者は鼻づらを自分の方へ引っ張って馬の頚を曲げておいてから、指先を使って部位4のところを深くマッサージする。片手でマッサージし、もう一方の手で曲げた頚を保持する。部位5は頚と背腰部の両方の治療ができる場所として特に興味深い部位であるが、まず手のひらを使って、続いて指先を使って、肩甲骨の縁沿いに筋線維に対して横方向にマッサージする。この部位が緊張していると、肩甲上腕関節の可動性が失われたり、屈曲に対する抵抗や頚の弯曲の原因になることがある。

3 ● 補足的な治療

(a) ツボのマッサージ
図62に36として示した一列のツボを、10回ずつ叩いてマッサージする。37、40、39、7の各ツボは、指先あるいは少し曲げた指を使って、痛くない程度に、5分間点状にマッサージを行う。その後、後頭骨の後を5分間軽くマッサージをする。

(b) 反射マッサージ
図63参照。

1. 肩甲骨の前縁から鎖骨下筋の前を、上から下に5回連続してストロークする。これによって皮膚が線状に延ばされる。
2. 耳の後から肩甲骨のところまで、長さ約10cmのコンマ形に2回ずつストロークする。
3. 2と同じようにして、腕頭筋の走行に沿いながら、起始部から下の方へと2回ずつストロークする。

この後、肩甲骨の前縁に沿って3回ストロークする。そして最後に、馬に向かい合って、頚の両側を3〜4回下に向かってストロークするが、はじめは指を2・3本合わせて、後頭骨の下あたりから強く圧していき、次いで、手のひらでマッサージをする。これを繰り返す。

ここで大切なことは、皮膚分節（1本の脊髄後根から出た求心性神経線維が支配する皮膚の領域）や筋節（1個の脊髄分節から出た神経で支配されている筋群）、さらには特定の内臓器官

部位別の治療　145

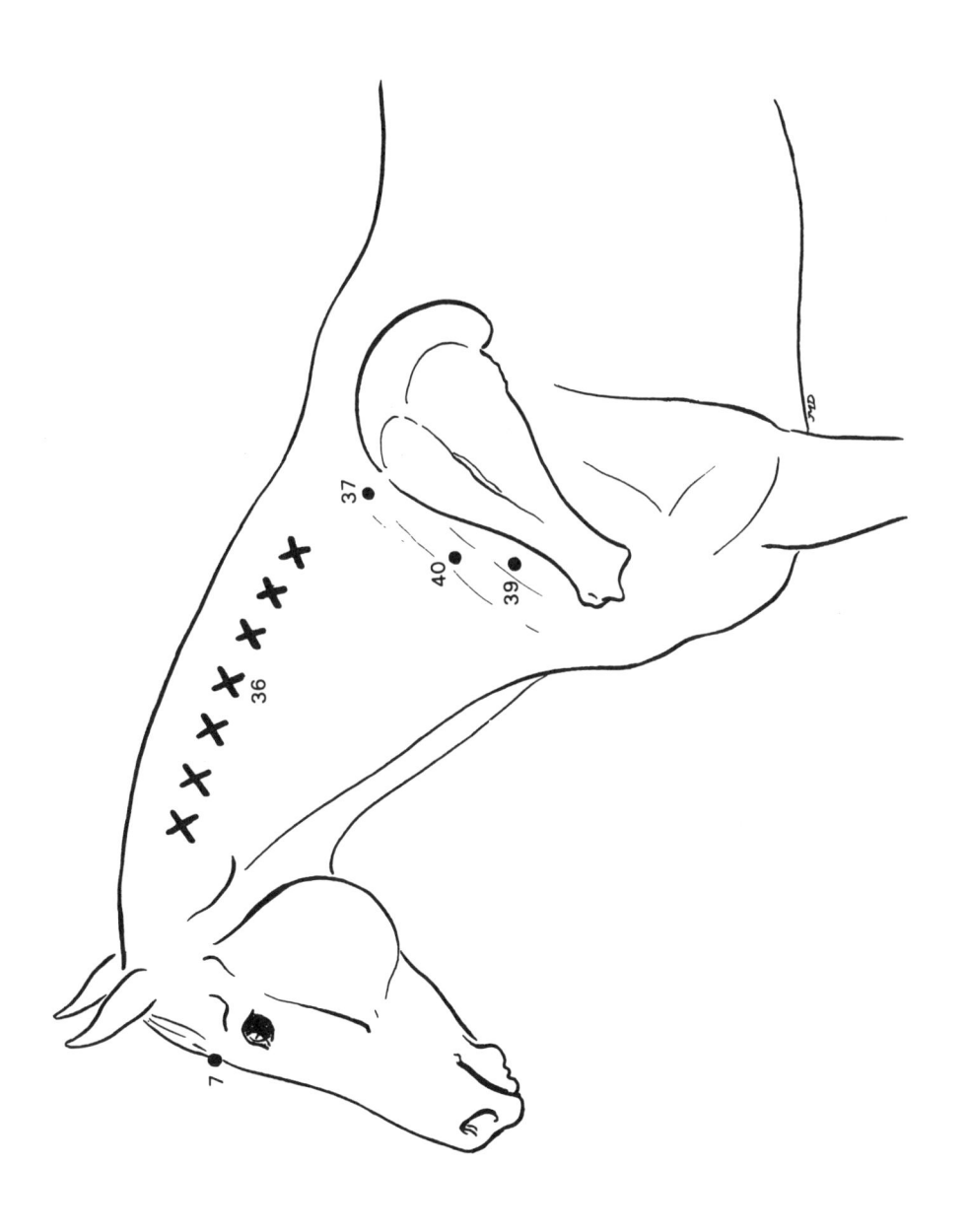

図62　ツボのマッサージ

146　部位別の治療

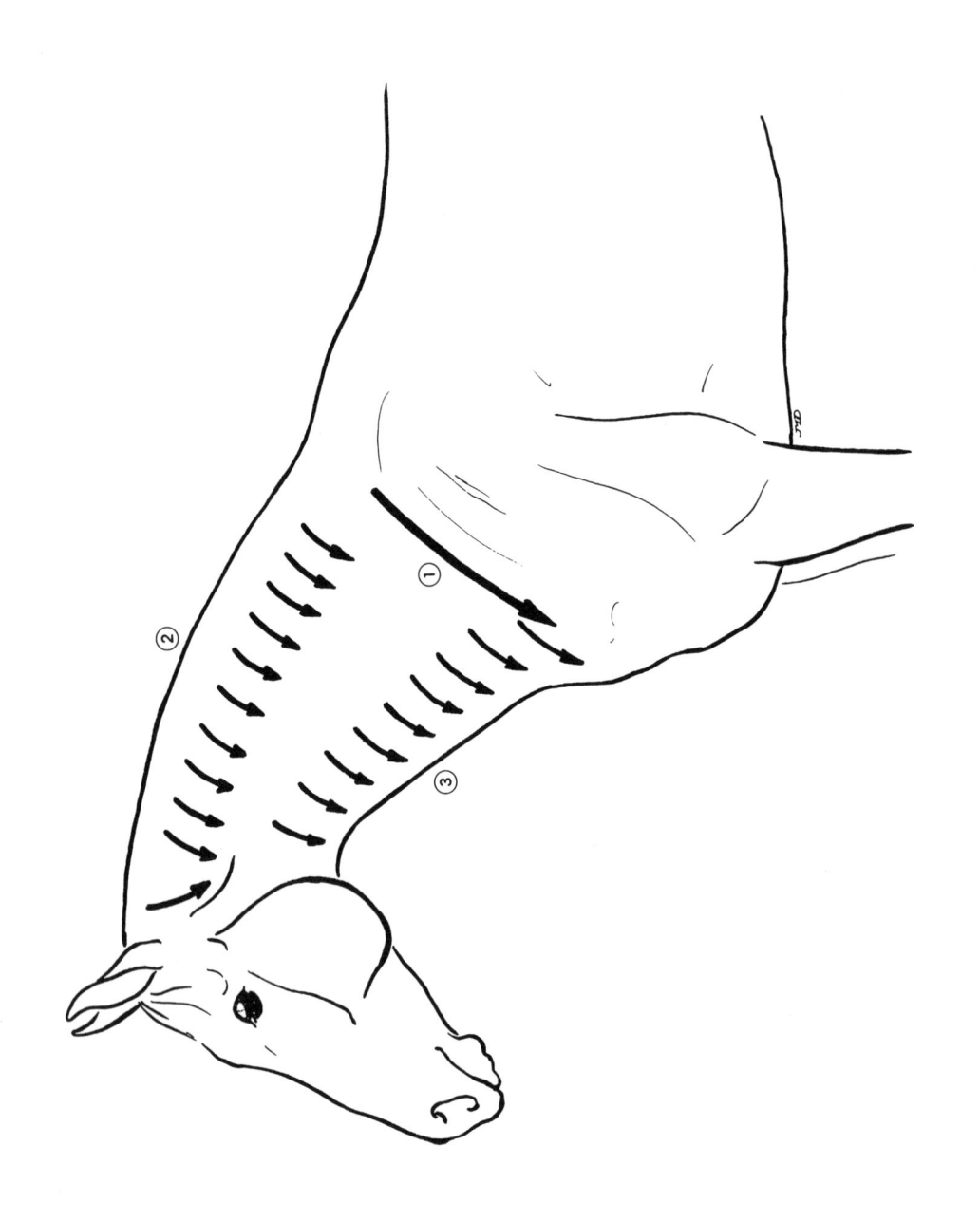

図63　首の反射マッサージ

との間に神経による連絡があることだ。すなわち、1つの皮膚分節を刺激すると、それにつながった筋節や内臓器官に反射という反応を引き起こすのである。

---

4 ● 再教育のテクニック

(a) 馬房の中で
1. 最小限の動作による等尺性収縮運動をさせる。
2. 139頁に述べたように、馬が遊ぶのできる風船をぶら下げたり、太い紐を地面に取り付けたりする。

(b) 馬房の外で
手綱を使った訓練を再開して、頚の動きが安定したものになるようにする。その時、頚を曲げさせたり、下げさせたりするのは慎重にすべきである。両手綱を使って、頚が左右両側で同じように動くように訓練を行う。

2. 背中

1 ● 脊柱の理学療法入門

関節周辺、ないしは棘突起間の靱帯は炎症が起こりやすいところである。まず、靱帯が骨に付着している部分に石灰化による骨棘ができるのが靱帯炎の始まりで、それが種々の脊椎関節症の初期でもある。

傍脊柱筋における神経筋機能の不全は、反射性の収縮ないしはスパズムを引き起こす可能性がある。これをアントニエッチは、主動筋と拮抗筋間の協調の欠如と併せて、「病的反射による機能阻害」（PRBF：pathological reflex to blockage in function）と呼んでいる。この阻害は、痛みを軽減しようとして防衛的に脊柱がくぼむために、凹側のスペースが減少すると共に、凸側の空隙が広がることが原因になっている。阻害が起きた領域内の脊髄神経や自律神経に与える損傷は、筋の栄養や血管新生に影響することになる。

2 ● 治療の進め方

スパズムに対する治療は、その筋節に対応している皮膚分節にも同じくらい影響が及ぶが、どの程度の範囲までかは、その損傷の重症度によって異なる。

皮膚に一連の治療（反射マッサージ）を施すことが大変重要である。PRBFを治療する時には、まず予備的な授動マッサージをした後、鎮痛を目的とした授動マッサージを行う。皮膚、筋膜、筋、腱性の靱帯などに施す手を使ったマッサージは、多くの場合、筋-筋膜領域の痛みが原因になって起こる傍脊柱筋の反射を鎮める。この反射の原因はさまざまで、過剰な訓練、神経が引き伸ばされるような地形、代謝障害、準備運動不足、筋連鎖に悪影響のあるばらばらな訓練パターンなどがある。

3 ● 病理

馬の椎骨の位置が実際にずれたりすることは

まれである。椎体と関節面はオーバーラップしていて、胸・腰椎の動きが制限されている。それに比べると、頚椎はより可動性が大きく露出した場所なので、事故による外傷を受けやすいといえる。

脊柱に見られる問題の大部分は、筋および靭帯の機能不全によるもので、単純な、あるいは反射性の収縮、棘上靭帯ならびに棘間靭帯のジストロフィー、初期の棘突起の重複（OSP：overlapping of the spinous process）、およびその結果としての骨膜の変化（放射線を使って検出できる）などである。

ジェフコットは、「馬の胸椎-腰椎部に痛みや機能不全を引き起こす条件」という彼の論文の中で、「この部位の損傷は、ひどく緊張した馬の協調性不足や馬の気質の問題に関連している」と結論づけている。彼が特に強調しているのは、激しいスパズムが最長筋の働きに及ぼす影響である。機能不全の原因に関する彼の表を見ると、調査した馬825頭のうちで、筋・靭帯の損傷が269例、OSPが234例、仙腸靭帯の損傷が118例で、腰椎のずれは1例のみであったことは注目に値する！

これらの観察結果は、脊柱に問題が起きた時の筋や靭帯の症状が持つ重要性を考えさせると同時に、可能性の高い原因についても大きな示唆を与えている。ここから引き出せる結論は：

1. 不十分な指示、不適切な準備、コントロールされていない動作などが筋緊張を再発させる結果になる（これは統計学的に証明できる）。
2. 冷静さからは健全な動作が生まれるが、興奮は逆の結果をもたらす。
3. 靭帯や骨膜を侵すので、OSPの初期には胸・腰部に対する治療（過伸展の必要性も含めて）が大切であることがわかる。

ジェフコットは、胸・腰椎のずれはあまり重要ではないと感じていた。彼は、複数の脊椎の関節にまたがる筋のスパズムが脊柱の弯曲（痙性側弯症）の主な原因だと考えたのである。このことは人の理学療法における観察によって確認されている。脊柱の微妙な動きを司る筋に起きたスパズムの手当をしていると、しばしば椎間関節の緊張が緩むのである。

4 ● 症状

(a) 脊椎周辺における筋・靭帯の異常の原因を見つけ出す

まず、馬のわき腹を押して腹部を動かし、馬が少しバランスを崩すのを利用して軽い緊張状態を作る。それから施術者は傍脊柱筋から遠く離れた部位に両手をおき、筋層の行動を「読み」取ると共に、体表の凹凸に異常がないかどうかを、関節の周囲および線維を中心に、詳細に調べていく。施術者の体の動きによって脊柱に伝えられた穏やかな波は、馬が過労の状態にある時にその動きを支持するサイバネチック・フレームによって病理的な姿勢を生じる。

こうして得られた豊富な情報は、癒しの手を使った治療的な触れ合いによって、直ちに補充される。動きを良くする作用のないマッサージは考えられない。マッサージを通して、線維性軟骨でできた付着部周辺に働きかけて緊張を解いていくのである。癒しの対話をしながら、施術者は解き放ち、理解し、耳を傾け、そして馬の体内スパズムが鎮まっていくのを、彼の手を通して理解するのである。

腰部や仙・腸部を診察する時は、施術者は馬の後部に立ち、先の場合と同じように、揺すったり突いたりして、その反応から馬の体表や深

部の情報を手に入れる。

　肩甲部や殿部の筋、あるいは関節周辺のすべての筋は同じ手法を使って検査するのが良いだろう。筋緊張の治療に用いられるさまざまなマッサージ法はいずれも同じ効果があり、反射によって生じた多くのスパズム症状の治療に役立つ。また、脊椎のずれも、その真の原因になっている筋や靭帯の障害が解決すれば正常に戻ることも多く、マッサージはそれを促進する。

　凝りはその部位全体を硬くさせる。そこで凝りを防ぐために、施術者は体と指を使って、その部位を圧迫、伸長、側屈、屈曲してほぐしたり、また小さな動きを加えて背中の曲げ伸ばしを行う。筋の索状硬結や緊張点の存在は複雑な傷害が起きていることを示している。特に骨突起のできた関節の間で、筋の収縮による緊張、関節包内の封入体、軟骨の圧迫などが続いている可能性がある。深部の筋性筋連鎖の付着部が関係して反射が起きやすくなっているので、その悪循環を絶つことが大切である。

(b) 主な緊張点

　これらの緊張点は図64に示してある。

領域1：胸・頚部僧帽筋；深部には菱形筋
領域2：き甲の後で背中の伸筋の前部付着点がある。筋連鎖の脊柱傍背腰部がロックして、この領域の痛みの原因になることが多い
領域3：鞍の後橋が当たる部位で、背中の痛みに関する重要箇所。腸肋筋の付近まで調べる必要がある
領域4：腰殿筋および仙骨の外縁
領域5：殿部。大腿後部筋群（半膜様筋、半腱様筋、大腿二頭筋）

　これらの脊柱領域のすべての棘間靭帯は、DTM、電気泳動（サリチル酸ナトリウムまたはヨウ化カリウムを用いる）、抗炎症薬などによる治療を必要とする場合がある。

5 ● 背腰部の理学療法

(a) 典型的な一例

1．マッサージの前に
1.　患部に30cm×25cmの温泥パックを当てる。
2.　低周波電気療法を15〜20分間；4本の電極を緊張のある患部に当てる（痛みのあるところに陽極、陰極のどちらをおいても良い）。わずかに筋収縮がわかる程度まで、徐々に電流を強くする。

2．マッサージ
　写真24を参照し、前に述べた原則に従うこと。

3．超音波
　他の治療で効果のみられないある種の収縮が、超音波によって緩解することがある。35〜40wに設定し、連続ではなくパルスモードで12分間ゆっくりなぞるように緊張している患部に照射していく。一般的には、回復の過程を起動させるのはマッサージだけで十分なはずであるが、専門の理学療法士が目的を達成するためにこの電気療法を補足的に使ってはいけないという理由は何もない。

4．反射療法
　鍼、あるいはそれ以外のどんな反射療法（マッサージのような）でも、これまでに述べてきた治療法と併用するのが良いだろう。治療は夕方行うのが望ましく、いったん始めたら、中

150　部位別の治療

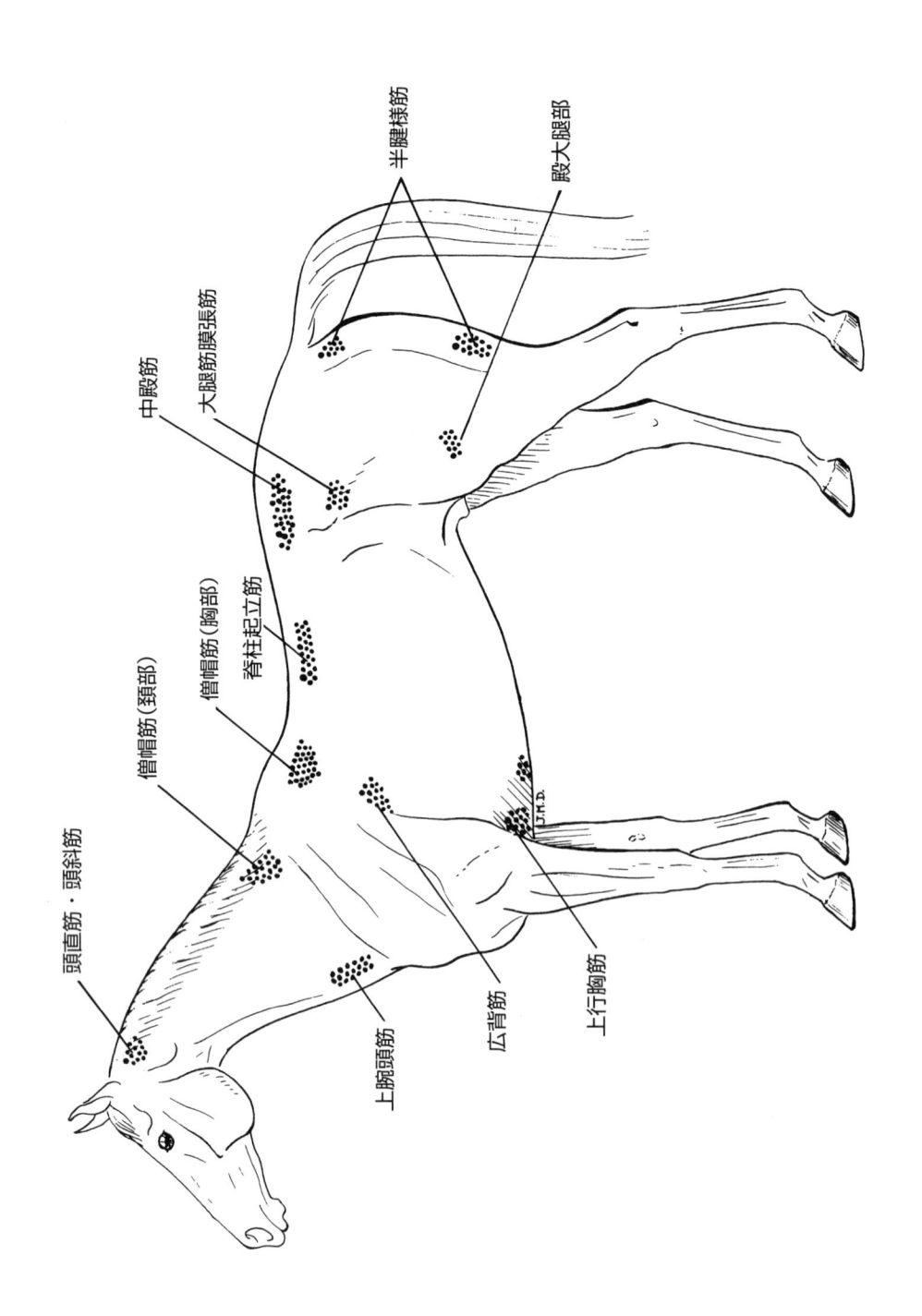

図64　主な緊張点

- 半腱様筋
- 殿大腿部
- 中殿筋
- 大腿筋膜張筋
- 僧帽筋(頸部)
- 僧帽筋(胸部)
- 脊柱起立筋
- 頭直筋・頭斜筋
- 上腕頭筋
- 広背筋
- 上行胸筋

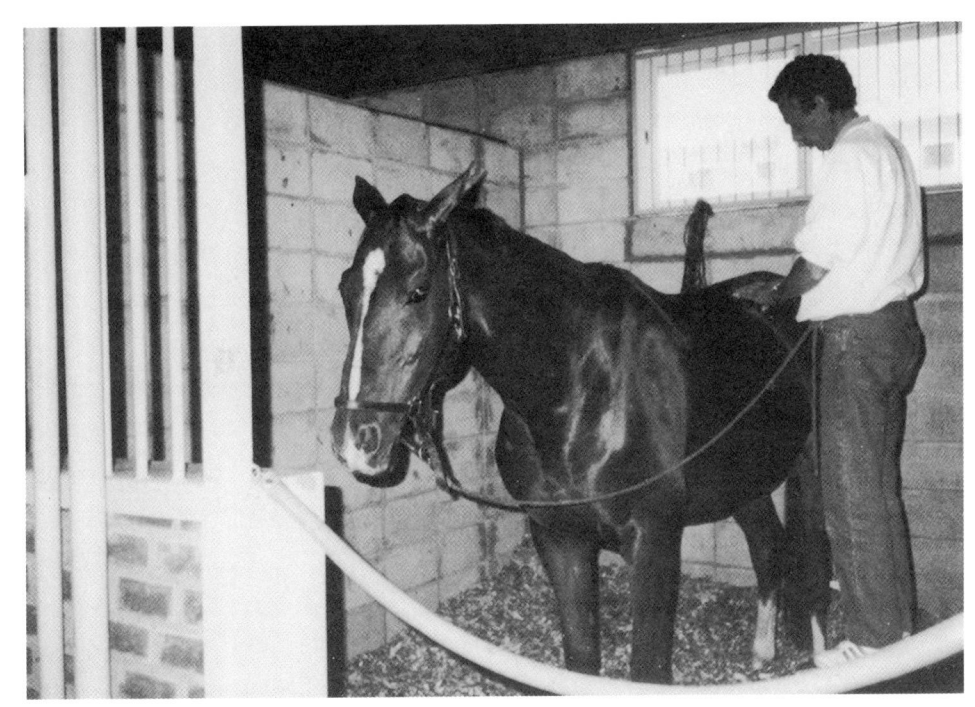

写真24　腸腰筋マッサージ

断しないようにする。10回を1クールとして、1日おきに行うことを勧める。ただし、鍼のツボのマッサージは2日おきに2〜3回行って終わりにする。これらの治療法は手法が面倒だが、回復を促進するのに大変有効である。

　ここで繰り返し強調しておくべき点は、この本の初めにも触れたように、能力の限界のところで競技している馬たちには十分な配慮と手当が必要であるということである。人の運動選手は長年にわたって理学療法や医学の恩恵に浴してきた。脊柱の損傷もきちんと手当を受けてきた。馬も同様の損傷に悩まされているが、騎乗者はほとんど理解していない。ときには、痛がっているのを反抗していると受け取られて、懲戒を受けることさえある。このことは、馬の持ち主が代わると馬の能力が向上することがあるのをみてもわかる。

　肢と背中とは密接に関連している。そのため、肢の世話をしても背中の世話を怠ると、ただちに損傷が再発する。運動時の四肢の不揃いの影響を最終的に背中に出さないために、馬の肢の点検と肢勢の矯正を行うべきである。例えば、踵が低すぎると飛節の筋や関節全体に無理がかかって、最終的には腰・仙部の動きが悪くなる。

　馬専門の獣医師に整形外科的な詳しい検査や診断をしてもらうことが大切である。理学療法は獣医学的治療の代替にはならない。それは補足的療法であり、内科的ならびに外科的治療の延長上にあるものである。

5．運動

　馬が動けないほど重症というのではなく、単

に背中に痛みがあり、動きが悪くなっているという程度のことであれば、ゴム製のシャンボンを介在させて、調馬索で10分間の運動をさせることを勧める。背中は馬着で覆う。また、痛みの少ない、より柔軟な手前から始める注意が必要である。もし必要なら、数日間その手前だけの運動にとどめ、その後で手前を変える。寒くて湿度の高い気候のもとでは、馬房の中でも馬着を着けておく。

(b) マッサージのテクニック

痛みが特定の場所に限局されていたとしても、背中全体の治療を心掛けるべきである。脊柱周辺の筋群は一連の筋連鎖として共に働いていて、鎖の輪の1個が痛くても全体が影響を受けるからである。とはいえ、背中と腰・殿部とは区別すべきである。それぞれに特定の緊張点があり、そこを中心に治療の範囲を広げていく必要があるからだ。

1. 正統的なマッサージ(写真25〜28、図65)

施術者は干し草の台か椅子の上に乗り、馬の脇に立つ。端綱はベルトに挟み馬が離れないようにする。マッサージは手のひらを使って、き甲から殿部の方へ進めていく。こうして馬を落ち着かせると同時に、まず背中の状態を「読ん」で情報を得るのである。馬は自由に頭を回してマッサージの様子が見られるようにする。頚を下げさせるために、一掴みの干し草を前に置くのも施術をしやすくする。

脊柱を腹側へ屈曲させて、棘上ならびに棘間靭帯の痛みの程度を調べる。棘突起に顕著な腫れ(骨突起、アポフィーゼ)が見られる時は、OSPの可能性が考えられる。このような場合、関節の周辺が特に敏感になっている。殿部に触れると痛がる時は腰痛、ないしは坐骨神経痛の疑いがある。坐骨神経痛の場合は大腿後部筋に触れても痛がる。このような症状、特に坐骨神経痛には、皮膚を次々とつまんで皮膚と皮下層を分離してやると治療に役立つ。その部位の毛がぴんと立っている(鳥肌)場合は、一つの皮膚分節に対する強力な日光が原因になって坐骨神経痛が起きている可能性もある。

したがって、治療の第一段階はまず体表のさまざまな層の分析をすることである。マッサージがある程度効いてきたら、施術者は指先を筋の走行に対して横断的に動かしながら、ときどき動きを止めて深部で起きている収縮の様子を指先で『聴き』取るようにする。ゆっくりとマッサージしていき、指の下で筋の層がストレッチし、緊張点がリラックス始めるのを感じ取るようにする。それぞれの痛みのある局所を特に念入りにマッサージしながら、き甲から尻の間を何度も往復する。その後、腰部の損傷の治療にとって大切なところである殿筋の腸骨付着部から仙骨沿いに尾部までの間をマッサージする。緊張点を見つけたら、その部分に5分間マッサージを続ける。毛並びの方向に沿って進むと良いだろう。縦に、横に、また棘突起の脇から始めて下へ向かってマッサージをする。

2. 反射マッサージ

正統的なマッサージのほかに、補助的に反射を利用した治療を加えると良い結果が得られることがある。背中に対しては図66に示した線に沿って行うのが良いだろう。この治療は夕方の落ち着いた時間に施すようにする。各々の線に沿って3回ずつ、かなり深くまで、指先が皮膚を通すくらいの思いでマッサージを行う。線に沿ってゆっくり移動させ、前腕の力も利用する。

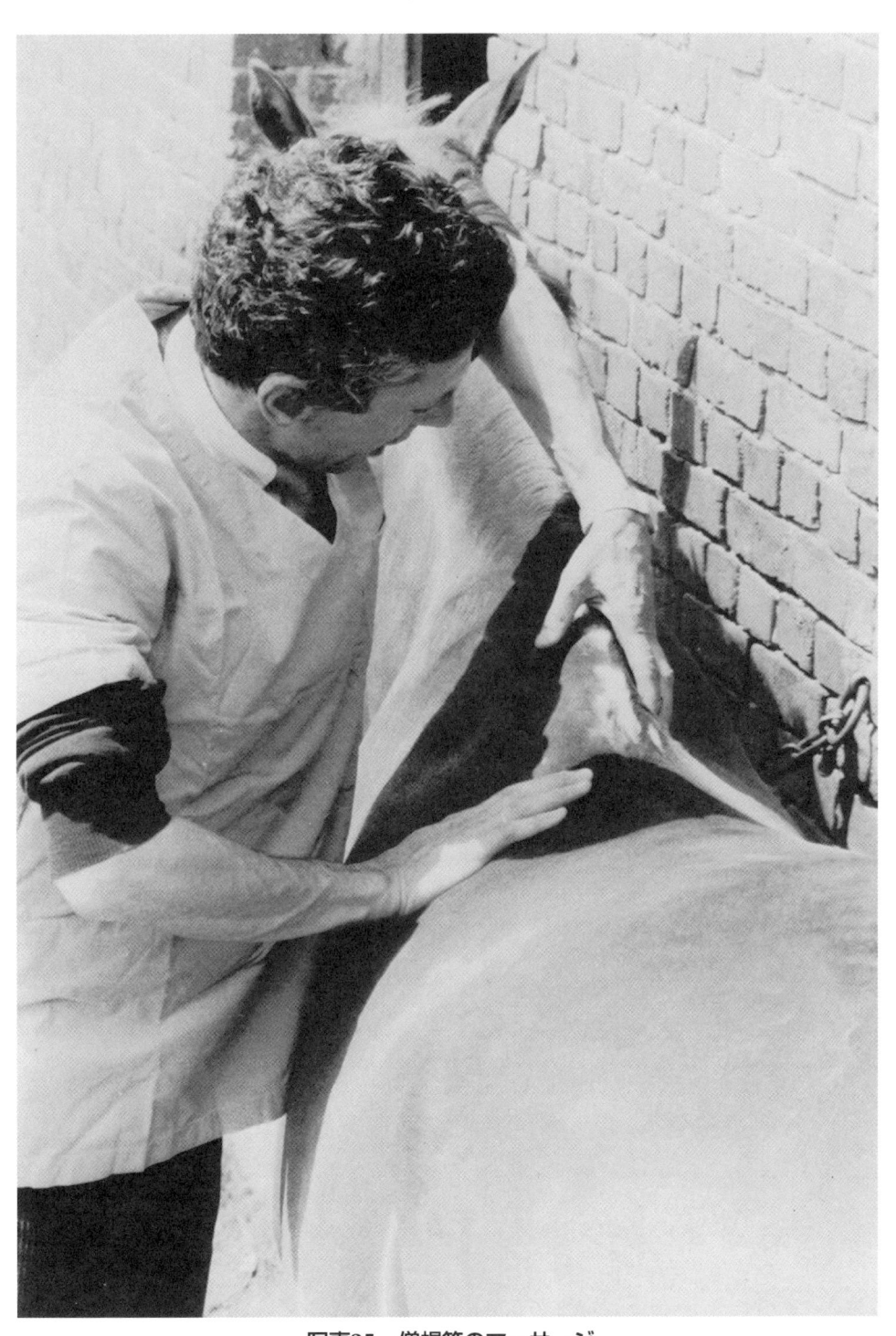

写真25　僧帽筋のマッサージ

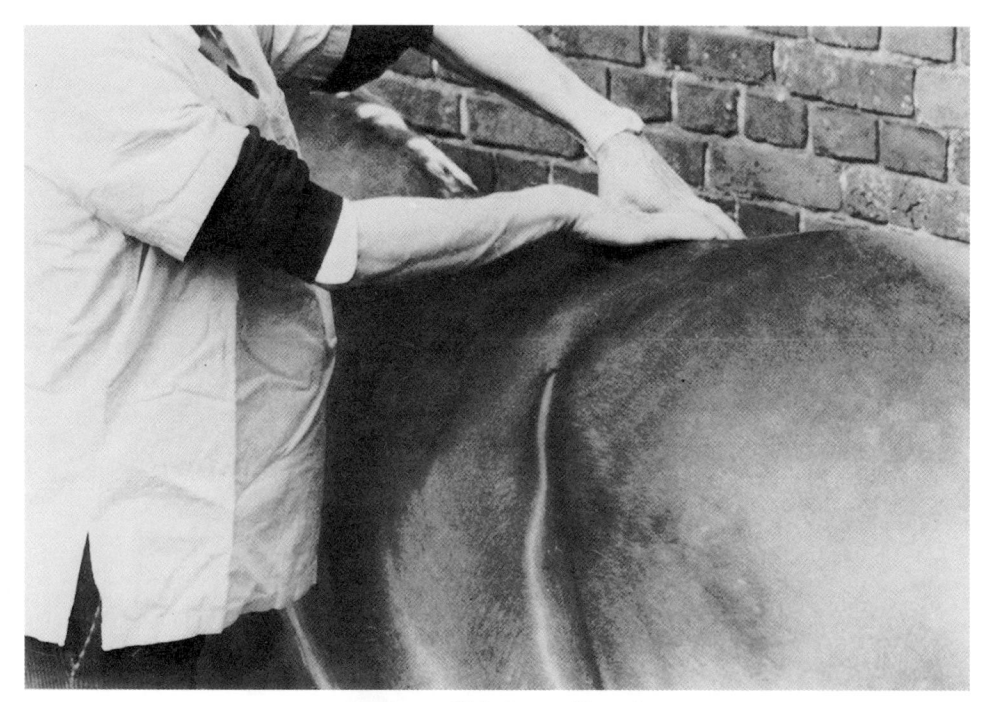

写真26　背中のマッサージ

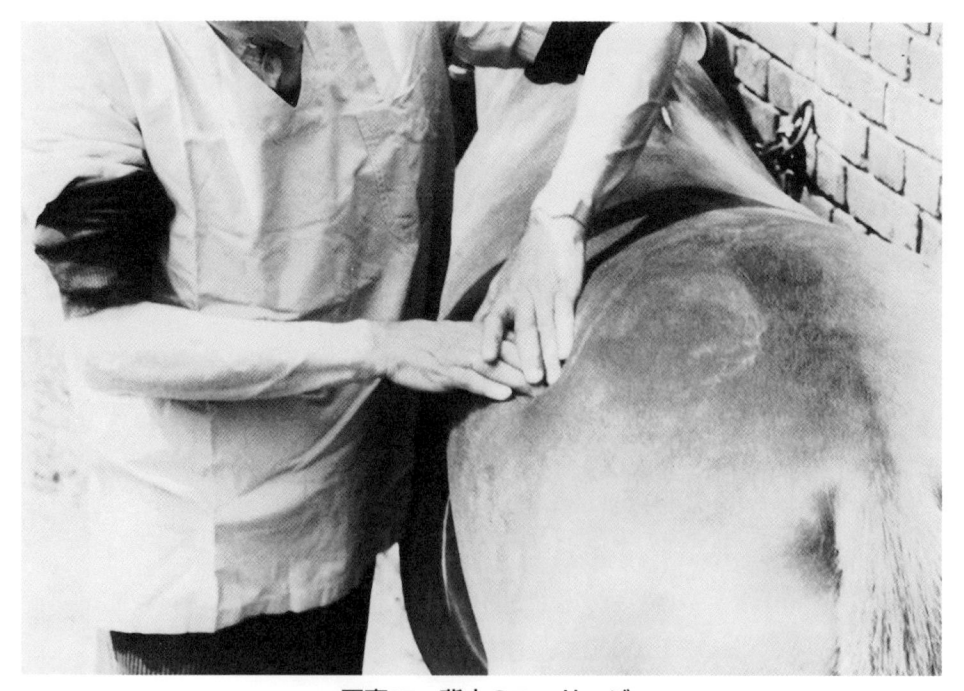

写真27　背中のマッサージ

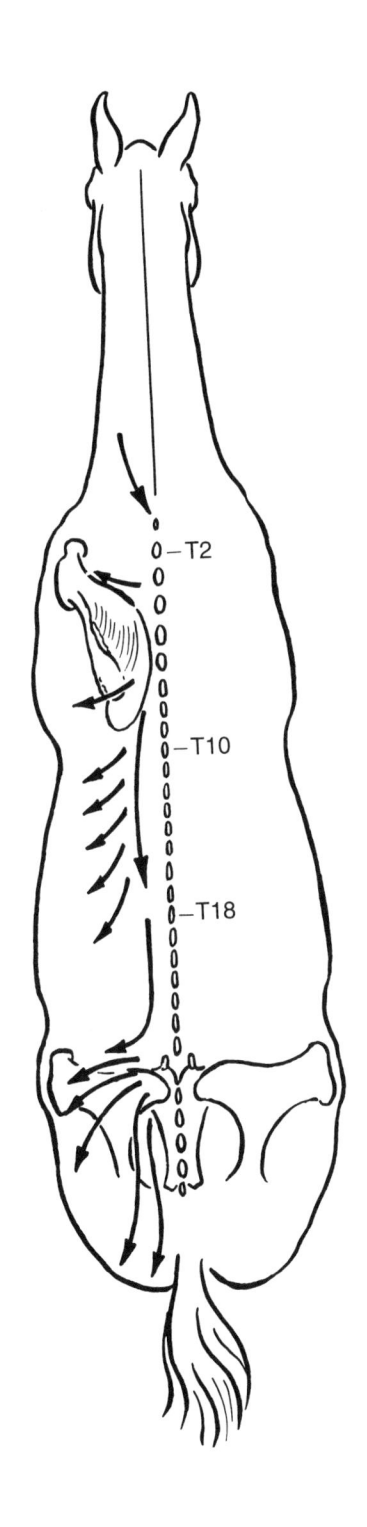

図65　線は腰から尻にかけてのマッサージのストロークの方向を示す

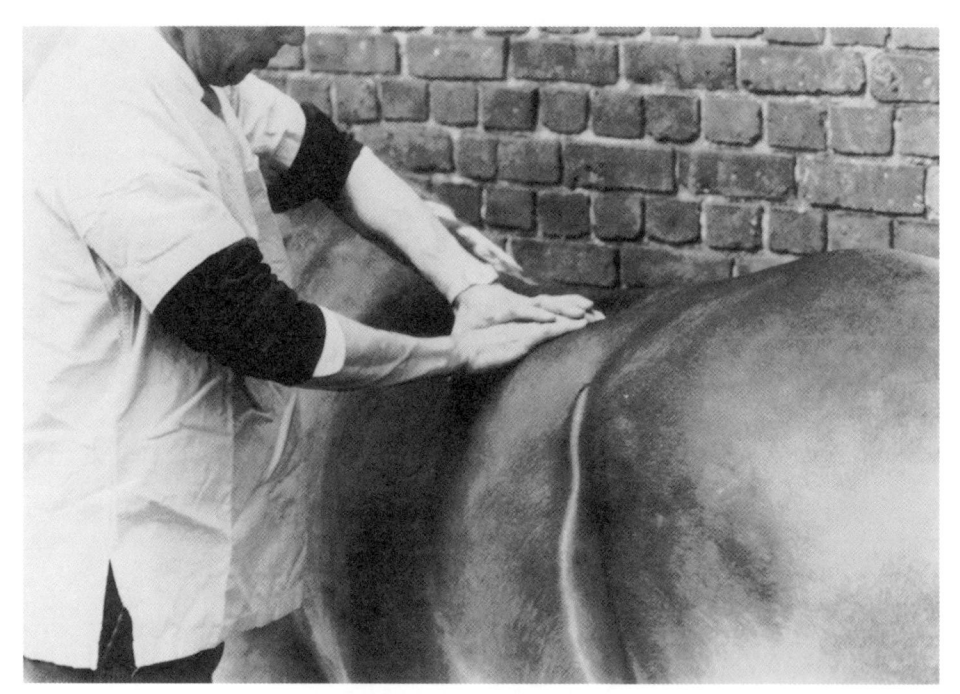

写真28　背中のマッサージ

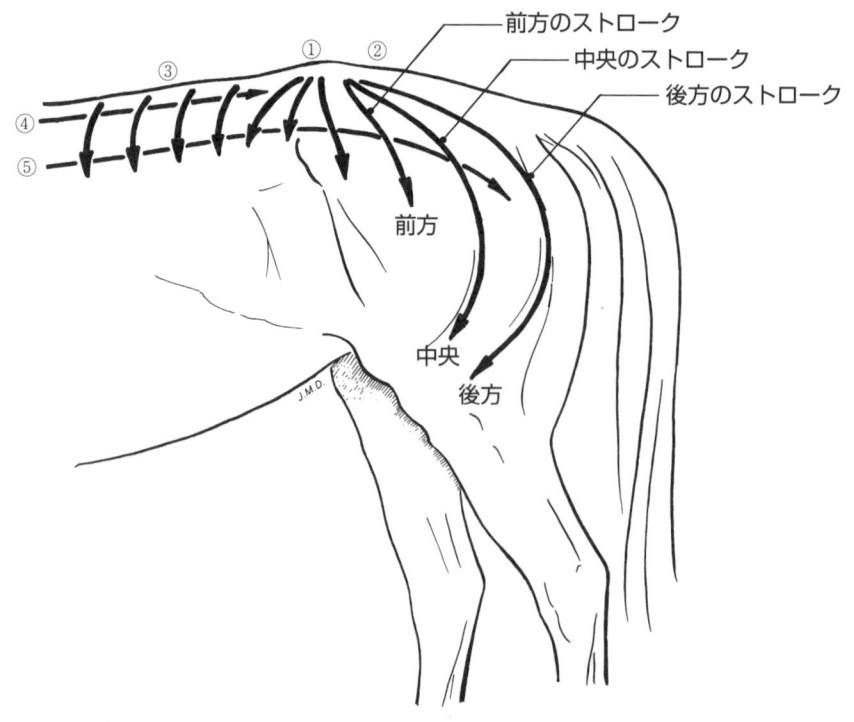

図66　線は腰から尻にかけてのマッサージのストロークの方向を示す

主なストロークを次に示す：
1. 腸腰部を扇状にストロークする、脊柱から殿筋停止部まで、それぞれ3回ずつ。
2. 殿部を下に向かってストロークする：
   ・前部を3回、尻の角、ないしは外側腸骨棘に向かって。
   ・中間部を3回、股関節に向かって。
   ・後部を3回、一般に「苦しみの線」と呼ばれる筋のヒダに向かって。
3. 腰部を斜め下方にストロークする、鞍のすぐ後の部分から、3～4cm間隔に、長さ10cmほど3回ずつ。次いで、腸骨・腰椎交叉点からき甲までをストロークする。この全過程を3回繰り返す。
4. 前部から後部へ向かって、棘突起の正中線から2cm離れたところを、縦に3回ストロークする。
5. 同じく前部から後部へ向かって、手のひらを使った鎮痙的なストローク。左右両側を同時に、背中の中間から殿筋の上を通って尾までをストロークする。

馬によっては、胸部（前肢の間にある下行性胸筋）をマッサージすることがリラックスさせるのに有効な方法であることがある。そのような馬の場合、リラックスして鼻を地面につけ、目を閉じることがよくある。

3. **ツボのマッサージ**（図67を参照）
   72 位置：背部正中線上、第2腰椎と第3腰椎の間
      適応：背腰部の腱や筋の痛み
   73 位置：正中線上、第5腰椎と第1仙椎の間
      適応：すべての背腰部の痛み
   77/78 位置：正中線から6cm離れ、前方へそれぞれ12cmと18cmのところ
      適応：背腰部の痛み、収縮、筋炎
   80～83 位置：
      80　S1の脇3.5cmにある小さな凹み
      81　S1とS2の間の小さな凹み
      82　S2とS3の棘突起の間
      83　S3とS4の棘突起の間
      適応：腰仙部の痛み、および腎臓領域の虚弱部位

最後に80と83の間を線状に貫くようにマッサージして終わりにするが、指先で両側を同時に突く動作を数回加える。

6 ● 脊柱の再教育

マッサージや電気療法に続いて再教育をする必要がある。初期段階における目的は、腹筋全体を強化すると同時に、脊柱ブリッジの屈曲力をも強化することである。この時、背部と腹部の緊張に調和した緊張が伸筋群に戻るように注意する。

(a) プログラム
1. 後退、徒歩訓練、頚を上げないで斜面を10～15m常歩で登る。
2. 巻き乗り、徒歩訓練、常歩で5～10回の巻乗り、各手前で行う。
3. 調馬索を使っての訓練で、直径10mの円と地面に立てた4本のポールを使って体を弯曲させたり、頚を下げたりする。
4. 調馬索を使って駆歩する。はじめはゆっくり、リラックスして、ゆっくりした歩様で。次に、胸と頚を上げさせる。それによって歩

158　部位別の治療

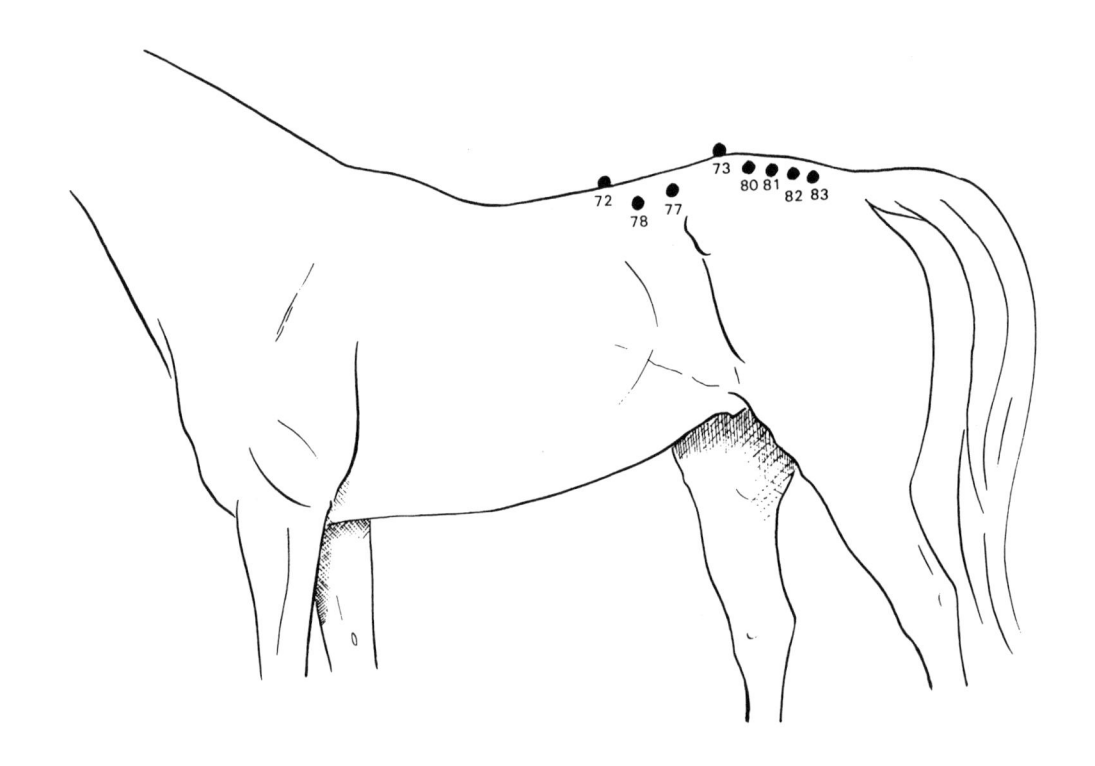

図67　腰殿部に対するツボのマッサージ

幅が短くなり、バランスがとれる。
5. 最後に騎乗して、次のような練習をして訓練を終わりにする：
   ・2蹄跡を使う訓練を、3種類の歩様で。
   ・常歩−駆歩−常歩というように、連続的に歩調を変える。歩調が変わる時に平衡を失わないで行えるようにする。この訓練は背中を丈夫にする。
   ・後退。
   ・不正または反対駆歩。これも背中を丈夫にする。
   ・8の字を描く、半分は不正駆歩で。正しい手前で駆歩すると踏み込みが発達する。

騎乗者は、常に自分が馬の脊柱ブリッジ上の何処に乗っているかをチェックしている必要がある。もし、上半身をおおげさに動かして後退すると、馬の胸・腰部にかかっている負荷が増強されて、馬の平衡を乱すことになる。しかし、騎乗者が鞍の上でまっすぐな姿勢を保っていることができれば、平衡が乱されないばかりでなく、余分な負荷が胸・腰部の蝶番関節にかかるのも避けることができる。

常歩と駆歩という2種類の歩様は、脊柱の可動性や柔軟性を発達させる上で最も有用な歩様である。徒歩訓練で命令しながら、馬に自分の周りをゆっくりと歩かせることによって、脊椎の関節の動きを良くすることができる。この運

動は背中に損傷のある馬に騎乗する前に行うべきである。それが騎乗の影響を受けていない時の馬の背中の屈曲や回旋の様子を、騎乗者が調べる機会になるからである。この運動は椎骨の間を開いて、関節周囲の靭帯ばかりでなく、深部のサイバネチック筋もストレッチすることになる。このようにして「目覚めた」状態の背中は、騎乗者の体重によって起こる脊椎骨のずれによりよく適応できる状態になる。馬房から出されたばかりの、冷えた、硬い背中をした馬には、各手前で2〜3分間行えば十分な準備運動になるだろう。このように筋と靭帯をストレッチすることは、治療期間中ずっと続くであろう冷えた背中が原因で起こる反射性の収縮を防いでくれることにもなる。慢性化の恐れのある胸・腰部損傷の多くがこの段階で生じているのである。

(b) 調馬索を使った予備的な訓練

この訓練には2段階があって、脊柱と腹部の結びつきを強化するのに役立つ。

1. 背部筋・関節連鎖のストレッチングと弛緩法

1. サイド・レーンを使って、鼻が膝の高さに来るところまで頚を下げさせる。
2. 各手前で5分間速歩させる。
3. 速歩の歩調を発達させる目的、および胸・腰部の蝶番関節を働かせる目的で、3本の横木を1〜2m離して地面に並べる。
4. きびきびとした歩調を維持させる。これは動作に自由と柔軟性を持たせるのにたいへん役立つ。関節の動きを軽くし、脊柱の動きの幅を広げるなど、歩調は馬のリラックスしている状態を反映する。

この大切な第1段階における、ゆっくりしたテンポ、速歩の歩調、頚の位置などは、次のようなことを実現するのに役立っている：

1. 脊柱周辺の緊張緩和。
2. 脊柱の動きの増幅。
3. 推進力に関与する腰・後部筋群の外層、特に中殿筋の発達。
4. 腰部の弛緩法を助ける腹部の活性化。

2. 平衡点周辺の緊張を回復する

1. サイド・レーンを使って、頚を屈曲し、それを上げて普通の位置に戻す。
2. 各手前で、5分間速歩させる。
3. 通常の歩調を維持する。
4. キャバレッティは使用しない。
5. 常歩からの駆歩発進を数回繰り返す。
6. 各手前の駆歩で15回巻乗りを行い終わりにする。

以上の練習はトップラインとボトムラインの間の筋の平衡を回復するのに役立つ（第2章の53頁および59頁に述べたように）。駆歩は、腹部の筋、および背部の筋連鎖を正規の位置に保つための固定点になっている中殿筋を支える蝶番関節を緊張させるのに役立っている。この準備運動をした30分後には、その馬に騎乗して訓練することが可能となる。

(c) 頚を下げた姿勢での訓練に関する理学療法的分析

頚を下げた姿勢での訓練を生体力学的、ならびに理学療法的観点から分析してみると、その影響は主として前躯、体幹、後躯の3箇所に集

中していることがわかる(**写真29**参照)。

1. 前躯

　歩様が常歩、速歩、駆歩のいずれであっても、頚を下げる動作は前躯の通常の生体力学的な機能にいくつかの変化をもたらす。

　最も顕著な結果は、前躯が担う負荷が増えることである。それは頚・頭部がテコとして働いて重心が前に移動するからで、同時に平行して後躯の負荷が軽くなる。この負荷の増加によって前躯の筋帯の働きが増強されて、2本の前肢の間にある胸部を持ち上げる結果になる。これら胸筋や鋸筋の発達は支持力を強化するのに役立ち、頚を正常な位置に戻した時に前躯を以前より軽くすることになる。

　この運動がパフォーマンスの向上に役立つことは確かだが、負荷の増加は関節や腱に対する圧力も増やしているわけで、度を越えて行ったり、長時間行ってはならない。したがって、過去に腱炎や関節損傷の病歴のある馬については禁忌である。

　頚を下げることは、また、背部頚筋群にも作用を及ぼす。これらの筋群はテコの働きの増加に対応する必要があるからである。外側の筋群が等尺性の収縮をするが、この収縮には、結果的にスパズムを抑えるのに役立つこと、ならびに収縮の効率を高めるという二重の効果がある。直接関与している筋は頚・胸の移行部を動かす筋、すなわち、頚の基部および胸部の頭方に位置する筋である。前肢が着地した後、頚を伸ばし、前躯を起こす働きをするこれらの筋や頚・頭挙筋を発達させる運動は、馬場馬術や飛越の競技をする馬にとっては大変重要である。

　最後に、頚を下げると椎間孔(隣合った椎骨との間の孔で、脊髄神経が通り、そこで脊髄とつながっている)が開くことがある。椎間孔が開けば、今まで締め付けや刺激のために生じていた痛みが解消される。この痛みは、今まで背中の硬さや前肢の跛行となって表現されていた可能性があったものである。

2. 体幹

　一般的には、頚を下げると胸椎の屈曲が起きると同時に、脊柱軸の上側の部分の伸長と、その下にある腹筋群の働きの増強が起きる。しかし、その強制の度合いや影響の大きさは、その時の後躯の踏み込みの程度で異なってくる。

2.1　十分な踏み込みがない場合

脊椎骨および脊柱の靭帯に対する影響────

　頚を下げると胸椎の棘突起の間が開く。これはOSPに罹った馬にとっては痛みが少ない姿勢なので、その馬にとって頚を下げることが一つの有効な理学療法になる。項靭帯がき甲部の丈の高い棘突起を強く引っ張るので、胸椎部、特にT6～T10に同じような屈曲が起こる。この胸椎の弯曲は、私たちの1984年以来の研究が明らかにしたように、鞍の乗る部分、騎乗者の直下で起こる。それによって背中が高くなり、騎乗者の体重を支えるのを楽にする。このことは、騎乗の負荷に耐えるだけの筋が十分発達していない若い馬や、一歩一歩の歩みに痛みを伴うOSPに罹った馬に対して格別な恩恵を与える。

背中の筋に対する影響────────────

　頚を下げることは、脊柱軸の上に位置する筋や靭帯に影響を与え、それは胸・腰移行部にまで及ぶ。脊柱の弯曲は強力な脊柱起立筋および脊柱傍筋のストレッチを誘導し、結果としてそ

写真29　頭を下げて訓練すると腹筋は強化されトップラインはリラックスする

れらの筋が伸びる。これは筋収縮の効率を良くするため、トレーナーにとってはたいへん重要なことである。また、このストレッチングにはさらに利点があって、OSPや背側滑膜性関節の関節症のような、多くの背中の損傷に関連した二次的な反射性収縮を抑えることになる。

2.2　十分に踏み込んでいる場合

頸を下げることで生じた胸椎の屈曲は棘上靭帯を緊張させることになる。後肢を踏み込ませようとすれば、その馬は、この緊張に対応しなければならない。これには相反する利点と欠点がある。

利点

利点はこれまでに述べた通りである。しかし、脊柱の両端において屈曲を強制することにはさらなる利点がある。踏み込みが胸・腰脊柱ブリッジの屈曲を効率的に増強するので、生体力学的な結果がより顕著になる。すなわち、胸椎部において、棘突起の開き、鞍の下の脊柱の弯曲、脊柱起立筋および脊柱傍筋のストレッチングなどがより強調される。棘上靭帯の緊張が腰椎の屈曲の可能性を減少させるので、次のような有益な変化がもたらされる：

1. 筋に関して；後肢が踏み込み可能となるためには、腰部の靭帯が伸びないことに対応して腹筋群がより強く働く必要がある。それが腹筋群の発達を促すのである。その腹筋群は2つのグループに分かれる：
   (1)腹壁にある腹直筋と腹斜筋。

(2) 脊柱の腹側にある腰筋と腸骨筋。
2. 脊椎に関して；屈曲や伸展の時に、項靭帯に引っ張られて棘上靭帯は前方にストレッチされるが、同時に腹筋によって後方へもストレッチされる。これが脊柱をより柔軟にする。
3. 腰椎の屈曲が制限されると、側屈と回旋によって補償される。第2章で述べたように、これらの動きには主として下部胸椎が関与していて、腰部や腰・仙部はほとんど関係ない。側屈や回旋に関与する筋は主に腹部の内・外腹斜筋と傍脊柱筋である。頸を下げて訓練している時に、これらの側屈や回旋を組み合わせた動作を取り入れて腹斜筋や傍脊柱筋を使うようにすれば、あらゆる方向に対する脊柱の可動性を増すのに役立つ。

欠点

これら数々の利点があるが、脊柱のさまざまな部分に生体力学的な無理がかかるので、この運動には制限が必要である。緊張が過度になると、次のようなことが起こる可能性がある：

1. 棘上靭帯やその付着部を損傷する結果、骨膜炎や靭帯炎になる。
2. 同じ方向に圧迫が増強されることにより、椎体や椎間板が損傷される。

3. 後躯に対する影響

頸を下げることは、馬の平衡に影響するばかりでなく、脊柱の働きを完全に混乱させる結果、後躯や（競技能力に大切な）腰・仙関節、ならびに股関節の機能に反動が現れるらしい。

3.1 腰仙関節

私たちがリヨン獣医学校（競技用馬研究室）で行った最近の研究で明らかになったことは、頸を下げると腰部の可動性が低下するが、後躯が踏み込むと腰仙関節の屈曲の度合いが増強されて、それを補っているということだ（脊柱のこの部分に棘上靭帯が存在しないことや、棘間靭帯が比較的弱いことも、それを助けている）。腰仙部の屈曲が増強されると、馬術にとって次のような恩恵がある：

1. 筋の緊張が続く結果、関節がより柔軟になる。
2. 骨盤が下方に傾くのに助けられて、強力な脊柱起立筋を（前方に）、中殿筋を（後方に）引っ張る力が働く。これらの推進力の主力となる大きな筋群が、このようにして作用中に最大限にストレッチされる。
3. 腰部や腰仙部の屈曲運動に関与する筋の割合が増加することが、それらの筋の発達を助けることになる。これらの筋は、すでに何度も述べたように、腹壁にある腹直筋と腹斜筋、および腰部の下側にある腸腰筋である。腸腰筋は大腿骨に停止部があり、股関節の可動性に直接関係している。

3.2 殿部および後肢の関節

腰部の可動性の減少に対応するために腸腰筋が生み出す緊張は、大腿骨の上部先端にかかる。結果として、各々の後肢がよく踏み込むと、股関節の屈曲が増強される。踏み込みが腰仙部の屈曲と組み合わされると、その股関節の屈曲は殿筋群をストレッチするし、さらに後膝の関節の伸展と同時に起これば、大腿後部筋群（大腿二頭筋、半腱様筋、半膜様筋）までもストレッチする。したがって、これらの関節の動きは、瞬発力に関与するすべての筋の伸長に寄与すること

になり、飛越力を向上させる。

このように多数の利点があるために、頸を下げた状態での訓練は、体の準備や再教育のための主要な運動の一つになっている。

(d) 頸を下げた状態での訓練の生体力学的効果

1. 背側筋連鎖の筋や靭帯のストレッチング
1. 棘上靭帯、棘間靭帯を緊張させる。
2. 背側筋連鎖を引き伸ばす。

2. 椎間関節の動きを良くする
これは次のようなことによってもたらされる：
1. 関節の間を広げるように表層部および深部傍脊柱筋を働かせる。
2. 歩調の変化を交えて、律動的な速歩をする。これは関節や筋に対して効果がある。

次のようなことは特に背中を楽にし、予防的、治療的な効果がある。
1. 背・腰部を自由にすること。
2. 筋および靭帯をストレッチングすること。
3. 傍脊柱筋群を交互に緊張させること。
4. 脊椎骨を穏やかに軸上で回旋させること（斜めに速歩しながら）。

3. ボトムラインの補強
腹筋群および腸腰筋を強化する（筋の線維を短くする）。

4. 殿筋と大腿後部筋の共力作用
1. 中殿筋に対する効果は、その筋の腰部固定点と共に、特に興味が持たれるところである。
2. 訓練中に大腿後部筋がストレッチされるが、それが筋線維の質を向上させる。

3. 体幹の脊柱周辺に見られるその他の損傷

―――― 1 ● 仙腸関節 ――――

　この関節に外傷や関節症があると、痛みが周囲の殿筋や大腿後部筋に放散してスパズムや跛行を引き起こすことがある。

(a) 治療
1. 仙骨沿いの筋および仙・腸部の凹みを深くマッサージする（**写真30**）。
2. 運動神経刺激（感応電流）電気療法を殿部の筋と仙腸部の筋の起始部に30分間施す。
3. 仙・腸部の凹みの中や周囲、ならびに仙腸部の筋の起始部に超音波を当てる。
4. 皮膚刺激によって5・6回前屈運動を起こさせたところで、治療を終わりにする。その後で、馬に2～3mの巻乗りをさせる。腰仙関節を働かせると共に、後肢の内側の筋を最大限に踏み込ませるように努力すること。それによって外側の筋の筋連鎖が対側性にストレッチされる。

―――― 2 ● 疑似跛行（不規則な歩様） ――――

　疑似跛行は、背腰部ならびに骨盤部における筋の共力作用が破綻したために起きるといえる。それは間欠的に不規則な歩様となって現れ、歩調にあった運動をしている時や推進力を発揮している時には見られない。

(a) 原因
1. 上部筋連鎖の力不足。
2. 筋の作動不全、あるいは筋や脊柱の損傷のために連続性が破綻している。
3. 筋炎の後遺症。
4. OSPの発症、椎間部に痛みがある。
5. 多裂筋のスパズムによるサイバネチック機能の混乱。

(b) 治療
1. 腰部、および背腰部の損傷に対して理学療法を施す。
2. 再教育：
    ・定期的に手で触れて安心させる。
    ・歩調を遅くする。
    ・より積極的な前進気勢。
    ・自信を持って、しかし徐々に収縮姿勢をとった訓練に移していく。
    ・痛みのない歩調を探して、その歩調で訓練をする。
    ・過激な動作は抑える。
    ・馬の背中が十分しっかりしないうちは、2蹄跡運動の訓練を一時的に減らす。

―――― 3 ● 背腰部の筋炎 ――――

　この炎症は筋組織の代謝損傷により生じる。

(a) 原因
いくつかの要因が関係している。
1. 栄養。
2. 訓練の歩調の不規則さ。激しすぎる訓練の後に、長すぎる休養期間があった。
3. 輸送が長時間だったり、異常な状態であったり、ストレスがかかったりした。

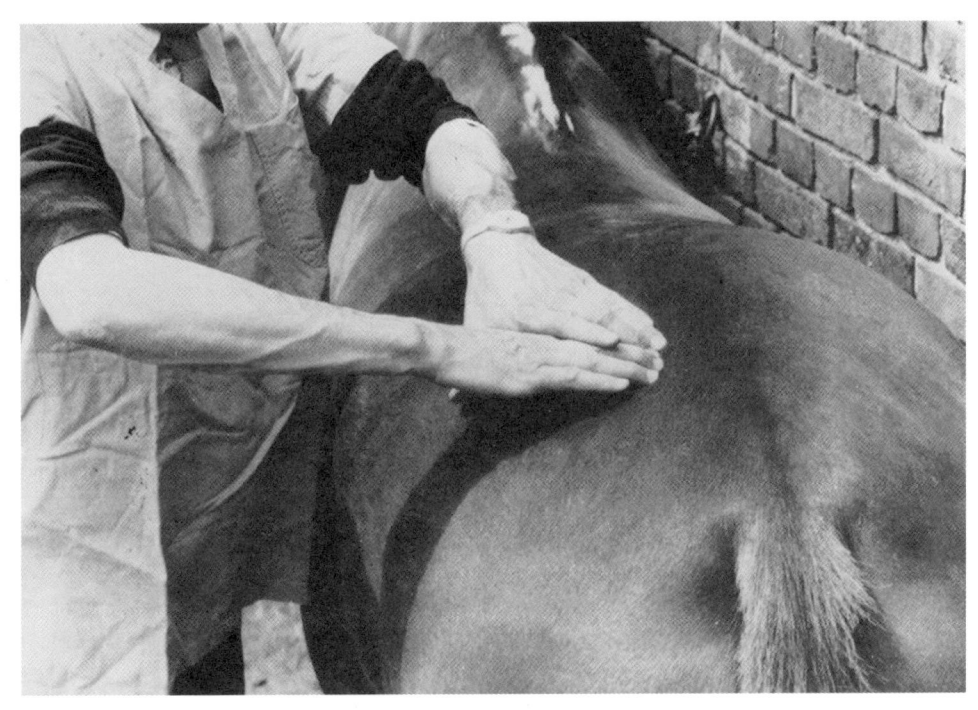

写真30　仙・腸部のマッサージ

4. 気候条件。過度の暑さや寒さ。

(b) 症状

症状が激しい時は腰筋群に与える影響が大きいために、直ちに腰・骨盤部全体が無力になる。馬の腰が動かなくなり、腰椎の動きが妨げられる。場合によっては、他の筋、例えば大腿後部筋や上腕三頭筋に影響することもある。ある種の坐骨神経痛の後遺症にも似たような症状が現れる。殿筋および大腿後部筋の炎症の皮下浸潤を伴って「閉じこめられた状態」になり、痛みが出る。これらは筋節（筋群）が坐骨神経痛によって引き起こされた根神経痛（脊髄神経の痛み）に反応したものである。そして、その筋節につながっている皮膚分節がこの炎症に反応する。

(c) 理学療法

最初にやるべきことは、直ちに3日間の完全休養をとらせることである。4日目から治療を始めて、以後2週間毎日治療を繰り返す。

1. 温泥パック

泥は50℃に温める。また、傍らに温水を入れた容器を用意し、時々パックを温水に戻して、できるだけ50℃の温度を保つようにする。馬の背中、T10周辺の腰・殿移行部に、幅約30cmのパックを30～45分間当てておく。

2. 電気療法

低周波の運動神経刺激（感応）電流を用いる。周波数は30～80Hzとし、電流の強さは筋の収縮がどうにか目に見える程度とする。簡単な治療

器では電極が4本あるので、2本はT15〜T18の間に、他の2本は腸骨と腰椎とでできる角に置く。

3．マッサージ

マッサージは電気療法のすぐ後に行う。まず伝統的なマッサージ法で、広くき甲から殿部にいたる脊柱沿いの背・腰筋群をマッサージする。続いて、殿筋群（仙腸三角）をマッサージし、最後に大腿尾方筋群を揉捏した後、筋を揺すって終わりにする。この間20〜30分間ほどである。

4．再教育

マッサージの直後に行うが、ほかに痛いところや不快なところがないことをよく確かめてから行う。初回は馬の背中を馬着で覆っておく。まず、馬を曳き馬で数分間歩行させることから始める。

次に一般的なプログラムを示すが、馬の回復の様子に合わせて変更すること。

- 1日目：5分間の歩行。
- 2〜4日目：毎日、5分間ずつ歩行時間を延長していく。
- 5日目：日に2回調馬索を用いて訓練する。5分間の常歩と5分間の速歩。
- 6〜14日目：毎日、2〜3分間ずつ常歩と速歩の時間を延長する。
- 15日目に始めること。

騎乗訓練は15日目以前に行ってはならない。また、騎乗訓練の前には必ず調馬索を用いた5分間の常歩と5分間の速歩をしてウォーミングアップする。騎乗しての速歩は背中や関節に無理がかからないように1週間先に延ばす。駆歩させる時は、間に1〜2分間の短い休息時間を挟む。2蹄跡の訓練は、それまでの訓練で馬が完全に回復していることが明らかになるまで行わない。騎乗訓練した後は、調馬索を用い、頸を自由にして15分間常歩をやって締めくくる。常に再発がないかどうか、気を付ける必要がある。それには次のような条件を遵守する必要がある：

1. 期間中、規則正しく訓練すること。
2. 期間中は訓練を続け、休日をいれないこと。
3. エネルギー過剰にならないように、必要に応じた給餌をすること。
4. 天候が寒かったり、湿度が高かったりする時は、最初のウォーミングアップの15分間と最後の調馬索を用いた15分間の常歩をしている間は、背中を毛布で覆ってやること。

4. 肩

——— 1 ● はじめに

　肩は馬の体重の60％を支えている。左右の肩関節は、鋸筋と胸筋によって胸郭にしっかり連結されている。2つの生体力学的な力が関節に伝えられる。すなわち、重力に対する反応と後駆を突き出した時の慣性である。関節の可動性と関節の位置が斜めに付いているために、前肢が前方の地面に着地する動作に余裕が生まれている。また、肩関節は指の腱や繋の支持靱帯と共力してショックを吸収する役割も果たしている。この働きは特に障害飛越競技で大切なものである。肩関節が伸展する時は、胸筋によって前肢を、正中軸に対して軽く内転する力が働く。

　肩の跛行は、さまざまな障害の「がっさい袋」になっている傾向があるので、真の原因（深部の裂傷、腕の伸筋腱炎、僧帽筋の損傷など）を明らかにするには綿密な検査が必要である。そこでもう一度触診の有効性を強調しておく。さまざまな損傷が明らかになるだろうが、それらの損傷は互いに関連し合っているので、簡単に自然治癒することはない。しかし、気を付けて治療をすれば、徐々に回復する。ただし、正常な運動能力を回復するまでの予後を明確に示すことはできない。再び飛越させるか否かを考えるのは、平地で3～4週間の治療を行い、跛行が見られなくなってからのことである。

　このような慎重なゆっくりした方法は残念ながら行われず、結果として、痛みが再発することが多いために、関節の損傷に対する評判は良くない。肩が傷つきやすいのは、肩がショックを吸収する働きをしているからで、そのために肩の再教育のモットーが「穏やかに、ゆっくり、筋を再発達させよう」となっているのである。

——— 2 ● 肩のキーポイント

　図68に示した通りである。

(a) 棘上筋
1. 腕の伸筋で前肢が着地する時、肩を固定する。
2. 前肢を地に着けた時、あるいは前肢を伸ばした時に、不快さが表明される。
3. 損傷が起きやすいのは、筋の真ん中と、腱が肩関節に付着している2箇所である。

(b) 棘下筋
1. 腕の屈筋であり外転筋でもある。同じく肩の固定に関与する。
2. 屈曲や外転する時、あるいは患部に触れた時に、不快さが表明される。
3. 損傷が起きやすいところは棘上筋の場合と同じである。

(c) 三角筋
1. 腕の屈筋であり外転筋でもある。肩を外側から強化、支持する。
2. この部分の損傷は、馬が馬房や運搬車などに閉じこめられた際にもがいたために起こることがよくある。
3. 断裂があると肘の位置が下がる（橈骨神経麻痺と違う点）のでわかる。

168   部位別の治療

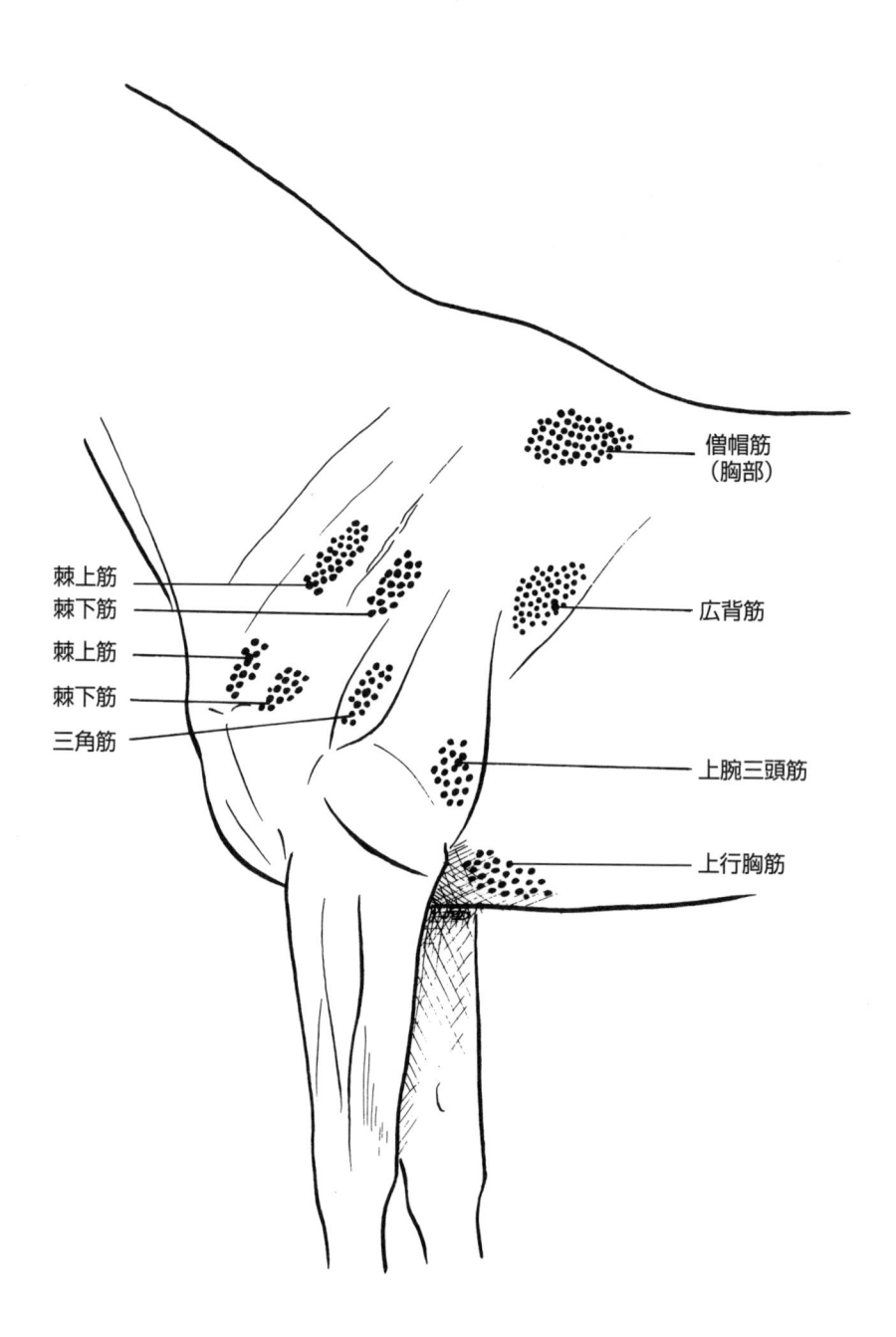

棘上筋
棘下筋
棘上筋
棘下筋
三角筋

僧帽筋（胸部）
広背筋
上腕三頭筋
上行胸筋

図68　肩のキーポイント

(d) 上腕三頭筋

1. この筋は多関節筋（複数の関節にまたがる）で、肩では屈筋、肘では伸筋として二重の役割を果たしている。着地の時には、肩でクッションとなり、肘は固定する。また、推進にも関与している。
2. 肩の様子がおかしかったら、この筋が関節につながっている部分を調べてみること。

(e) 上腕二頭筋

1. この筋も多関節筋で肩関節の伸展と前腕の屈曲に関与している。推進する時には能動的に固定して、腕の後部筋群と共に肩や肘を支える。
2. 損傷はこの筋が収縮した時に、筋腱の移行部の赤く腫れ上がったところに見つかる可能性がある。

(f) 鋸筋および胸筋

1. これらの筋は、体幹部において肩甲帯の支持に関与しているので、前肢が着地する時に相当な力がかかり、その結果損傷を受けることになる。大鋸筋は、上腕頭筋と協力して、腕を伸展する時に肩甲骨を傾ける。
2. きつい、弾力のない腹帯は循環障害（血液の急激な殺到）ばかりでなく、胸筋に麻痺を起こす原因になるので避けること。胸筋を触診すると上行部にしばしば過敏になっているところが見つかる。

(g) 僧帽筋

1. 菱形筋と共に、肩甲骨の周囲にある筋帯の背部を構成している。
2. この筋は共鳴して、すぐにスパズムを起こしたり、反射性の収縮を生ずる。

肩の筋を触診すると、しばしば情緒的な葛藤が明らかになることがある。その筋腹は硬くなっているので、緊張した部分を見つけたら、痛みがあるかどうか反応を観察する必要がある。反対側の同じ筋を触診して反応を比較すれば、敏感さや緊張の度合いの違いを知ることができる。

3 ● 肩の手入れと治療

明らかに筋に関係した損傷、例えば裂傷、あるいは強い収縮などについては、前章を参考にすること。また代わりとして、肩特有の症状に対して、次のような治療のスケジュールを実行することもできる。

(a) 全般的なスケジュール

1. 休養。初めの数日は完全に休養する。
2. 腱炎と診断されたら、腱の停止部を冷やす。体の他の部分を濡らさないようにするために水を細いジェットにして、患部に当てる。
3. 炎症の起きた腱につながっている筋をマッサージする。
4. 電気療法。患部の筋および関節に中周波の電流を15分間流す。僧帽筋には干渉療法を施しても良い。それには1本の電極をき甲のどちらか一方の側に当て、そのずっと下の肩甲骨のあたりに大型の金属板を当てる。
5. 超音波。痛がらせないように気を付けて、患部の筋や腱に12分間施す。パルスを用いて、その腱の停止部の上を掃引する。

(b) 再教育

上に述べた治療が終わってから行う。

1. 馬がまだ馬房の中にいるうちに、肩をストレッチして動きを良くする。馬に前肢を前に出させ、それを穏やかに少しずつ曲げ、さらに、それを5分間横に動かす。
2. 馬を馬房から連れ出し、調馬索とサイド・レーンを使って訓練する。前駆に負荷がかかりすぎないように頚を上げている必要がある。
3. 速歩を始める前の数日間は、常歩で損傷のある側に巻乗りをする練習をする。瘢痕組織を形成させるためには、その部分にショックを与えないことが大切である。地面は整然とした平らで固くないことが必要である。
4. 騎乗訓練を始める時は、バランスを保てる体重の軽い乗り手を使うこと。そして前駆の訓練は全く行わないようにする。
5. 駆歩は行わせない。また、8～15日より以前には反対側への弯曲も練習させない。
6. 訓練から帰った時、損傷が腱炎か裂傷かによって治療を選ぶ。腱炎ならアイスパックを、裂傷なら10分間の排液マッサージを施すことになる。

(c) マッサージ

マッサージは次のような事情の時に必要とされる：

1. 外傷。馬が馬房に無理矢理に押し込められたり、運搬車の側壁に体をぶつけたりしたことが原因のもの。あるいは飛越後のまずい着地が原因のもの。
2. 過度の訓練、あるいは3日間連続の行事に参加したための筋疲労。調教中の過度な伸展による筋疲労。

馬が休息の姿勢をとっている間に、伝統的なテクニックの他に筋緊張マッサージやツボのマッサージを施すことができる（**写真31、32**）。

1. 筋緊張マッサージ

このテクニックには次のような生理学的根拠がある：

1. 神経筋紡錘が緊張状態に置かれると、その筋の防御機構が働いてスパズムが生じる。このスパズムは、その筋にストレッチとマッサージの両方を施した方が、より早く解消される。
2. 筋腱の移行部にあるゴルジ機械的受容器もこのストレッチによって緊張状態に置かれる。
3. 筋膜および線維性組織はストレッチの約6秒後にその緊張に順応する。これがスパズムを解消するのに有効なのである。それは筋の中や周囲にある線維性の隔壁が筋自身よりも遅くストレッチに順応するという事実があるからだ。

ストレッチしながらマッサージをするテクニックは、**図69、70、71**と**写真33**を参考のこと。ただし、この方法は筋が温まっている時にのみ行う。訓練の後、ないしは再教育の一部として行うことを強く勧める。また、大事な飛越競技や総合競技（3日競技）の前日夕方に行うと良いだろう。施術者は助手に指示して肢のストレッチを行わせ、自身もマッサージ中に時々肢を部分的にリラックスさせる。このようにリラックスさせてマッサージすると、より効果があがる。ただし、痛みが生じないように注意する必要がある。

部位別の治療 171

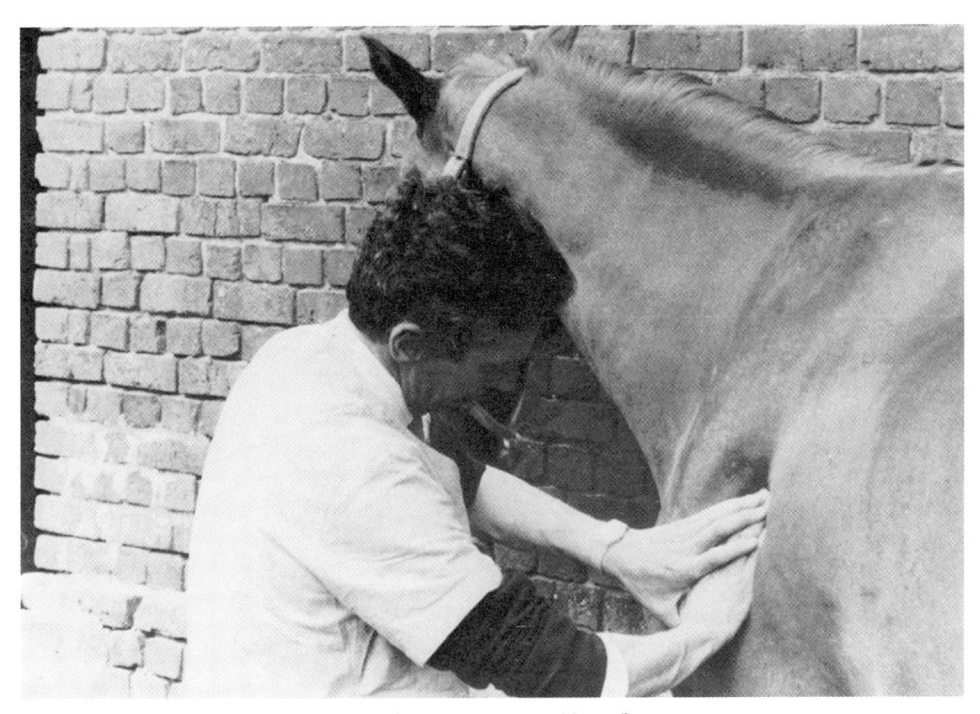

写真31 肩のマッサージ

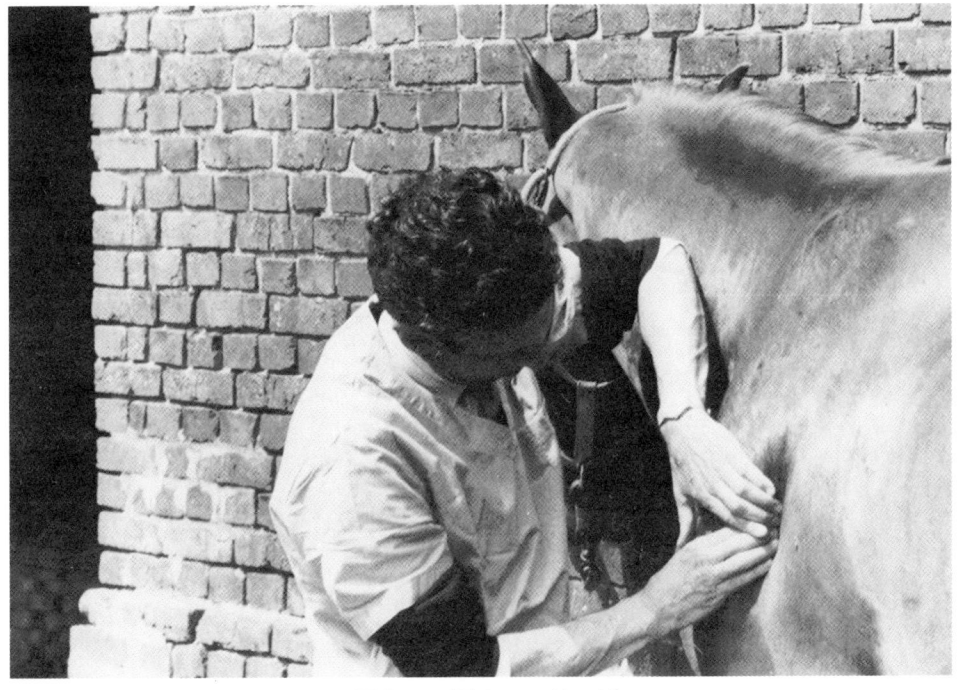

写真32 肩のマッサージ

172   部位別の治療

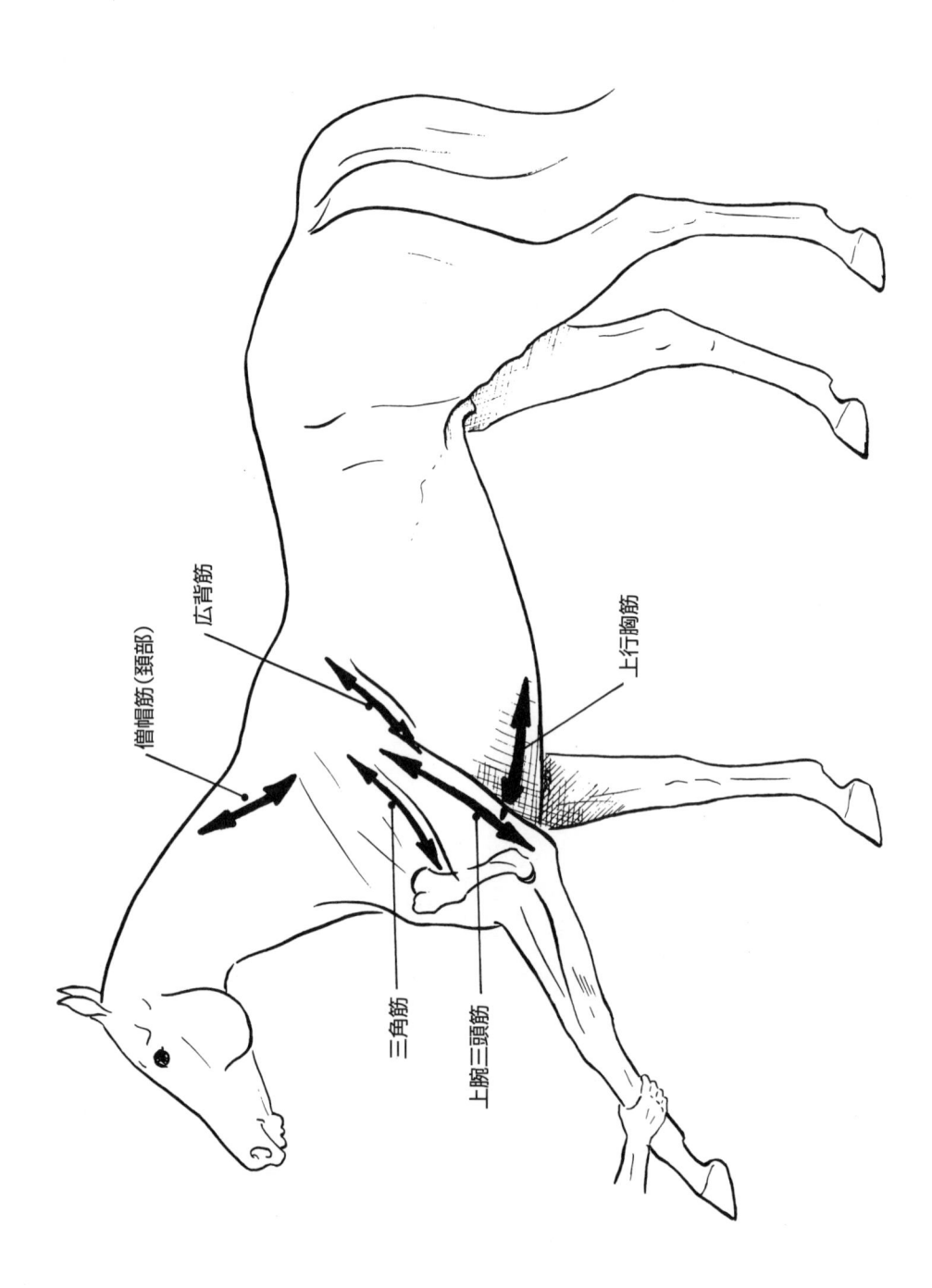

図69 前肢の伸出。伸びた筋、およびマッサージの領域を示す

僧帽筋（頚部）
広背筋
上行胸筋
三角筋
上腕三頭筋

部位別の治療　173

図70　前肢の後引。伸びた筋、およびマッサージの領域を示す

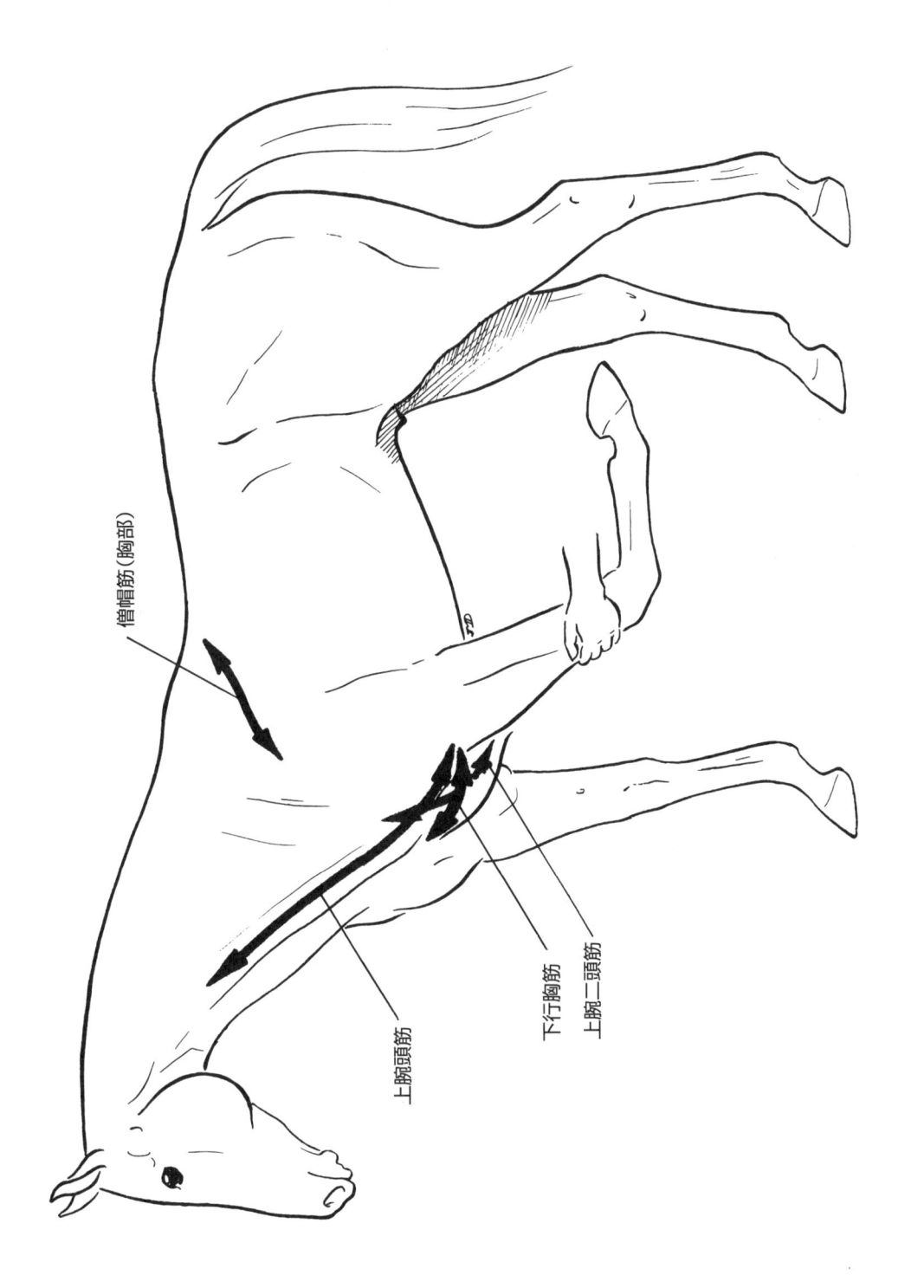

僧帽筋（胸部）
下行胸筋
上腕二頭筋
上腕頭筋

僧帽筋と菱形筋

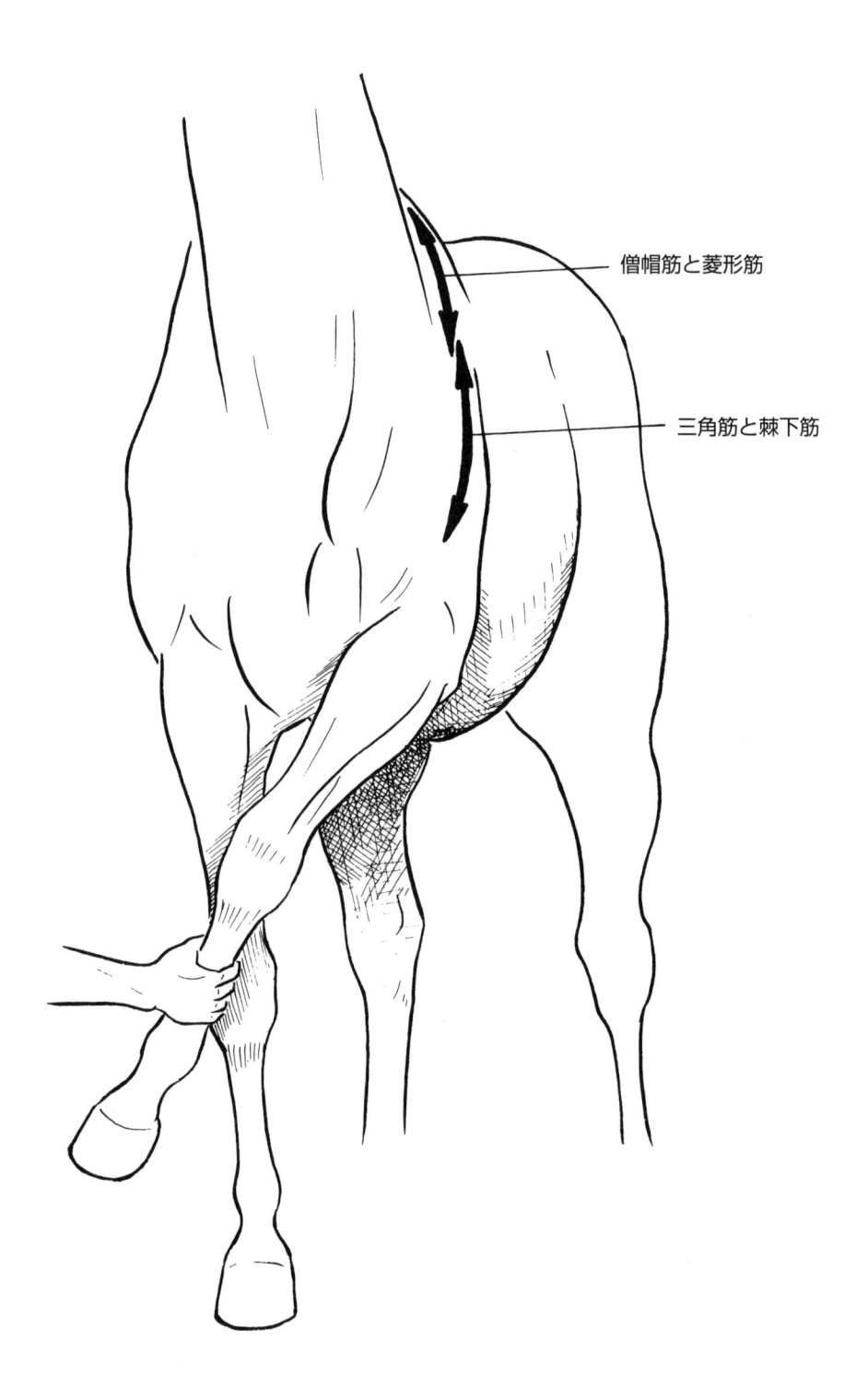

三角筋と棘下筋

図71 前肢の内転
肩の外側の筋が伸びているのを示す

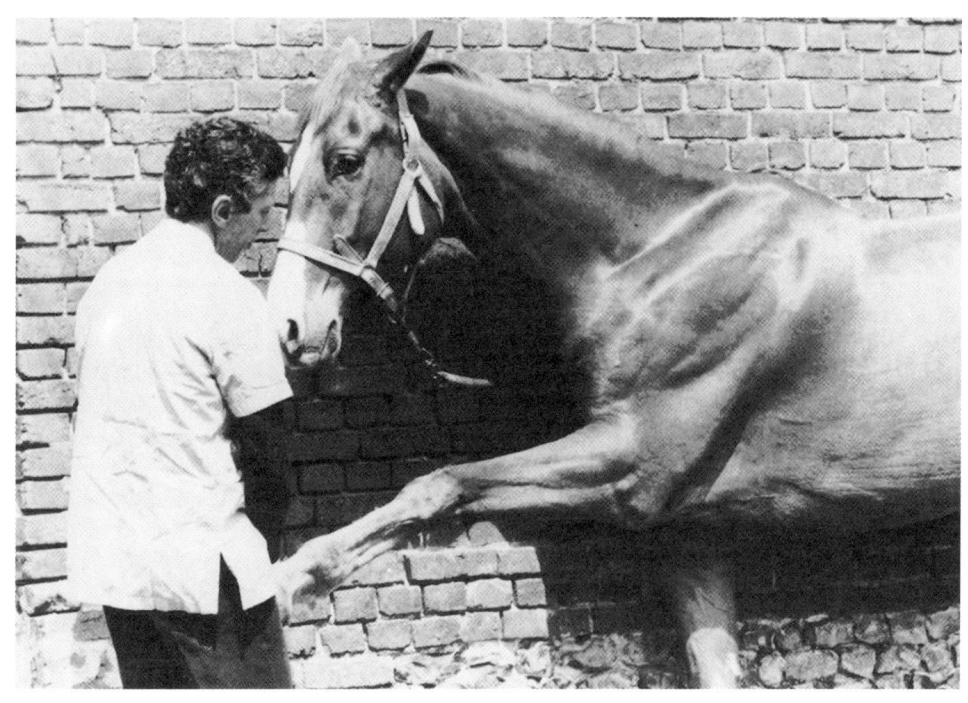

写真33　肩の推進筋をストレッチする

2. 肩におけるツボのマッサージ

ツボは図72に示した。

37　位置：肩甲骨の背側前部の角にある小さな凹み、軟骨との結合部にある。
適応：肩の関節炎、肩甲骨神経麻痺、前肢のリウマチ。

38　位置：肩甲骨の背側後部の角にある小さな凹み、軟骨との結合部にある。
適応：37と同じ。

2.1 両方のツボを同時にマッサージする

40　位置：肩甲骨の前部縁、37の12cm下（頚の中央部）。
適応：肩や前肢のリウマチ。呼吸関係の障害。

39　位置：肩甲骨の前部縁、37の6cm下。
適応：肩および肘の関節症。肩甲骨神経麻痺。胸頭筋および上腕頭筋の筋炎。

41　位置：肩甲骨の後部縁の中程にある小さな凹み、38の12cm下。
適応：39と同じ。

42　位置：肩の角、上腕骨大結節の上前縁にある小さな凹み。
適応：39と同じ。

43　位置：肩の角、大結節の下縁にある小さな凹み。
適応：上腕頭筋の筋炎。肩関節の痛み。

44　位置：大結節の後縁にある凹み。
適応：43と同じ。

45　位置：上腕骨の後縁にある小さな凹み、三角筋の2つの筋頭の間にある。
適応：この領域の筋炎。

46　位置：45の9cm後方。
適応：肩の筋の収縮。肩のリウマチ。

176　部位別の治療

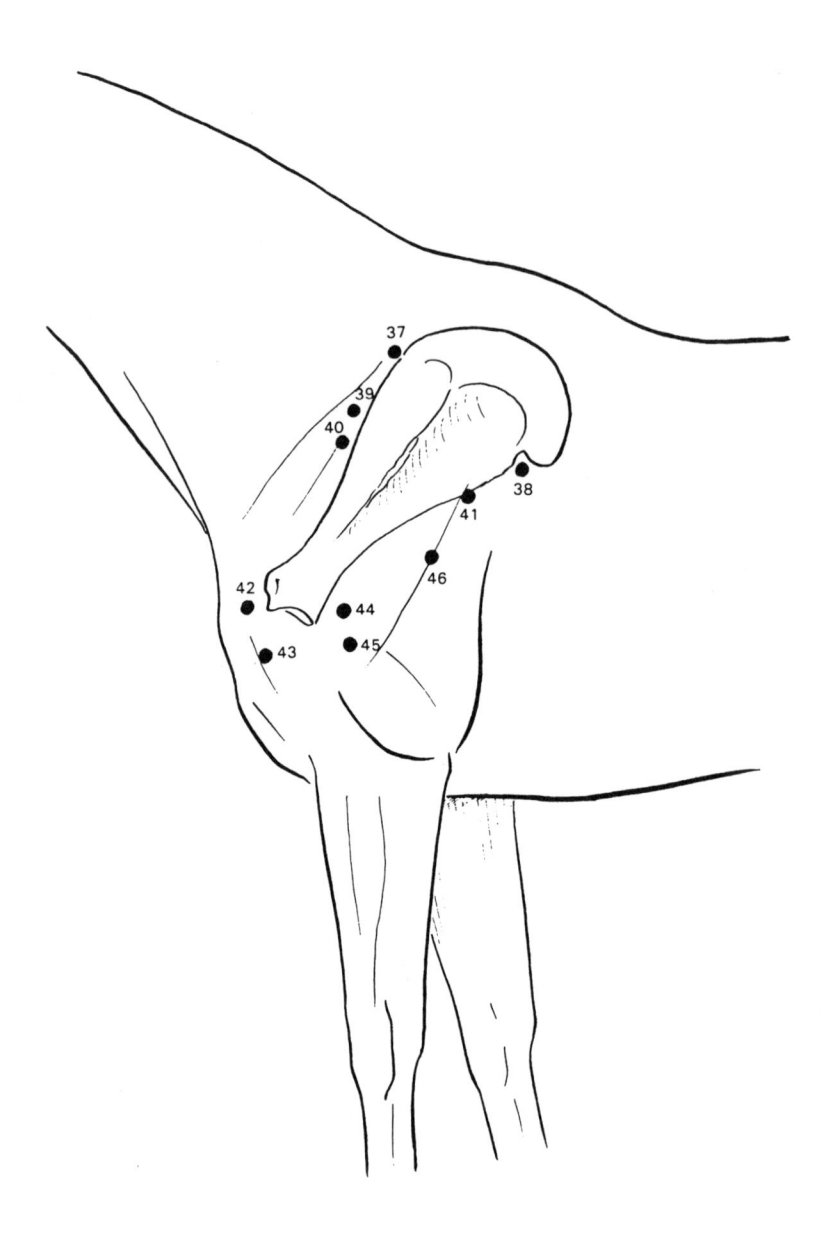

図72　肩にあるツボ

3. 障害飛越と馬の肩

　障害物を飛び越えて着地する時には、肩甲骨周囲の筋に肩甲帯と腕を固定するという強力な力が要求される。高度な競技会においては、あらゆるタイプの地形に対応することが求められたり、さまざまな障害物のある長距離競技になるので、後日になって上腕三頭筋、三角筋、棘上筋、棘下筋などに有痛性の収縮が見つかることがある。これらの筋を触診すると驚くほど敏感になっていることがあり、軽く触れただけで縮み上がる馬がいるほどである。そのため、障害物競馬やクロスカントリーなどの長距離競技に参加する前日の夕方には、両肩の肩甲骨の周囲に10分間のマッサージを行うことを勧める。

　このマッサージは、もう一度、午前中の最終の競技が始まる数時間前に行うのも良いだろう。夕方のマッサージは筋をリラックスさせるのに対して、朝のマッサージは競技の前に筋が完全に回復する機会を与える。さらに、柔軟性を増すことは、靭帯や腱によるクッション作用に無理をかけないためにも役立つ。

3.1 テクニックに関するその他のヒント
1. 肩の激しい上下運動の影響を受ける筋群の各々の筋をマッサージしなさい。
2. その後で、前肢をストレッチする。まず前肢を上げ、次に後へ引っ張る。
3. もう一度マッサージをして終わりにする。

5. 骨盤と大腿

1 ● 一般的な症状

(a) 機能上の徴候
　この部分にある筋群は推進力に関与していて、しばしば踏み込みや支持の動作中に痛みが発生し、腰部坐骨神経痛の様相を呈する。後部の筋を伸ばすと痛いので肢の可動域が制限される。推進のために肢を動かそうとする瞬間に、筋は生体力学的な拘束を受けて、歩幅や前に出そうとする肢の動作にブレーキがかかる。

(b) 触診による診断
　最初に診察すべき部位は、中殿筋の起始部の周辺である。この緊張した三角形の領域は、普通の腰部の筋群の収縮に従っているように見えるが、側方は外腸骨結節にまで広がり、仙骨の外縁に沿って殿大腿筋の線維の中に入っている。

この部分は一連のマッサージによって、腰痛、特に坐骨神経痛の際に起きるさまざまな収縮を鑑別して治療する。坐骨神経痛の場合は、次に挙げるようなさまざまな筋や皮膚の症状が現れる：

1. 大腿の後外側の皮膚が過敏になる。
2. 皮膚が「ボール紙」のようになり、接触に対して大変敏感になる。指でその部分を動かそうとすると、馬は縮み上がって後ずさりする。

　この部分を診察している時に、しばしば大腿後部の半膜様筋や半腱様筋に緊張が見つかることがある。

　また、これらの筋は脊柱の障害や患部の坐骨神経痛性の過敏などに関する情報源でもある。触診、筋や皮膚の栄養状態の観察、過敏性の検査などが鋭い診断法のすべてである。

2 ● 一般的な治療法

(a) マソセラピー (massotherapy)
マソセラピーとはマッサージによって病気や損傷を治療することである。

(b) 再教育
マソセラピー後の再教育は次のような原則に従って進めなければならない：

1. 痛みのない側の訓練に全体の75%の時間を費やす。
2. 必ず頚を下げていることが必要である。シャンボンを使うこと。調馬索でゆっくり速歩する。強く踏み込ませないで、ただ推進力が維持される程度にする。10～15日間はこれ以上速い歩様を強制してはならない。
3. 10日目から、柔らかい地面を歩きながら登坂する運動をさせても良い。
4. 15日目から、肢を無理に挙げない程度の高さのキャバレッティを通過させると、筋はさまざまな伸長に順応しなければならないので、筋の再教育に良い運動になる。
5. 治療期間中に馬に抑制されていない動作をさせるのは禁物である。この時期の自由な動作は協調性のない動きになりやすく、筋・関節系全体に影響する損傷や外傷をもたらす可能性があるからである。

3 ● 領域内の緊張しやすいポイント

(a) 中殿筋（図73を参照）
この部分に痛みがある時は、腰部ないしは大腿部に損傷があることを示唆している。治療には運動神経刺激電気療法とマッサージが行われる。テクニックの点では、手のひらを使ったマッサージに続いて肘を使ったマッサージを行うと効果がある。この領域のツボのマッサージも大変効果がある。

(b) 半腱様筋
踏み込みの時には筋線維が伸びなければならないので、この筋が損傷によって緊張すれば、ただちに移動動作の妨げになる。また、体を推進する時に筋がスパズムを起こすので、明らかな痛みがある。図73に示したように、主な緊張箇所が筋の後部上方と下方3分の1の2箇所にある。筋は単独で筋炎になったり、腰部坐骨神経痛の影響を受ける可能性もある。炎症がある時には、筋の外観が心臓形を呈すことがあり、収縮して柔軟性や伸縮性を失う。

1. 再教育
1. 円運動を加えた、強い授動的なマッサージを15分間。
2. 常歩で登坂。
3. 頚を下げて、踏み込みなしの訓練をして、背腰部筋連鎖をストレッチする。
4. 臨床的な症状が消え、収縮が治まるまでは駆歩させない。駆歩での訓練は初めのうちは患部と反対側の手綱を使って、前肢に集中して行う。
5. 筋の再教育の期間には、速歩とキャバレッティを利用する。

(c) 半膜様筋（写真34を参照）
緊張する部位は、筋の起始部、あるいは中央と下部3分の1との間のどちらかにある。痛みのある部分を撫でると、場合によっては尻や尾を施術者から遠ざけようとすることがある。治療は半腱様筋の場合と同じである。

部位別の治療 179

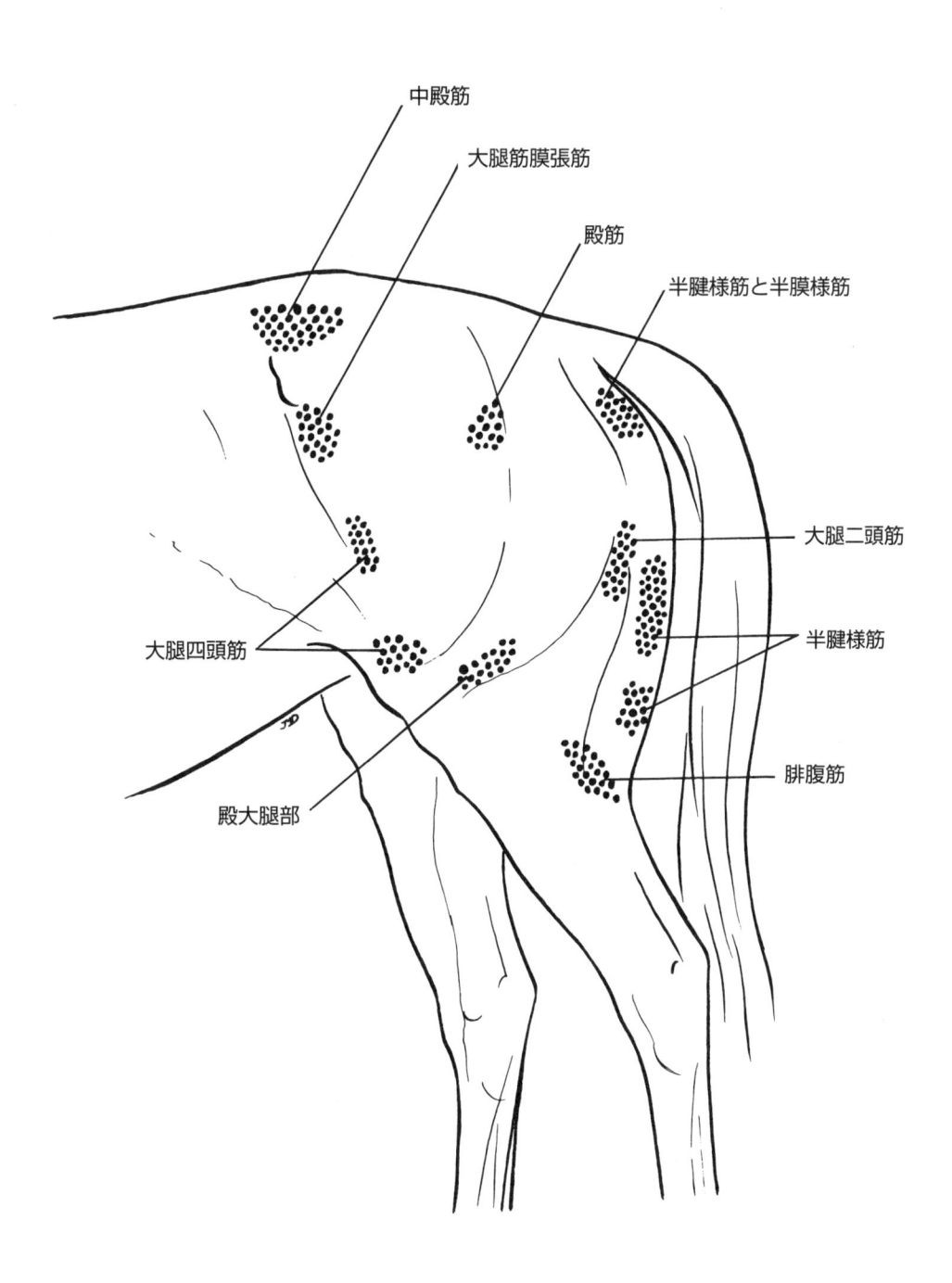

図73 殿部および大腿の緊張点

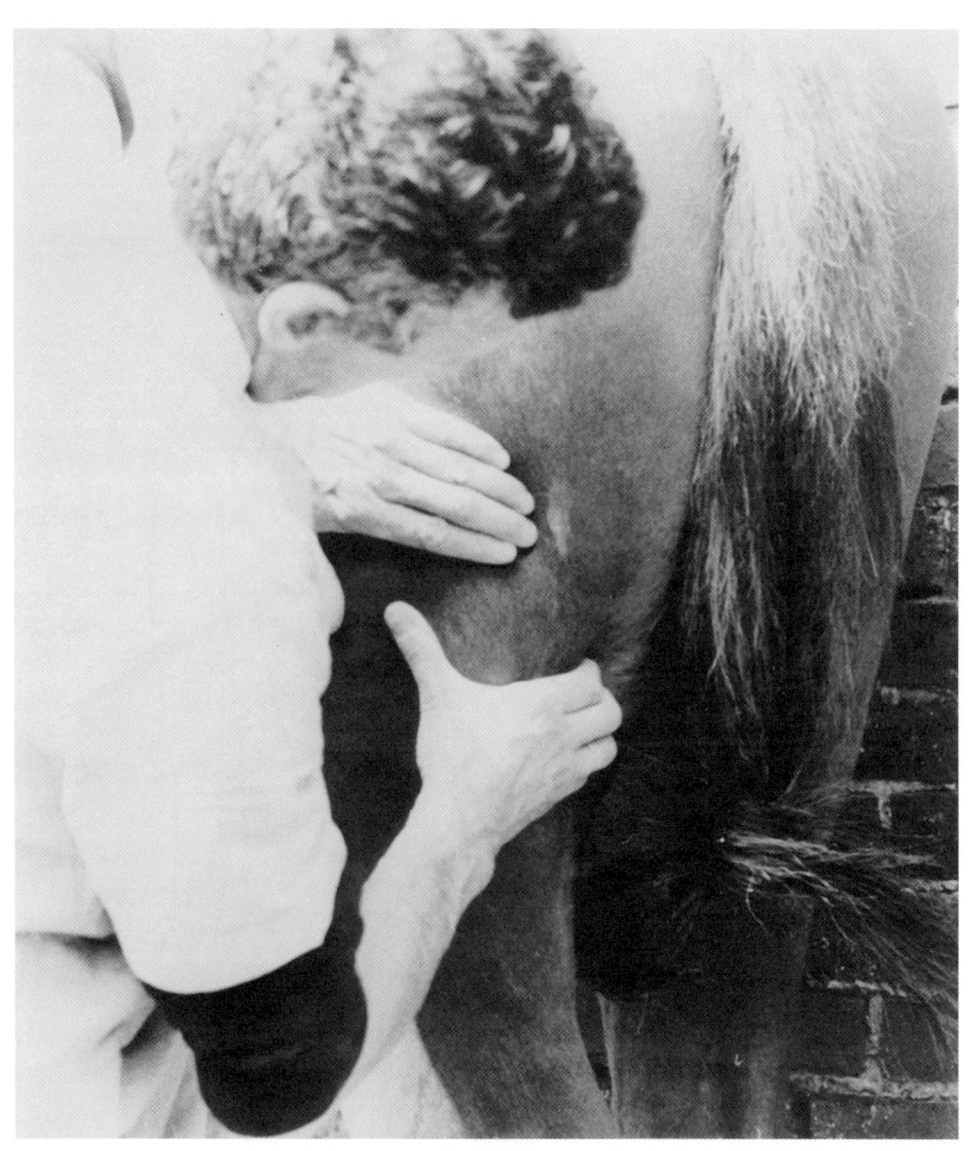

写真34　大腿後部筋群のマッサージ

(d) 殿二頭筋

この筋は大腿二頭筋の前方部と殿大腿筋とが融合してできている。2つの筋頭は等しく体の推進に関与し、背側後部の筋膜性筋連鎖の一部を構成している。損傷や治療は前述の2つの筋の場合と同じである。殿大腿筋では筋の下部3分の1が最も損傷を受けやすい。

(e) 後膝の伸筋（大腿四頭筋および大腿筋膜張筋）

これらの筋は次のように横に並んでいる：
1. 大腿筋膜張性筋と深部の外側広筋。
2. 大腿直筋と内側広筋。

これらの筋は一緒に働いて後肢を踏み込ませると共に、腹側の筋膜性筋連鎖の一部を構成している。膝頭周辺が最も損傷を受けやすく、靭帯あるいは腱の損傷となる。大腿筋膜張筋の起始部も傷害を受けやすい箇所である。

1. 治療と再教育

1. 強い横方向へのマッサージ、揉捏法を使って15分間。
2. 超音波療法。
3. 電気泳動を膝頭の内側および外側の靭帯上に施す。
4. 常歩で登坂と降坂、キャバレッティを使う。

(f) 腓腹筋

この筋は飛節の伸筋で推進に関与する。負傷すると、収縮が筋の深部で起こるのがわかる。腓腹筋を負傷した馬は、馬房の中では肢をわずかに曲げて横たわって休む。筋線維の束の滑りが妨げられるので、馬は支持や推進、踏み込みに困難を経験するようになる。緊張が腱と筋の移行部にあることも多い。

1. 再教育

1. 治療は前述の中殿筋や半腱様筋の場合と同じ。
2. マッサージは負傷した筋線維の修復や筋の血管再生を促進する。筋および筋腱移行部を強く、横方向にマッサージするようにする。

4 ● ツボのマッサージ
(図74参照)

73　位置：L6とS1の間の小さな凹み。
　　適応：背腰部のリウマチ、殿筋の炎症。

75　位置：73の下、6cmの所。
　　適応：疲労。

110　位置：S2の棘突起先端から9cm下がった所にある殿部の小さな凹み。
　　適応：殿筋および坐骨後部筋の炎症、坐骨神経痛。

111　位置：110の後部6cmの所。
　　適応：110に同じ。

113　位置：尻の角にあり、大腿筋膜張筋の起始部で、その索の後。
　　適応：110および111に同じ、大腿筋膜張筋の損傷。

114　位置：股関節部の小さな凹み、大腿直筋の起始部。
　　適応：後肢の浮腫、股関節関節症。

115　位置：大腿骨の後面。
　　適応：殿部筋の収縮。

117　位置：坐骨結節の下の小さな凹み。
　　適応：坐骨神経痛、大腿筋の炎症。

118　位置：117の下、6cmにある小さな凹み。
　　適応：周辺の筋や腱の収縮および炎症。

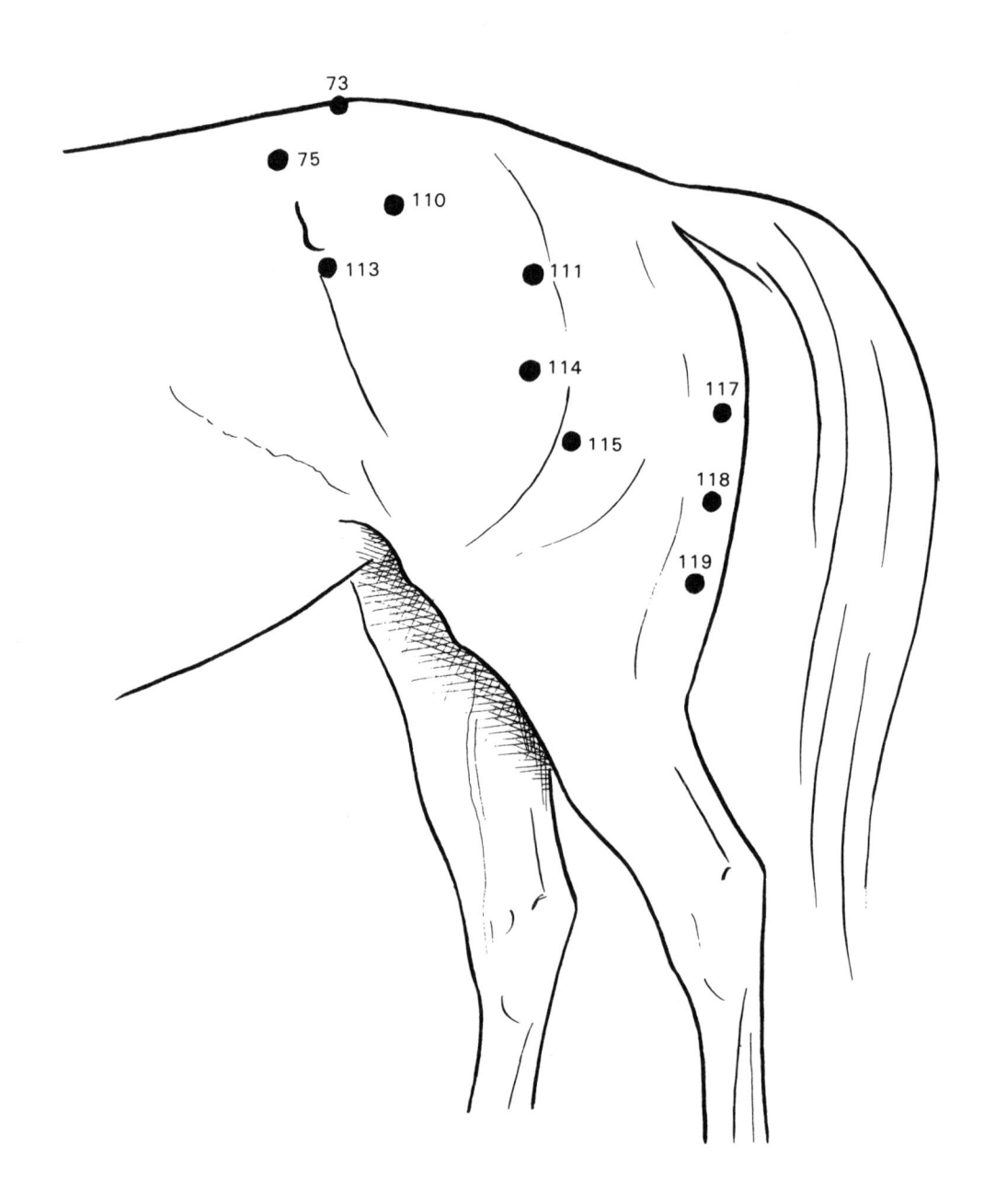

図74　骨盤部および大腿部にある鍼のツボ

5 ● 大腿−膝蓋症候群

運動中に膝関節の屈曲が深くなると、膝蓋骨が大腿骨の内側顆にぶつかって傷害の原因になることがある。R.バロンは次のように忠告している;

「膝関節を思いきり曲げるためには、馬が大腿四頭筋の線維を使って膝蓋骨を穏やかに持ち上げることが必要である。そうすれば運動が妨げられるのを避けられるだろう。これに失敗すると、膝蓋骨に特有の衝突が起きて、そのさまざまな接触面の周囲に線維が形成され、その肢の伸展運動に硬さが残るようになる」

伸展運動がブロックされる程でなくても、間欠的に衝突が起きて速歩の規則性や健全さが損なわれることがある。また、この現象が腰部に影響することもあるが、いずれも、多くの場合、次のような治療や大腿膝蓋部の再教育によって改善される。

6 ● 理学療法

1. 初めの3日間は馬房の中で休養する。
2. 超音波療法。膝頭の内側および外側側副靭帯にそれぞれ12分間。同じこれらの靭帯に抗炎症性軟膏を塗布した後、強く横方向にマッサージする。この両者を毎日10日間繰り返す。
3. 再教育。屋外で歩行、ときどき速歩を交える。肢を上げる運動や2蹄跡訓練は制限すること。飛越はキャバレッティで制御した上で、速歩で行うのが望ましい。

5
特殊な競技に対する筋の準備

1. 繋駕競走

　後馬では、腰殿部および後部の筋に負荷が集中するので、しばしば腰部の筋、通常は中殿筋や腸骨周辺の筋に強い緊張が見られる。前馬では、頚の後の部分（僧帽筋および頚鋸筋）に損傷が集中するので、これらの筋がしばしば、長距離競走では特にひどく損傷される。

2. 障害飛越

　競技の前後に肩を調べて、着地時の固定に関与する筋に捻挫などの損傷がないかを確かめる。これらの筋は、長時間の競技でスパズムや痛みが特に起きやすいので、次の競技に間に合うように健全な機能を回復させるにはリラックスさせる必要がある。また、脊柱近傍の筋（僧帽筋、菱形筋、脊柱起立筋）や推進力になる後躯の筋（中殿筋、殿二頭筋、大腿後部筋）もよく調べて、適切な手入れをする必要がある。

3. 馬場馬術

　胸部の筋は腕を下ろす時に、腕の伸展にブレーキをかける働きもする。伸展とブレーキとに同時に関与しているのである。したがって、適切に準備をしないと、思いがけず筋が引き伸ばされることがある。その結果、胸部の筋が敏感になったり痛みが出ることがあり、横あるいは縦方向に撫でてやるようなゆったりした穏やかな治療が必要になる。より深刻な損傷は、上行胸筋の筋線維で形成される横断「コルセット」で、支持力が失われたり、体液の流れが阻害されたりする。代謝産物が除去されずに蓄積する結果、筋痛を生じ、動作の幅が制限されたり、反抗するようになったりする。

　次のような部分も治療する必要がある。
1. 肩（伸展に関与する）。
2. 上腕頭筋（伸展に関与する）。
3. 脊柱起立筋、中殿筋、殿二頭筋、大腿後部筋。
4. 後膝。抗炎症性軟膏を塗布して、慎重に強い横方向のマッサージをする。きゃしゃな馬の場合は、毎月8日間治療を行うべきである。

訳者あとがき

本書は、「テリントン・タッチ」に引き続き、馬に関連した啓蒙的な本として選び出したものです。騎乗技術や調教法に関する書物は数多くありますが、本書は理学療法士から見た馬の調教・訓練の在り方を解剖学的な知識を基礎にして展開しています。その考えの基礎にあるのは、リハビリテーション医学の分野では比較的よく知られている、固有感覚受容器を刺激して機能回復を図る方法の馬のリハビリへの応用といえます。しかし、本書は単純にリハビリの方法としてマッサージと理学療法の紹介をしているのではありません。馬を如何に深く理解するかが競技で良い成績を収めるのに必要であることを強調されている点は、「テリントン・タッチ」の著者であるテリントン・ジョーンズ女史の主張と共通するものです。

著者のジャン・ピエル・パイロ氏はフランスの馬術のオリンピックチームやナショナルチームのトレーナを務めたこともある理学療法士であり、その長い経験から現在の競技馬術が馬にとって過酷になりすぎているし、馬そのもの対する理解や故障した後のリハビリテーションの意義が十分に理解されていないという反省から、解剖学者の協力を得てわかりやすくまとめられたものが本書です。

その主張は、馬に乗る人間は一方的に馬に命令を出すのではなく、馬のことをもっと理解する必要がある。そのためには馬の機能解剖学的な知識が必要であるとして、数多くの図版を用いて運動時の動きを解説しています。「腹筋群なくして背中はありえない」という主張に現れているように、体幹筋の協調作用を強調しています。また、馬とのコミュニケーションをどのようにしてとるのか、マッサージはそのひとつの大切な手段であることも主張しています。さらに故障した馬を再び競技に復活させるための詳細な治療・訓練のプログラムも紹介され、実際の現場に多くの示唆を与えるものと考えています。

本書の訳にあたっては中村行雄先生に大変お世話になりました。また、本好茂一先生、田谷与一先生、橋本善春先生、肥田朋子先生には、それぞれの分野に関して貴重なコメントを頂きました。心からお礼申し上げます。本書の出版が実現したのは、㈶日本中央競馬会弘済会の助成とアニマル・メディア社の中森あづさ氏のご尽力によるものです。心より感謝申し上げます。

本書がわが国の馬に関わる方々に広く読まれ、馬に対する理解を深める一助になれば幸いです。

2001年5月

ヒトとウマのインターラクション研究会　川喜田　健司

索引

INDEX

あ

アイスパック	121
イオン浸透療法	113
運動ニューロン	18
横突間筋	29
温泥パック	165
温熱療法	116

か

回旋	37
外筋	63
外傷の治療	121
外側および腹側頭直筋	30
外腹斜筋	30
肩を内へ	90
肩を前へ	90
感覚再教育通路（SRP）	16
関節の治療	121
環椎最長筋	29
疑似跛行	164
キャバレッティ	93
球腱軟腫	122
胸棘筋	36
胸筋	169
胸骨頭筋	28
胸椎	22
胸－腰ブリッジ	42
胸－腰椎	42
胸－腰椎間関節の力学	47
鋸筋	169
棘横突筋	36
棘下筋	167
棘上筋	167
緊張点	149, 179
筋トーヌス	10
筋の治療	131
筋の裂傷	138
筋疲労	19
筋連鎖	53
空間認識	11
屈曲	37
クロスバー	93
頸棘筋	29
頸多裂筋	29
頸長筋	29
頸椎	22, 36
頸腹鋸筋	29
肩甲横突筋	28
腱鞘炎	125
腱の治療	123
後引	63
項索	25
高周波電流	113, 119
項靱帯	25
後頭斜筋	30
項板	25
骨盤	177
固定点	53, 59
国有感覚	11

固有受容器 ·· 12
ゴルジ受容器 ·· 20

さ

サイド・レーン ·· 159
サイバネチック筋 ···································· 18
三角筋 ·· 167
弛緩法 ·· 89
四肢の筋の痛み ·· 135
ジムナスチック筋 ···································· 18
斜角筋 ·· 28
斜面での訓練 ·· 92
シャンボン ·· 152
収縮 ·· 138
瞬時回旋中心（ICR） ······························ 47
小頭半棘筋 ·· 29
小腰筋 ·· 36
上腕三頭筋 ·· 169
上腕頭筋 ·· 28
上腕二頭筋 ·· 169
触診 ·· 134
伸出 ·· 63
伸張 ·· 138
伸展 ·· 37
　伸展器 ·· 129
水浴療法 ·· 116
ストレッチ ·· 13
　ストレッチング ···································· 16,128
ストローク ·· 157
脊柱起立筋群 ·· 53
脊柱の再教育 ·· 157
聖なる8日間 ·· 130
仙腸関節 ·· 164
僧帽筋 ·· 28,169
側屈 ·· 37

た

大腿 ·· 177

大腿筋膜張筋 ·· 181
大腿－膝蓋症候群 ···································· 183
大腿四頭筋 ·· 181
大頭半棘筋 ·· 29
大腰筋 ·· 30
打撲傷 ·· 137
多裂筋 ·· 36
短縮性収縮 ·· 62
中周波電流 ·· 112,119
中殿筋 ·· 178
超音波 ·· 113
調馬索 ·· 159
腸肋筋 ·· 36
直流電流 ·· 119
椎間関節 ·· 24
ツボ ·· 182
低エネルギーレーザー ···························· 115
低周波電流 ·· 112,119
電気泳動 ·· 113
電気療法 ·· 112
殿二頭筋 ·· 181
頭最長筋 ·· 29
頭長筋 ·· 28
頭半棘筋 ·· 29
トーヌス ·· 10
トップライン ·· 59

な

内筋 ·· 70
内腹斜筋 ·· 30
軟膏 ·· 116
2蹄跡運動 ·· 91

は

背頭直筋 ·· 29
背部最長筋 ·· 36
バイブレーター ·· 117
背腰部の筋炎 ·· 164

跛行	138		指先を用いた、皮膚をストレッチするための	
半腱様筋	178		反射マッサージ	110
板状筋	29		指先を用いるマッサージ	103
半膜様筋	178			

や

腰仙蝶番関節	42
腰椎	22
腰方形筋	36

腓腹筋 …………………………………181
飛節軟腫 …………………………………122
病的反射による機能阻害（PRBF） ……147
不安 …………………………………10
フィードバック回路 …………………14
負荷伸展器 …………………………128
腹横筋 …………………………………30
腹直筋 …………………………………30
腹部「室」 …………………………………60
腹部帯 …………………………………59
踏み込み …………………………………89
平衡 …………………………………60
辺縁系 …………………………………10
傍脊柱筋の痛み …………………………135
ボトムライン …………………………59
歩様 …………………………………91

ら

リウマチ	121
リウマチの治療	122
リハビリテーション	134,137
裂傷	127
菱形筋	28

ま

マソセラピー …………………………178
マッサージ …………………………101,121
　位置（屈筋腱の）を回復させるマッサージ ……105
　炎症を鎮め、癒着を防ぐマッサージ …………105
　緊張ある局所に対する振動マッサージ ………106
　筋緊張マッサージ …………………………170
　授動マッサージ …………………………103
　深部横断マッサージ（DTM） ……………110
　正統的なマッサージ …………………………152
　ツボのマッサージ …………………………144
　手のひらを用いるマッサージ ……………102
　特定のツボに施すマッサージ ………………110
　排液マッサージ …………………………106
　反射マッサージ …………………………144,152
　肘を用いるマッサージ …………………………103
　マッサージのテクニック …………………152

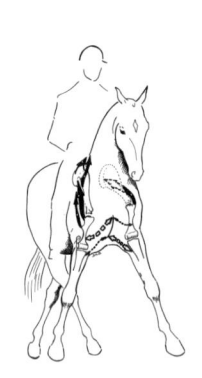

馬の理学療法とマッサージ
Physical Therapy and Massage for the Horse

2001年9月20日　第1版第1刷発行
2017年5月15日　第1版第4刷発行

著　者　JEAN-MARIE DENOIX, JEAN-PIERRE PAILLOUX
翻訳者　川喜田 健司
発行者　清水 嘉照
発　行　株式会社アニマル・メディア社
　　　　〒113-0034 東京都文京区湯島 2-12-5 湯島ビルド3階
　　　　TEL　03-3818-8501
　　　　FAX　03-3818-8502
　　　　http : // www.animalmedia.co.jp

Ⓒ KENJI KAWAKITA　2001 printed in Japan
本書は(財)日本中央競馬会弘済会のご協力をいただいて、販売するものです。
本書の無断複製・転載を禁じます。万一、乱丁、落丁などの不良品がございましたら、小社あてにお送りください。
送料小社負担にてお取り替えいたします。
ISBN 4-901071-05-X